中国水利教育协会
高等学校水利类专业教学指导委员会　共同组织

全国水利行业“十三五”规划教材（普通高等教育）

有限单元法的程序设计

（第二版）

张健飞　秦忠国　姜弘道　编著

中国水利水电出版社
www.waterpub.com.cn
·北京·

内 容 提 要

本书是为学习、掌握有限单元法的程序设计方法而编著的。全书介绍了用Fortran90编写的弹性力学平面问题有限元法的直接解程序、迭代解程序，空间问题有限元法的直接解程序，以及动力问题的直接积分法程序和子空间迭代法程序，并用C++介绍了一个面向对象有限元程序。每个程序在给出程序流程框图后，均逐框介绍了全部子程序、给出了源程序，并用简例说明其应用。

书中将力学公式、数学算法与程序设计三者紧密结合，努力做到深入浅出、突出重点、分散难点，既便于教，更便于学，还特别适合自学。

本书可作为学习有限元程序设计方法的教材或自学用书，书中的程序也可用来解决有关实际问题，或作为编制更复杂程序的基础。本书可供相关专业的本科生、研究生和工程技术人员学习使用。

图书在版编目（CIP）数据

有限单元法的程序设计 / 张健飞，秦忠国，姜弘道编著. -- 2版. -- 北京 : 中国水利水电出版社，2017.11

全国水利行业“十三五”规划教材. 普通高等教育

ISBN 978-7-5170-6108-3

Ⅰ. ①有… Ⅱ. ①张… ②秦… ③姜… Ⅲ. ①有限元法－程序设计－高等学校－教材 Ⅳ. ①O241.82-39

中国版本图书馆CIP数据核字(2017)第298906号

书 名	全国水利行业“十三五”规划教材（普通高等教育） **有限单元法的程序设计（第二版）** YOUXIAN DANYUAN FA DE CHENGXU SHEJI
作 者	张健飞 秦忠国 姜弘道 编著
出版发行	中国水利水电出版社 （北京市海淀区玉渊潭南路1号D座 100038） 网址：www.waterpub.com.cn E-mail：sales@waterpub.com.cn 电话：(010) 68367658（营销中心）
经 售	北京科水图书销售中心（零售） 电话：(010) 88383994、63202643、68545874 全国各地新华书店和相关出版物销售网点
排 版	中国水利水电出版社微机排版中心
印 刷	三河市鑫金马印装有限公司
规 格	184mm×260mm 16开本 15.75印张 373千字
版 次	1989年10月第1版第1次印刷 2017年11月第2版 2017年11月第1次印刷
印 数	0001—3000册
定 价	**36.00**元

第二版前言

本书第一版是由姜弘道、陈和群编著，于1989年由水利电力出版社出版发行。第一版的前言曾指出，“有限单元法是一种适宜于用计算机实施具体计算的方法，为了能真正掌握有限单元法，除了懂得其理论，还必须对如何根据有限单元法的理论编制相应的计算程序有一定的了解与掌握。本书就是为了弥补懂得有限单元法理论与在实际应用中编制程序能力之间的差距而编写的。”自第一版出版以来，有限单元法的学习与应用更加广泛，各种教材、专著以及商用软件的使用介绍数不胜数，但专为提高有限单元法的编程能力的著作仍鲜有出版，作者们深感这仍是学习与应用有限单元法的一个重要环节，决定根据这些年来的教学实践经验，重新编著了本书。

与第一版相比，本书作了较多的修改、补充。在第一章增加了程序设计概述一节，原来用Fortran77编写的程序一律改为用Fortran90、空间问题有限元的直接解程序改用8结点六面体等参数单元、动力问题有限元改为介绍子空间迭代法与时程积分法，并增加了平面问题有限元的迭代解程序设计以及面向对象有限元程序设计两章。

全书共分6章，并有两个附录。第一章绪论，在简述有限单元法程序设计的一般原则与要求之后，对求解弹性力学静力问题的有限元位移法的分析步骤与公式作了归纳性的介绍，并说明了程序设计的若干概念。第二章平面问题有限元的直接解程序设计，详细介绍了3结点三角形单元直接解程序，重点分析了整体劲度矩阵的一维变带宽存储与线性代数方程组的三角分解解法。第三章平面问题有限元的迭代解程序设计，详细介绍了4结点四边形等参数单元迭代解程序，重点分析了稀疏矩阵的压缩稀疏行存储法与线性代数方程组的预条件共轭梯度解法。第四章空间问题有限元的直接解程序设计，详细介绍了8结点六面体等参数单元直接解程序，重点分析了空间等参数单元整体劲度矩阵与整体结点荷载列阵的形成。第五章动力问题的有限元程序设计，在介绍了动力问题有限元的基本理论与计算公式后，分两节介绍了Newmark法程序设计与子空间迭代法程序设计，分别用来计算结构的动力响应与自振特性。第六章面向对象有限元程序设计，首先介绍了面向对象程序设计的若干基本概念，接着详细介绍一个完整的面向对象有限元程序，主要包括模型数据类、单元类、方程类、结果状态类、基本数据操作类以及控制函数 Main 等。每个程序均有简例说明其应用。附录一为有限元网格划分工具 FemMasher 使用说明，它是河海大学工程力学系计算力学课程用的资料，该附录还介绍了 VTK（Visualization ToolKit）文件的格式，可通过可视化软件 ParaView 查看图形结果。附录二为本书全部程序的电子文档目录，该文档可由出版社的网站下载。

本书要求读者已学习弹性力学问题的有限单元法，并具有 Fortran90 与 C＋＋的知识。本书可供学习与应用有限单元法的工程技术人员与大学生、研究生使用，若用作教材，可以根据教学时数的多少，选用部分内容或全书教学。本书由张健飞修订、编著第二～第五章，秦忠国编著第六章，姜弘道修订第一章并负责全书定稿。陈国荣教授和钱向东教授分别为本书第四、第五章的编写提供了帮助，在此表示衷心的感谢。

作者

2017 年 8 月

第一版前言

有限单元法，作为求解偏微分方程边值问题的一种有效的数值方法，已经在各个工程领域得到广泛的应用，并取得了很好的效果。与此相适应，许多高等学校已为工科大学生、研究生开设了介绍有限单元法的必修课或选修课，并先后出版了若干种教材，既满足了教学上的需要，又为推广有限单元法发挥了很大的作用。然而，有限单元法是一种适宜于用计算机实施具体计算的方法，为了能真正掌握有限单元法，除了懂得其理论，还必须对如何根据有限元的理论编制相应的计算程序有一定的了解与掌握。本书就是为了弥补懂得有限单元法理论与在实际应用中编制程序能力之间的差距而编写的。

全书共分四章。第一章在简述有限单元法程序设计的一般原则与要求之后，对求解弹性力学问题的有限元位移法的分析步骤与一般公式作了归纳性的介绍。第二章详细介绍了弹性力学平面问题的 3 结点三角形单元直接解程序。第三章详细介绍了弹性力学空间问题的 20 结点等参数单元分块直接解程序。第四章介绍了平面动力问题中计算结构动力特性的直接滤频法程序以及计算结构动力反应的振型叠加法程序。此外，还有一个附录介绍了 20 结点等参数单元程序中采用的应力成果的计算方法。本书若用作教材，可以根据教学时数的多少，选用第一、第二章，或第一～第三章，或第一、第二、第四章，或全书内容。

本书要求读者具备弹性力学问题的有限单元法与 Fortran77 语言方面的知识。为了便于教学以及工程技术人员自学，在编写本书时力求做到深入浅出、难点分散、重点突出，而且不在细节上过多追求程序设计的技巧。例如，在第二章中，突出了整体劲度矩阵的一维变带宽存储与线性代数方程组的三角分解解法；在第三章中，突出了 20 结点等参数单元的单元劲度矩阵的形成、面力等效结点荷载的形成以及整体劲度矩阵的分块。

本书承主审人大连理工大学赵逦义副教授、陈美珍副教授提出十分宝贵的意见，特此表示衷心的感谢。河海大学计算中心吴旭光副教授也为本书提供了有关材料，谨致谢意。

由于作者水平所限，书中难免有不少缺点乃至错误，敬请读者批评指正。

河海大学　姜弘道　陈和群

1989年1月于南京

目　录

第一章 绪 论

第一节 引 言

许多工程问题的分析，诸如固体力学中位移场与应力场的分析、流体力学中渗流场的分析、传热学中温度场的分析等，都可以归结为在边界条件（或与初始条件）下求解该问题的支配方程（通常是偏微分方程）。由于工程实际问题的边界条件往往比较复杂，要想获得满足边界条件的支配方程的精确解是很困难的；又由于工程师所需要的是每个问题的解的数值大小，而不只是其解析表达式，因此，在工程科学里，各种有效的数值解法受到普遍的重视。有限单元法（又称有限元法）就是从 20 世纪 50 年代以来随着电子计算机应用日益广泛而迅速发展起来的一种极其有效的偏微分方程的通用数值解法。在有限单元法中，通过剖分将连续体离散化为由许多单元在结点处连结而成的有限个单元的集合体，又通过插值将偏微分方程的解在每个单元内的分布用该单元结点上的值来表示，再应用变分原理（或应用加权余量法）建立用来确定各结点处解的数值大小的支配方程（一般是线性代数方程组）。它既有比较坚实的理论基础，又能统一各类工程问题的求解方法，便于应用电子计算机进行大规模数值运算，因此，有限单元法已经成为许多工程领域的工程技术人员所乐于采用的计算分析方法。

有限单元法最初是在固体力学中发展起来的。与固体力学中的其他数值解法相比，它具有下面一些显著的优点：①便于处理复杂的边界条件；②便于解决不均质材料或各向异性材料的问题；③便于分析由杆件、板、壳、实体组成的组合结构以及需要先确定渗流场、温度场再确定位移场、应力场的混合问题；④能够处理材料非线性或几何非线性问题；⑤能够解决结构动力分析问题；⑥便于编制灵活、通用的计算程序，能够被广大工程技术人员很方便地用来解决他们所面临的各种各样的工程实际问题。

有限单元法是以电子计算机为计算工具的数值解法，它的上述优点只有在使用电子计算机的条件下才能显示出来，它的应用与发展都离不开电子计算机的硬件与软件。跟任何用电子计算机解题的过程一样，用有限单元法解题也包括问题分析、算法设计以及在计算机上实现算法 3 个阶段。

有限单元法的问题分析已有许多专著进行了详细的讨论，要求本书的读者已经具备这方面的必要知识，所以将在下一节只对解弹性力学问题的有限元位移法予以概括说明。它的主要内容是建立离散化的计算模型；规定计算模型的已知量和未知量；建立由已知量确定未知量的有关公式。

有限单元法的算法设计就是建立起能提供计算机用以实现上述有关公式的算法。以后将会发现，对有限单元法的算法设计影响最大的是线性代数方程组的解法以及该方程组的系数矩阵（即结构整体劲度矩阵）在计算机内的存储方式。为了清晰起见，本书在介绍第一个程序时采用流程图（又称框图）来表示算法。所谓流程图是用各种形状的框及箭头连结起来的表示计算过程的图。本书所采用的框的形状及其含义见表 1-1，框内将写上该框执行的具体内容。

表 1-1　　框图符号及含义表

符　号	符号的名称	符号的含义
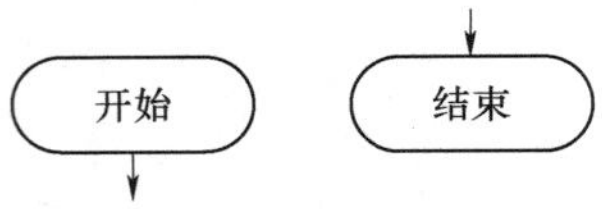 开始　结束	起止框	表示算法的开始或结束
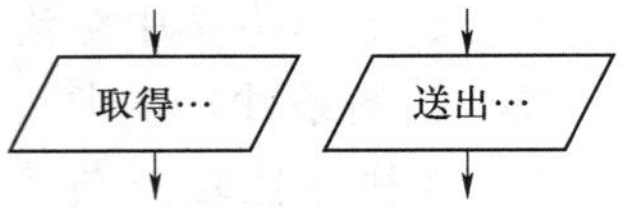 取得…　送出…	输入/输出框	输入给予变量的值或输出常量及变量的值
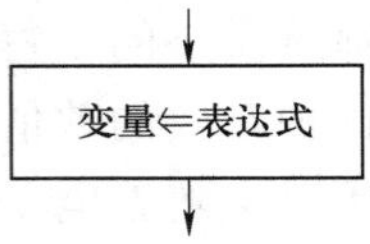 变量⇐表达式	处理框	表示某一种处理或运算
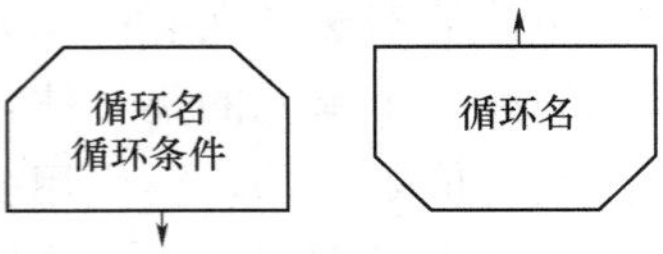 循环名 循环条件　循环名	循环上下界	表示循环的开始与结束
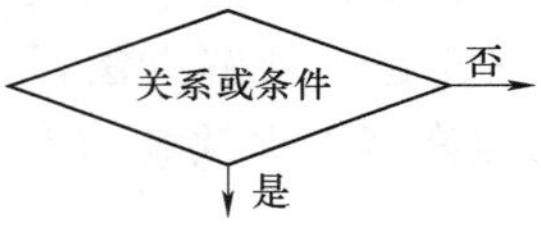 关系或条件 否 是	判断框	根据框内关系或条件的结果确定下面执行哪一框
 子算法名	调用过程框	调入并执行某个子算法
 注解内容	注解框	给出必要的说明及注解
 → ↓	流程线	指示执行算法的次序
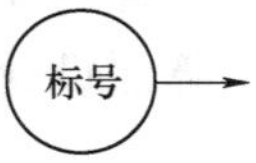 标号	引入连接符	指出流程图中位于另外一处的框流入的位置
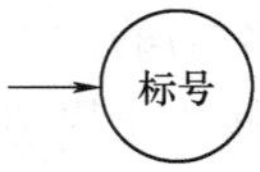 标号	引出连接符	指出流程图中位于另外一处的待执行的框

为了在计算机上实现有限单元法的计算，还必须把在算法设计中用流程图表示的算法步骤，转换为用某一种计算机程序设计语言表示的步骤，也就是通常所说的“编制程序”。本书所用的程序设计语言除第六章是 C++外，其余各章均是 Fortran90，并假定读者已具备这方面的基础。

任何一个编好的程序必须经过调试才能正式投入使用。所谓调试程序，就是对大量的考题试运行程序，以检验程序所有组成部分、所有功能的正确性。若运行结果不对，则必须找出错误原因予以排除。

以上所述用计算机解题的过程可以用如图 1-1 所示的流程图来表示。

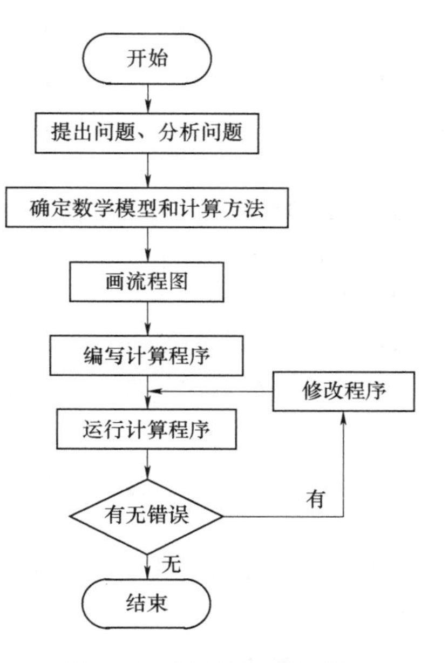

图 1-1　解题过程流程图

事实表明，无论是学习有限单元法的大学生或研究生，还是用有限单元法分析工程实际问题的工程师，他们在掌握有限单元法的理论方面并没有太大的困难，但是在进行有限单元法的算法设计并在计算机上实现这个算法方面却会遇到很大的困难。本书的目的就是试图弥补懂得有限单元法的理论与在实际应用中编制程序的能力之间的差距，指出如何实现从理论到程序的重要转变。为此，本书针对弹性力学的静力问题，在第二章中介绍了平面问题 3 结点三角形单元的线性代数方程组直接解法有限元程序，在第三章中介绍了平面问题 4 结点等参数单元的线性代数方程组迭代解法有限元程序，在第四章中介绍了空间问题 8 结点等参数单元的直接解法有限元程序，在第五章中针对弹性力学的动力问题，介绍了平面动力问题的直接积分法与子空间迭代法有限元程序，并在第六章中介绍了 C++语言的面向对象有限元程序。对于所介绍的程序，有关的理论与公式只是以归纳的形式扼要地予以介绍，重点放在弄清楚程序的整体结构和编制程序的思路，并通过对程序清单的详细解释，弄清楚每个子程序的功能与接口条件。编制上述程序的思路同样可以用在有限单元法的其他应用领域，而对于其他的单元类型，也只要将具体程序稍加改动即可。

下面来介绍进行有限单元法的程序设计时所应遵循的主要原则。

首先，程序必须是正确的。亦即程序必须经得起计算实践的考验，不仅对于通常遇到的情况要能得出正确的结果，而且只要在程序的适用范围内，对于很少遇到的特殊情况也要能得出正确的结果。这就要求程序设计者在调试程序时把一切可能遇到的情况都通过考题检验，让程序的各个部分、每个角落都在考题时运行过，不留下任何死角。

其次，程序应该是尽可能高效率的。用有限元程序解决实际问题，一般都要求解成千上万阶，甚至百万阶的线性代数方程组，对计算机的存储容量与运算速度均有较高的要求。这就迫使程序设计者在编制程序前必须详细地分析、研究问题，根据问题的特点与计算机的资源条件采用较好的计算方法，努力达到存储省、时间短、精度高三者完美的统一。

由于种种原因，一个有限元程序在使用过程中往往需要不断地修改与完善，例如要增加某种单元，修改某种材料模型，等等。因此，程序还应该便于修改、增删一些内容。为了达到这个要求，较好的办法是采用模块式的程序结构。所谓模块式结构的程序就是将一个规模较大的有限元程序，化整为零，划分为若干个模块，每个模块都具有一定的功能，执行一个方面的运算，具有很大的独立性和灵活性，但它又是根据前面模块做出的结果，按一定的要求进行加工，形成新的结果供后面的模块使用。这些结果便是各个模块之间的接口信息。模块化的程序结构要求接口信息越简单越好，这样就能使得修改一个模块或增加一个模块都不致对整个程序有很大的影响。

最后，有限元程序往往比较复杂，但它是要提供给用户使用的，因此，有限元程序还应该易读、易懂、易用。所谓易读、易懂，主要是指每个模块的功能很清楚，便于使用程序的人阅读理解，各个模块的接口信息要设计得简单、明了，以便读程序的人可以清楚地看到各个模块之间的相互关系。所谓易用，则是指输入数据的意义明确并易于准备，以便于检查；输出结果要易于整理分析，最好能直接供工程上采用。

若编制出的程序能符合上述原则，那么可以说它的质量是好的。

第二节　静力问题的有限元法步骤

本书只涉及以结点位移为基本未知量的弹性力学问题的有限元位移法，其静力分析的步骤可概括如下。

一、离散化

就是用有限多个有限大小的单元在有限多个结点上互相连接而成的离散结构物代替原来的连续弹性体。在平面问题与空间问题中常用的单元分别如图 1-2 和图 1-3 所示。

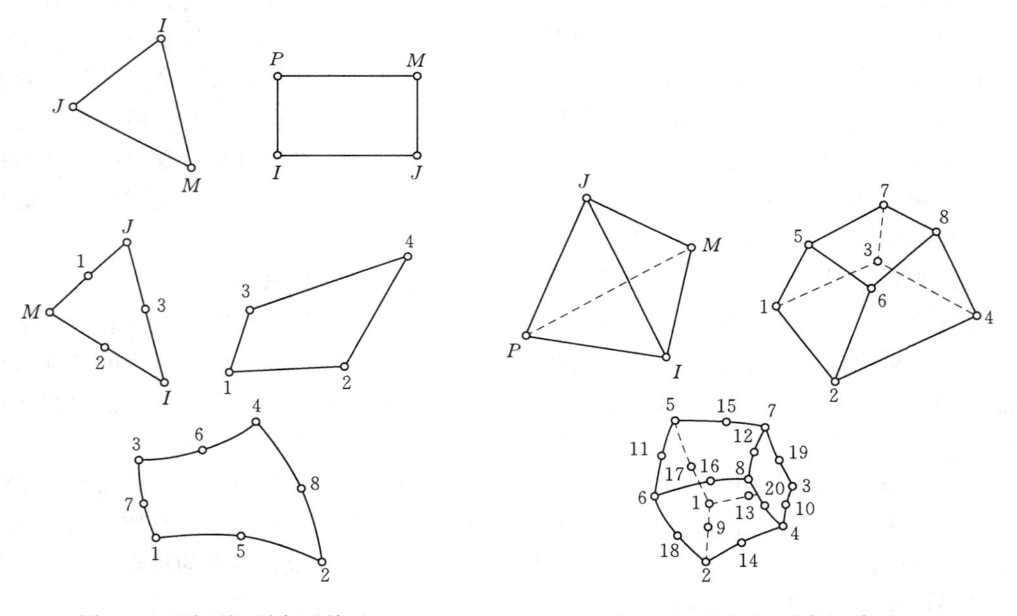

图 1-2　平面问题常用单元　　　　图 1-3　空间问题常用单元

离散结构物的基本未知量是所有可动结点的结点位移值。以后用 $\{\delta_i\}$ 表示第 i 个结点的结点位移列阵，用 $\{\delta\}^e$ 表示单元的结点位移列阵，用 $\{\delta\}$ 表示整个结构的未知结点位移列阵。

作用在离散结构物上的荷载是结点荷载。以后用 $\{R_i\}$ 表示第 i 个结点的结点荷载列阵，用 $\{r\}^e$ 表示单元的结点荷载列阵，用 $\{R\}$ 表示整个结构的结点荷载列阵。其中 $\{r\}^e$ 是将单元所受的实际荷载（集中力、分布体力及分布面力）按静力等效的原则移置到结点而得到的，而 $\{R\}$ 则是由所有单元的 $\{r\}^e$ 集合而得到的。

由于单元所受的荷载都已被移置到结点上，所以每个单元只受有结点对它作用的所谓结点力，单元的结点力列阵用 $\{F\}^e$ 来表示。

对于平面问题的 3 结点三角形单元、4 结点四边形等参数单元以及空间问题的 8 结点六面体等参数单元，它们的 $\{\delta_i\}$、$\{\delta\}^e$、$\{R_i\}$、$\{r\}^e$、$\{F\}^e$ 见表 1－2。

表 1－2　　各类单元结点参数表

单　元　类	$\{\delta_i\}$	$\{\delta\}^e$	$\{R_i\}$	$\{r\}^e$	$\{F\}^e$
I　J　M	$\begin{Bmatrix} u_i \\ v_i \end{Bmatrix}$	$\begin{Bmatrix} u_i \\ v_i \\ u_j \\ v_j \\ u_m \\ v_m \end{Bmatrix}$	$\begin{Bmatrix} X_i \\ Y_i \end{Bmatrix}$	$\begin{Bmatrix} X_i \\ Y_i \\ X_j \\ Y_j \\ X_m \\ Y_m \end{Bmatrix}$	$\begin{Bmatrix} U_i \\ V_i \\ U_j \\ V_j \\ U_m \\ V_m \end{Bmatrix}$
1　2　3　4	$\begin{Bmatrix} u_i \\ v_i \end{Bmatrix}$	$\begin{Bmatrix} u_1 \\ v_1 \\ u_2 \\ v_2 \\ u_3 \\ v_3 \\ u_4 \\ v_4 \end{Bmatrix}$	$\begin{Bmatrix} X_i \\ Y_i \end{Bmatrix}$	$\begin{Bmatrix} X_1 \\ Y_1 \\ X_2 \\ Y_2 \\ X_3 \\ Y_3 \\ X_4 \\ Y_4 \end{Bmatrix}$	$\begin{Bmatrix} U_1 \\ V_1 \\ U_2 \\ V_2 \\ U_3 \\ V_3 \\ U_4 \\ V_4 \end{Bmatrix}$
1　2　3　4　5　6　7　8	$\begin{Bmatrix} u_i \\ v_i \\ w_i \end{Bmatrix}$	$\begin{Bmatrix} u_1 \\ v_1 \\ w_1 \\ u_2 \\ v_2 \\ w_2 \\ \vdots \\ u_8 \\ v_8 \\ w_8 \end{Bmatrix}$	$\begin{Bmatrix} X_i \\ Y_i \\ Z_i \end{Bmatrix}$	$\begin{Bmatrix} X_1 \\ Y_1 \\ Z_1 \\ X_2 \\ Y_2 \\ Z_2 \\ \vdots \\ X_8 \\ Y_8 \\ Z_8 \end{Bmatrix}$	$\begin{Bmatrix} U_1 \\ V_1 \\ W_1 \\ U_2 \\ V_2 \\ W_2 \\ \vdots \\ U_8 \\ V_8 \\ W_8 \end{Bmatrix}$

在离散结构物中，通常是已知物体的形状和大小（即已知各个结点的坐标值以及各个单元的结点组成）、物体的弹性常数（即每个单元的 E、μ）、物体所受的外力（即 $\{R\}$）以及物体所受的结束情况，而需要求解的基本未知量是每个可动结点的结点位移值，即 $\{\delta\}$，并要根据 $\{\delta\}$ 进一步求出每个单元或结点的应力分量。

二、单元分析

有限单元法中的单元分析就是根据单元的结点位移列阵 $\{\delta\}^e$ 确定单元的位移分量列阵 $\{f\}$、应变分量列阵 $\{\varepsilon\}$、应力分量列阵 $\{\sigma\}$ 以及结点力列阵 $\{F\}^e$。对于平面问题以及空间问题，$\{f\}$、$\{\varepsilon\}$、$\{\sigma\}$ 分别为

	$\{f\}$	$\{\varepsilon\}$	$\{\sigma\}$
平面问题	$\begin{Bmatrix} u \\ v \end{Bmatrix}$	$\begin{Bmatrix} \varepsilon_x \\ \varepsilon_y \\ \gamma_{xy} \end{Bmatrix}$	$\begin{Bmatrix} \sigma_x \\ \sigma_y \\ \tau_{xy} \end{Bmatrix}$
空间问题	$\begin{Bmatrix} u \\ v \\ w \end{Bmatrix}$	$\begin{Bmatrix} \varepsilon_x \\ \varepsilon_y \\ \varepsilon_z \\ \gamma_{xy} \\ \gamma_{yz} \\ \gamma_{zx} \end{Bmatrix}$	$\begin{Bmatrix} \sigma_x \\ \sigma_y \\ \sigma_z \\ \tau_{xy} \\ \tau_{yz} \\ \tau_{zx} \end{Bmatrix}$

为此，先建立单元的位移模式，即由插值公式得

$$\{f\}=[N]\{\delta\}^e \tag{1-1}$$

其中 $[N]$ 是形函数矩阵，它的具体表达式将在以后有关章节中给出。

接着，将式（1-1）代入几何方程

$$\{\varepsilon\}=[\partial]\{f\} \tag{a}$$

即可求得

$$\{\varepsilon\}=[\partial][N]\{\delta\}^e=[B]\{\delta\}^e \tag{1-2}$$

其中

$$[B]=[\partial][N] \tag{1-3}$$

称为应变转换矩阵，将它乘以单元的结点位移列阵 $\{\delta\}^e$，就得到单元的应变分量；$[\partial]$ 是个微分算子矩阵，在平面问题中，它是

$$\{\partial\}=\begin{bmatrix} \frac{\partial}{\partial x} & 0 \\ 0 & \frac{\partial}{\partial y} \\ \frac{\partial}{\partial y} & \frac{\partial}{\partial x} \end{bmatrix} \tag{b}$$

在空间问题中，它是

$$\{\partial\}=\begin{bmatrix} \frac{\partial}{\partial x} & 0 & 0 \\ 0 & \frac{\partial}{\partial y} & 0 \\ 0 & 0 & \frac{\partial}{\partial z} \\ \frac{\partial}{\partial y} & \frac{\partial}{\partial x} & 0 \\ 0 & \frac{\partial}{\partial z} & \frac{\partial}{\partial y} \\ \frac{\partial}{\partial z} & 0 & \frac{\partial}{\partial x} \end{bmatrix} \tag{c}$$

再将式（1-2）代入物理方程

$$\{\sigma\}=[D]\{\varepsilon\} \tag{d}$$

$$\{\sigma\}=[D][B]\{\delta\}^e=[S]\{\delta\}^e \tag{1-4}$$

其中

$$[S]=[D][B] \tag{1-5}$$

称为应力转换矩阵，将它乘以单元的结点位移列阵，就得到单元的应力分量；$[D]$ 是弹性矩阵，在平面应力问题中，它是

$$[D]=\frac{E}{1-\mu^2}\begin{bmatrix}1 & \mu & 0\\ \mu & 1 & 0\\ 0 & 0 & \frac{1-\mu}{2}\end{bmatrix} \tag{1-6a}$$

在平面应变问题中，须将式（1-6a）中的 E 与 μ 分别用 $\frac{E}{1-\mu^2}$ 与 $\frac{\mu}{1-\mu}$ 来代替；在空间问题中，它是

$$[D]=\begin{bmatrix}D_1 & D_2 & D_2 & 0 & 0 & 0\\ D_2 & D_1 & D_2 & 0 & 0 & 0\\ D_2 & D_2 & D_1 & 0 & 0 & 0\\ 0 & 0 & 0 & D_3 & 0 & 0\\ 0 & 0 & 0 & 0 & D_3 & 0\\ 0 & 0 & 0 & 0 & 0 & D_3\end{bmatrix} \tag{1-6b}$$

其中

$$\left.\begin{aligned}D_1&=\frac{E(1-\mu)}{(1+\mu)(1-2\mu)}\\ D_2&=\frac{E\mu}{(1+\mu)(1-2\mu)}\\ D_3&=\frac{E}{2(1+\mu)}\end{aligned}\right\} \tag{e}$$

为了能由 $\{\delta\}^e$ 确定 $\{F\}^e$，须对单元利用虚功方程。由于从离散结构中割离出来单元只受到结点力的作用，因此，虚功方程可以表示为

$$(\{\delta^*\}^e)^T\{F\}^e=\iiint_{V^e}\{\varepsilon^*\}^T\{\sigma\}\mathrm{d}x\mathrm{d}y\mathrm{d}z \tag{f}$$

其中 $\{\delta^*\}^e$ 是单元的虚结点位移，$\{\varepsilon^*\}$ 是相应的单元的虚应变，三重积分是在单元的体积 V^e 内进行的。将由式（1-2）得来的 $\{\varepsilon^*\}=[B]\{\delta^*\}^e$ 代入式（f），得

$$(\{\delta^*\}^e)^T\{F\}^e=(\{\delta^*\}^e)^T\iiint_{V^e}[B]^T\{\sigma\}\mathrm{d}x\mathrm{d}y\mathrm{d}z$$

由于虚位移是任意的，从而 $(\{\delta^*\}^e)^T$ 也是任意的，于是得

$$\{F\}^e=\iiint_{V^e}[B]^T\{\sigma\}\mathrm{d}x\mathrm{d}y\mathrm{d}z \tag{g}$$

再将式（1-4）代入式（g），即得

$$\{F\}^e=\iiint_{V^e}[B]^T[D][B]\mathrm{d}x\mathrm{d}y\mathrm{d}z\{\delta\}^e \tag{1-7}$$

记

$$[k]^e=\iiint_{V^e}[B]^T[D][B]\mathrm{d}x\mathrm{d}y\mathrm{d}z \tag{1-8}$$

式（1-7）就成为

$$\{F\}^e=[k]^e\{\delta\}^e \tag{1-9}$$

其中 $[k]^e$ 称为单元的劲度矩阵，亦即结点力转换矩阵，将它乘以单元的结点位移列阵，就得到单元的结点力列阵。

对于平面问题，取 z 方向的厚度为 t，式（1-8）成为

$$[k]^e=\iint_A [B]^T[D][B]t\mathrm{d}x\mathrm{d}y \tag{1-10}$$

其中 A 是单元的面积。

三、结构的整体分析

有限单元法中结构整体分析的首要任务就是建立求解基本未知量，即结构的未知结点位移列阵 $\{\delta\}$ 的整体结点平衡方程组

$$[K]\{\delta\}=\{R\} \tag{1-11}$$

式中：$[K]$ 为结构的整体劲度矩阵；$\{R\}$ 为结构的整体结点荷载列阵。

为此，对离散化结构应用最小势能原理。设离散结构共有 NE 个单元，在实际平衡状态单元的形变势能为 U^e、外力势能为 V^e、总势能为 Π_p^e，则离散结构的总势能 Π_p 为

$$\Pi_p=\sum_{e=1}^{NE}\Pi_p^e=\sum_{e=1}^{NE}U^e+\sum_{e=1}^{NE}V^e \tag{h}$$

其中

$$\left.\begin{aligned} U^e &= \iiint_{V^e}\frac{1}{2}\{\varepsilon\}^T\{\sigma\}\mathrm{d}x\mathrm{d}y\mathrm{d}z \\ V^e &= -\left(\{f\}^T\{P\}+\iiint_{V^e}\{f\}^T\{p\}\mathrm{d}x\mathrm{d}y\mathrm{d}z+\iint_{S^e}\{f\}^T\{\overline{p}\}\mathrm{d}s\right)\end{aligned}\right\} \tag{i}$$

这里的 $\{P\}$、$\{p\}$、$\{\overline{p}\}$ 分别是作用在单元上的集中力列阵、分布体力列阵与分布面力列阵，S^e 是指作用着面力的单元表面。

将式（1-1）、式（1-2）、式（1-4）3式代入式（i）式，便可以将 U^e、V^e 用 $\{\delta\}^e$ 表示为

$$\left.\begin{aligned} U^e &= \frac{1}{2}\iiint_{V^e}(\{\delta\}^e)^T[B]^T[D][B]\{\delta\}^e\mathrm{d}x\mathrm{d}y\mathrm{d}z \\ &= \frac{1}{2}(\{\delta\}^e)^T[k]^e\{\delta\}^e \\ V^e &= -(\{\delta\}^e)^T\left([N]^T\{P\}+\iiint_{V^e}[N]^T\{p\}\mathrm{d}x\mathrm{d}y\mathrm{d}z+\iint_{S^e}[N]^T\{\overline{p}\}\mathrm{d}s\right) \\ &= -(\{\delta\}^e)^T\{r\}^e \end{aligned}\right\} \tag{j}$$

其中

$$\{k\}^e=\iiint_{V^e}[B]^T[D][B]\mathrm{d}x\mathrm{d}y\mathrm{d}z$$

即是式（1-8）所示的单元劲度矩阵。

$$\{r\}^e=[N]^T\{P\}+\iiint_{V^e}[N]^T\{p\}\mathrm{d}x\mathrm{d}y\mathrm{d}z+\iint_{S^e}[N]^T\{\overline{p}\}\mathrm{d}s \tag{1-12}$$

即是计算单元等效结点荷载列阵的公式。

现在将式（j）中的 U^e、V^e 用 $\{\delta\}$ 来表示。由于列阵 $\{\delta\}$ 比列阵 $\{\delta\}^e$ 的阶数升高了，因此必须将 $[k]^e$ 以及 $\{r\}^e$ 的阶数相应升高到分别与 $[K]$ 以及 $\{R\}$ 一样。现将阶数升高后的 $[k]^e$ 记为 $[K]^e$、$\{r\}^e$ 记为 $\{R\}^e$，那么式（j）就可以改写为

$$\left.\begin{aligned} U^e &= \frac{1}{2}\{\delta\}^T[K]^e\{\delta\} \\ V^e &= -\{\delta\}^T\{R\}^e \end{aligned}\right\} \tag{k}$$

其中 $[K]^e$ 虽然阶数与 $[K]$ 一样，但它仅在与所考察单元的结点号相应的行、列上有非零元素，并且就是 $[k]^e$ 中的元素，其他行、列上的元素均为零。$\{R\}^e$ 也有类似情况。

现将式（k）代入式（h），得

$$\Pi_p = \sum_{e=1}^{NE} \frac{1}{2}\{\delta\}^T[K]^e\{\delta\} - \sum_{e=1}^{NE}\{\delta\}^T\{R\}^e \tag{l}$$

根据最小势能原理，应有

$$\frac{\partial \Pi_p}{\partial\{\delta\}} = 0 \tag{m}$$

将式（l）代入式（m），得

$$\sum_{e=1}^{NE}[K]^e\{\delta\} = \sum_{e=1}^{NE}\{R\}^e \tag{n}$$

将式（n）与式（1-11）比较，得

$$[K] = \sum_{e=1}^{NE}[K]^e \tag{1-13}$$

$$\{R\} = \sum_{e=1}^{NE}\{R\}^e \tag{1-14}$$

式（1-13）和式（1-14）表明，结构的整体劲度矩阵 $[K]$ 与整体结点荷载列阵 $\{R\}$ 可以由组成结构的所有单元的劲度矩阵及单元的结点荷载列阵叠加得到。

在将结构的整体结点平衡方程组式（1-11）建立起来后，对于具有非零已知结点位移的情况，还须修改式（1-11），详见第二章。

若将考虑非零已知结点位移的整体结点平衡方程组仍写作式（1-11），接下去便可采用一种恰当的计算方法进行求解。在将 $\{\delta\}$ 解出后，便可利用式（1-4）计算各个单元的应力分量，并根据需要对计算成果进行必要的整理、分析。

在以上的分析中，除了结构的离散化以及成果的整理、分析还或多或少需要人工进行外，其余各步均可编制通用程序后由电子计算机来执行。对于一个已经离散化的结构，用有限单元法进行静力计算的流程图如图1-4所示，第二章介绍的平面问题程序就是按照这个流

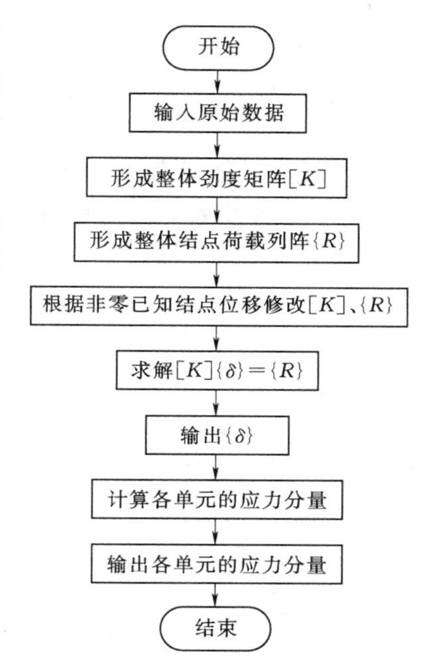

图1-4　静力问题有限单元法流程图

程图编制的。

第三节　程序设计概述

本节概述与有限元程序设计相关的几个基本概念。

一、算法与数据结构

算法是指采用科学的方法完成某项事务的执行过程，在用计算机完成某项事务时，算法就是由一组定义明确且能机械执行的规则、指令、语句、命令等组成的，对解题过程的精确描述。

由图 1-4 可知，用有限元法解题的过程主要包括形成线性代数方程组 $[K]\{\delta\}=\{R\}$ 与解此方程组两大步。前者包括形成结构整体劲度矩阵 $[K]$ 与整体结点荷载列阵 $\{R\}$，后者则是采用适当的计算方法解线性代数方程组。

关于形成整体劲度矩阵 $[K]$，可以有两种执行过程。第一种是对结点循环，再对包含所考察结点的单元逐个循环形成单元劲度矩阵中与所考察结点相关的行，此即为所考察单元各结点对所考察结点的“劲度”贡献，将此贡献叠加到 $[K]$ 的所考察结点相应行的位置上，对单元循环完毕，即形成 $[K]$ 中对应于所考察点的方程式的系数，对结点循环完毕，就形成了结构的 $[K]$。第二种是对单元循环，逐个形成单元劲度矩阵后，根据单元结点的局部编码与整体编码的关系，将单元劲度矩阵的各个元素叠加到结构整体劲度矩阵的相应位置上，对单元循环完毕，也就形成了 $[K]$。显然，第二种执行过程比第一种少了一层循环，将耗费较少的时间来形成 $[K]$。本书采用第二种执行过程。

关于求解线性代数方程组，有直接解法与迭代解法两大类，它们各有优缺点，可视具体问题的不同特点与计算规模分别采用。一般而言，直接法适用于有多种荷载工况的中、小规模的计算问题，迭代法适用于大规模、超大规模的计算问题。

无论是形成 $[K]$ 或解方程组都有一个 $[K]$ 的数据结构问题，也就是根据 $[K]$ 中数据的性质、数据元素之间的关系，研究如何表示、存储与操作这些数据。鉴于有限元法中 $[K]$ 是稀疏对称矩阵的性质，在用直接法解线性代数方程组时，本书采用一维变带宽存储方式，即 $[K]$ 的每一行只存储由第一个非零元素到对角线元素的全部数据（包括其中的零元素），并将每行需存储的元素连在一起排成一维数组；在用迭代法解线性代数方程组时，本书采用只存储非零元素的方式，零元素全部不存。对于大规模的计算问题，迭代法的存储方式比直接法要省去大量的存储空间。

对于一个计算问题，确定了算法与数据结构，再加上前后处理（离散化以形成原始数据，输出并处理计算结果），就可以编制程序了，所以可以说，程序＝算法＋数据结构。

二、程序设计方法

为了能编制出高质量的程序，除了要确定算法与数据结构外，还必须采用科学的程序设计方法，使得整个程序设计的过程更加科学、规范，所以，程序设计＝算法＋数据结构＋程序设计方法。模块化程序设计技术与方法是程序设计中应用较早的一种技术和方法。模块化程序设计是指将一个大型程序划分成若干个相对独立、功能单一的模块，它是数据说明、接口声明和执行语句等程序对象的集合，可独立命名，并通过模块名来调用、访问和执行。每个模块完成一个子功能，模块间相互协调，共同完成特定功能。模块化实质是把复杂问题分解成许多容易解决的子问题，使用具有相对独立功能的程序模块来实现每个子问题，再由这些基本模块在一定的控制模块下实现较大的功能模块，直至完成一个完整的程序。

结构化程序设计技术与方法是一种典型的程序设计方法。结构化程序设计的基本思路是：通过结构化分析，把一个复杂问题的求解过程分成若干阶段进行，每个阶段要处理的子问题都控制在人们容易理解和处理的范围内。具体地说，主要包括以下两个方面：

（1）在程序设计过程中，采用自顶向下、逐步求精的模块化程序设计原则。

（2）在程序设计过程中，强调使用单入口单出口的3种基本控制结构，即顺序结构、选择结构和循环结构，尽可能不用GOTO语句。

自顶向下是设计良好结构程序的一个有效的基本方法，其基本思想是全局着眼、总体抽象、逐层分解、逐步细化，直到整个程序设计足够简单、明确。逐步求精设计的基本思想是从最能直接反映问题本质的模型出发，逐步具体化、精细化，逐步补充细节，直到设计出能在计算机上运行的程序为止。由于在求精过程中，可能发现前面的求精方法不够好，或有错误，有必要自底向上进行修改。因此，逐步求精过程是一种不断地自顶向下设计和自底向上修正的方法。用结构化程序设计技术与方法编出的程序不仅结构良好，易写易读，而且易于证明其正确性，得到了广泛应用。

三、面向过程与面向对象

用模块化及结构化程序设计方法编写程序的主要工作是围绕着设计解题过程来进行的，在解决一个实际问题时，第一步就是将问题分解成若干个称为模块的功能块，然后根据模块功能来设计一系列用于存储数据的数据结构，最后编写一些过程（或函数）对这些数据进行操作，最终的程序就是由这些过程构成的。故可称为面向过程程序设计，它具有直观、结构清晰的特点。但是，面向过程程序设计中的数据和对数据的操作分离，如果一个或多个数据的结构发生了变化，与之相关的所有操作都必须改变，那么这种变化将波及程序的很多部分甚至整个程序，致使许多函数和过程必须重写。因此，面向过程的程序可重用性差，维护代价高。

面向对象的程序设计方法，不是将要解决的问题分解为过程，而是分解为对象。对象是现实世界中可以独立存在、可以区分的实体，也可以是一些概念上的实体，现实是由众多对象组成的。对象有自己的数据（属性），也有作用于数据上的操作（方法或过程），将对象的属性和方法封装成一个整体，供程序设计者使用，对象之间的相互作用通过消息传递来实现。因此，面向对象程序设计中的程序＝对象＋消息。它的基本步骤是：①确定程序中使用的对象；②确定每个对象的属性；③为每个对象定义方法；④确定程序中对象之间的关系。例如，在有限元法中，每个单元都是对象，它具有结点号及其坐标、组成材料性质、受到的外力作用，对单元要建立形成单元劲度矩阵和单元结点荷载列阵、并进而集合成整体劲度矩阵和整体结点荷载列阵的方法等。

结构化程序设计与面向对象程序设计的主要区别在于：

（1）结构化程序设计的问题分解突出过程，它强调“如何做”，即模块的功能是如何得以实现的。

(2) 面向对象程序设计的问题分解突出对象，它强调“做什么”。程序员需要说明要求对象完成的任务，对象中的数据组织细节与操作实现细节得以隐蔽，大量的工作都由相应的对象来完成。需要说明的是，面向对象程序设计并不是要抛弃结构化程序设计方法，当所要解决的问题分解为低层模块时，仍需用结构化的编程技术和方法。

关于面向对象程序设计，还有对象、类、封装、继承性、多态性等重要概念，将在第六章作进一步说明。

面向对象的程序设计语言包括 VB、VC、C＋＋、Java 等，第六章将介绍用 C＋＋编写的有限元程序。

第二章　平面问题有限元的直接解程序设计

本章介绍平面问题中 3 结点三角形单元的有限元直接解程序。在第一节给出有关计算公式后，按图 1-4 所示流程图，逐框介绍该程序的设计方法和思路，特别对于整体劲度矩阵［K］的一维变带宽存储以及线性代数方程组的三角形分解解法作详细讨论。最后一节给出完整的源程序及其使用说明，并通过例题说明此程序的使用方法。

第一节　3 结点三角形单元的计算公式

一、位移模式

对于如图 2-1 所示的 3 结点三角形单元，i、j、m 3 结点按反时针顺序排列，其位移模式如式（2-1）所示。

$$\left.\begin{aligned}u=N_iu_i+N_ju_j+N_mu_m\\v=N_iv_i+N_jv_j+N_mv_m\end{aligned}\right\}\qquad(2-1)$$

其中形函数

$$N_i=\frac{1}{2A}(a_i+b_ix+c_iy)\quad(i,j,m)\qquad(2-2)$$

系数 a_i、b_i、c_i 为

$$\left.\begin{aligned}a_i&=x_jy_m-x_my_j\\b_i&=y_j-y_m\\c_i&=x_m-x_j\end{aligned}\right\}\quad(i,j,m)\qquad(2-3)$$

A 是三角形 ijm 的面积

$$A=\frac{1}{2}\begin{vmatrix}1&x_i&y_i\\1&x_j&y_j\\1&x_m&y_m\end{vmatrix}=(b_jc_m-b_mc_j)/2\qquad(2-4)$$

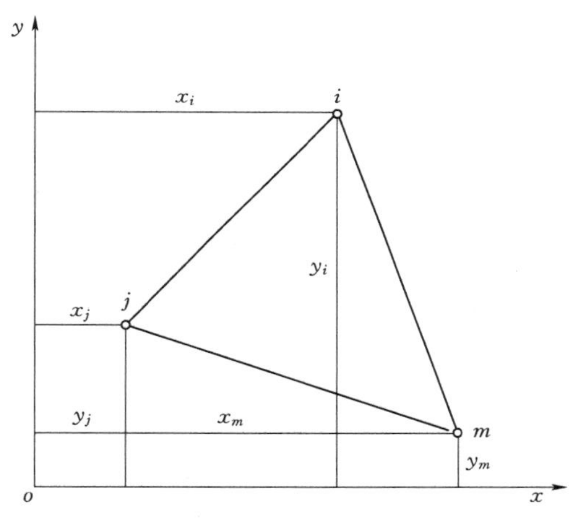

图 2-1　平面问题 3 结点三角形单元

x_i、x_j、x_m 和 y_i、y_j、y_m 分别是 i、j、m 3 结点在 $x-y$ 坐标系中的坐标值。

式（2-1）也可以改写成式（1-1）的形式，即

$$\begin{Bmatrix}u\\v\end{Bmatrix}=\begin{bmatrix}N_i&0&N_j&0&N_m&0\\0&N_i&0&N_j&0&N_m\end{bmatrix}\begin{Bmatrix}u_i\\v_i\\u_j\\v_j\\u_m\\v_m\end{Bmatrix}\qquad(2-5)$$

可见形函数矩阵 $[N]$ 为

$$[N]=\begin{bmatrix} N_i & 0 & N_j & 0 & N_m & 0 \\ 0 & N_i & 0 & N_j & 0 & N_m \end{bmatrix} \tag{2-6}$$

二、应变转换矩阵 [*B*]

将式（2-6）代入式（1-3），得

$$[B]=\begin{bmatrix} \dfrac{\partial N_i}{\partial x} & 0 & \dfrac{\partial N_j}{\partial x} & 0 & \dfrac{\partial N_m}{\partial x} & 0 \\ 0 & \dfrac{\partial N_i}{\partial y} & 0 & \dfrac{\partial N_j}{\partial y} & 0 & \dfrac{\partial N_m}{\partial y} \\ \dfrac{\partial N_i}{\partial y} & \dfrac{\partial N_i}{\partial x} & \dfrac{\partial N_j}{\partial y} & \dfrac{\partial N_j}{\partial x} & \dfrac{\partial N_m}{\partial y} & \dfrac{\partial N_m}{\partial x} \end{bmatrix} \tag{a}$$

再将式（2-2）代入式（a），得

$$[B]=\frac{1}{2A}\begin{bmatrix} b_i & 0 & b_j & 0 & b_m & 0 \\ 0 & c_i & 0 & c_j & 0 & c_m \\ c_i & b_i & c_j & b_j & c_m & b_m \end{bmatrix} \tag{2-7}$$

式（2-7）可以写成分块矩阵的形式

$$[B]=\{[B_i]\quad [B_j]\quad [B_m]\} \tag{2-8}$$

其中

$$[B_i]=\frac{1}{2A}\begin{bmatrix} b_i & 0 \\ 0 & c_i \\ c_i & b_i \end{bmatrix} \quad (i,j,m) \tag{2-9}$$

将式（2-7）代入式（1-2），得

$$\begin{Bmatrix} \varepsilon_x \\ \varepsilon_y \\ \gamma_{xy} \end{Bmatrix}=\frac{1}{2A}\begin{bmatrix} b_i & 0 & b_j & 0 & b_m & 0 \\ 0 & c_i & 0 & c_j & 0 & c_m \\ c_i & b_i & c_j & b_j & c_m & b_m \end{bmatrix}\begin{Bmatrix} u_i \\ v_i \\ u_j \\ v_j \\ u_m \\ v_m \end{Bmatrix} \tag{2-10}$$

注意到 $[B]$ 中元素全是常量，因此 3 结点三角形单元是常应变单元，显然它也是常应力单元。

三、应力转换矩阵 [*S*]

将式（2-8）代入式（1-5），得

$$[S]=[D]\{[B_i]\quad [B_j]\quad [B_m]\}=\{[S_i]\quad [S_j]\quad [S_m]\} \tag{b}$$

其中

$$[S_i]=[D][B_i]\quad (i,j,m) \tag{c}$$

对于平面应力问题，将式（1-6a）以及式（2-9）代入式（c），得

$$[S_i]=\frac{E}{2(1-\mu^2)A}\begin{bmatrix} b_i & \mu c_i \\ \mu b_i & c_i \\ \frac{1-\mu}{2}c_i & \frac{1-\mu}{2}b_i \end{bmatrix}\quad (i,j,m) \tag{d}$$

将式（d）代入式（b），再将［S］代入式（1-4），得

$$\begin{Bmatrix}\sigma_x\\ \sigma_y\\ \tau_{xy}\end{Bmatrix}=\frac{E}{2(1-\mu^2)A}\begin{bmatrix} b_i & \mu c_i & b_j & \mu c_j & b_m & \mu c_m \\ \mu b_i & c_i & \mu b_j & c_j & \mu b_m & c_m \\ \frac{1-\mu}{2}c_i & \frac{1-\mu}{2}b_i & \frac{1-\mu}{2}c_j & \frac{1-\mu}{2}b_j & \frac{1-\mu}{2}c_m & \frac{1-\mu}{2}b_m \end{bmatrix}\begin{Bmatrix}u_i\\ v_i\\ u_j\\ v_j\\ u_m\\ v_m\end{Bmatrix} \tag{2-11}$$

对于平面应变问题，须将上式中的 E 与 μ 分别用 $\frac{E}{1-\mu^2}$ 与 $\frac{\mu}{1-\mu}$ 来代替。

四、单元劲度矩阵 $[\boldsymbol{k}]^e$

将式（2-8）代入式（1-10），得

$$[k]^e=\iint_A\begin{Bmatrix}[B_i]^T\\ [B_j]^T\\ [B_m]^T\end{Bmatrix}[D]\{[B_i]\quad[B_j]\quad[B_m]\}t\mathrm{d}x\mathrm{d}y=\begin{Bmatrix}[B_i]^T\\ [B_j]^T\\ [B_m]^T\end{Bmatrix}[D]\{[B_i]\quad[B_j]\quad[B_m]\}tA$$

$$=\begin{bmatrix} k_{ii} & k_{ij} & k_{im} \\ k_{ji} & k_{jj} & k_{jm} \\ k_{mi} & k_{mj} & k_{mm} \end{bmatrix} \tag{2-12}$$

其中

$$[k_{rs}]=[B_r]^T[D][B_s]tA\quad(r、s=i,j,m) \tag{e}$$

对于平面应力问题，将式（1-6a）以及式（2-9）代入式（e），得

$$[k_{rs}]=\frac{Et}{4(1-\mu^2)A}\begin{bmatrix} b_rb_s+\frac{1-\mu}{2}c_rc_s & \mu b_rc_s+\frac{1-\mu}{2}c_rb_s \\ \mu c_rb_s+\frac{1-\mu}{2}b_rc_s & c_rc_s+\frac{1-\mu}{2}b_rb_s \end{bmatrix} \tag{2-13}$$

对于平面应变问题，须将上式中的 E 与 μ 分别用 $\frac{E}{1-\mu^2}$ 与 $\frac{\mu}{1-\mu}$ 来代替。

五、单元结点荷载列阵 $\{\boldsymbol{r}\}^e$

根据式（1-12），平面问题的 $\{r\}^e$ 可由式（2-14）计算：

$$\{r\}^e=[N]^T\{P\}+\iint_A[N]^T\{p\}t\mathrm{d}x\mathrm{d}y+\int_s[N]^T\{\overline{p}\}t\mathrm{d}S \tag{2-14}$$

式中：t 为单元的厚度；A 为单元的面积；S 为单元的周长。

现在将式（2-14）中的三项分别予以考察。

由于在结构离散化时，通常总是将集中力的作用点取为结点，从而可以直接给出结点荷载，因此在式（2-14）中关于集中力的列阵 $\{P\}$ 的项可以不必考虑。

关于分布体力列阵 $\{p\}$ 的项，我们只考虑最经常遇到的分布体力——单元自重的情况。设三角形单元 ijm 的密度为 ρ，并取 y 轴正向铅直向上，则

$$\{p\}=\begin{Bmatrix}0\\-\rho g\end{Bmatrix} \tag{f}$$

式中：g 为重力加速度；ρg 为单元的容重。

将式（2-6）以及式（f）代入式（2-14）中的第 2 项，并注意到

$$\iint_A N_i \mathrm{d}x\mathrm{d}y=\frac{A}{3}\quad(i,j,m) \tag{g}$$

即可求得

$$\{r^e\}=\begin{Bmatrix}X_i\\Y_i\\X_j\\Y_j\\X_m\\Y_m\end{Bmatrix}=\begin{Bmatrix}0\\-\frac{1}{3}\\0\\-\frac{1}{3}\\0\\-\frac{1}{3}\end{Bmatrix}\rho gtA \tag{2-15}$$

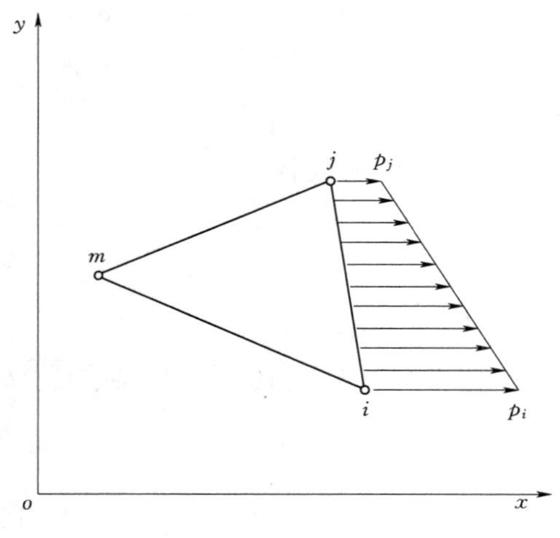

图 2-2　ij 边上的线性分布面力

可见单元自重的等效结点荷载为作用在每个结点上的铅直向下的 1/3 单元自重。

关于分布面力列阵 $\{\overline{p}\}$ 的项，我们只给出在 ij 边的 x 方向上有线性分布力作用（图 2-2）时的等效结点荷载。为了积分方便，假设从 i 结点指向 j 结点的方向为局部坐标 s，ij 的边长 $\overline{ij}$ 记为 l，则面力可以表示为

$$\{\overline{p}\}=\begin{Bmatrix}\left(1-\frac{s}{l}\right)p_i+\frac{s}{l}p_j\\0\end{Bmatrix}$$

代入式（2-14）的第 3 项得：

$$\{r^e\}=\begin{Bmatrix}X_i\\Y_i\\X_j\\Y_j\\X_m\\Y_m\end{Bmatrix}=t\int_{ij}\begin{Bmatrix}N_i\left[\left(1-\frac{s}{l}\right)p_i+\frac{s}{l}p_j\right]\\0\\N_j\left[\left(1-\frac{s}{l}\right)p_i+\frac{s}{l}p_j\right]\\0\\N_m\left[\left(1-\frac{s}{l}\right)p_i+\frac{s}{l}p_j\right]\\0\end{Bmatrix}\mathrm{d}s$$

在 ij 边上，$N_i=1-\frac{s}{l}$，$N_j=\frac{s}{l}$，$N_m=0$，代入上式积分可得等效结点荷载如下：

$$
\{r^e\}=\begin{Bmatrix} X_i \\ Y_i \\ X_j \\ Y_j \\ X_m \\ Y_m \end{Bmatrix}=\frac{tl}{6}\begin{Bmatrix} 2p_i+p_j \\ 0 \\ p_i+2p_j \\ 0 \\ 0 \\ 0 \end{Bmatrix} \tag{2-16}
$$

式中：p_i、p_j 分别为 i、j 两点分布面力的集度。

在其他边上或 y 方向有线性分布面力作用时，可得类似公式。

六、主应力与应力主向

在由式（2-11）根据单元的结点位移值求出单元的应力分量 σ_x、σ_y、τ_{xy} 的值后，即可由下式确定主应力与应力主向的值：

$$
\sigma_{1,2}=\frac{\sigma_x+\sigma_y}{2}\pm\sqrt{\left(\frac{\sigma_x-\sigma_y}{2}\right)^2+\tau_{xy}^2}
$$

$$
\alpha=\arctan\frac{\sigma_1-\sigma_x}{\tau_{xy}} \tag{2-17}
$$

读者可自行验证，不论 σ_x 及 σ_y 是哪个大，也不论 τ_{xy} 是正还是负，由上式算得的 α 总是 σ_1 与 x 轴的夹角，并且从 x 轴反时针旋转为正。

第二节　输入原始数据

从本节开始，我们对如图 1-4 所示的有限元程序流程图逐框予以详细的介绍，这一节介绍与第一框“输入原始数据”有关的内容与子程序。

一、输入原始数据的原则

在有限单元法的程序设计中，输入原始数据的程序虽然比较简单，但是对于使用程序的用户来说，这却是十分重要的部分。这不仅是因为准备原始数据所花费的时间很多，而且有限元程序的原始数据很多，其中的任何差错，都可能导致运算中断或得出错误的成果。因此，在设计输入原始数据的程序时，应努力做到简明易懂，易于准备，并尽可能减少数据及其占用的存储空间。对于任何一个结构分析的有限元程序，需要输入的原始数据主要有以下 3 类：

（1）几何数据，表示结构的形状、大小、单元的划分情况以及约束条件。

（2）材料性质数据，表示组成结构的材料种类以及每种材料的特性数据，如弹性模量、泊松比、容重、单元厚度等。

（3）荷载数据，表示荷载的种类、位置及大小。

此外，对于某些特殊的情况或为了一些特殊的需要，还有一些别的原始数据。例如，有些结点位移为非零的已知值，则要输入这些结点的点号以及已知的位移值；若要求计算有些受约束结点的支座反力，则要输入这些结点的点号以及有关的单元号。

除了上述这些原始数据，为了规定所解问题的规模以及给出有关的控制信息，在输入上述数据之前，应先输入若干控制数据。

二、原始数据的输入

（1）控制数据的输入。在本章所介绍的程序中，控制数据共有 9 个，它们所用的标识符及意义见表 2-1。

表 2-1　　控　制　数　据

变量名	意　义	变量名	意　义
NP	结点总数	*NL*	受集中荷载作用的结点总数
NE	单元总数	*NG*	不考虑自重作用填 0，考虑自重作用填 1
NM	材料类型总数	*ND*	有非零已知位移的结点总数
NR	受约束结点总数	*NC*	要计算支座反力的结点总数
NI	平面应力问题填 0，平面应变问题填 1		

（2）材料性质数据的输入。材料性质数据用一个 4 行、*NM* 列的二维数组 *AE*（4，*NM*）表示，它的每一列的 4 个数字依次表示一种材料的弹性模量、泊松比、容重以及单元厚度，在程序中这 4 个量的标识符分别为 *EO*、*VO*、*W*、*T*。这里需要注意的是，在这 4 个量中，只要有一个不同，就是一种不同材料类型。

（3）几何数据的输入。几何数据用表 2-2 所示的 4 个数组表示。

表 2-2　　几　何　数　据

数组名	意　义	数组名	意　义
X(*NP*)	各结点的 x 坐标值	*MEO*(4,*NE*)	各单元的结点组成与材料类型
Y(*NP*)	各结点的 y 坐标值	*JR*(2,*NP*)	初始读入受约束结点的约束信息，后期形成并存储结点自由度序号

这里对于 *MEO* 与 *JR* 两个数组需要予以专门说明。

对于任何一个 3 结点三角形单元，其结点组成须用按逆时针次序排列的 i、j、m 3 个结点号来表示，连同该单元的材料类型序号 L（即该单元的材料特性是 *AE* 数组中第 L 列的 4 个数），每个单元需用 4 个整数表示其结点组成与材料类型。*MEO*（4，*NE*）中第 *IE* 列的 4 个元素即第 *IE* 个单元的 3 个结点号与该单元的材料类型号。

受约束结点的约束信息用数组 *IR*(2) 表示，它的两个元素表示受约束结点 x、y 方向的约束信息，用"0"表示该点该方向受约束，位移为零，用"1"表示该点该方向无约束，位移待定。*JR* 数组首先全部赋初值 1，表示每个结点 x、y 方向无约束，然后循环读入 *NR* 个受约束结点的点号及该点的 *IR*(2) 数组，接着将该点的约束信息赋值在数组 *JR*（2，*NP*）的该结点所在列的位置，从而形成所有结点的约束信息。

在本章所介绍的程序中，9 个控制数据是在主程序中输入的，材料性质数据以及几何数据中的 *X*、*Y*、*MEO* 3 个数组是在子程序 *INPUT* 中输入的，而约束信息输入以及 *JR* 数组的形成是在子程序 *MR* 中完成的，见本章第七节。

在将几何数据以及材料性质数据输入后，接着由式（2-3）计算单元的 b_i、b_j、b_m 与 c_i、c_j、c_m，由式（2-4）计算单元的面积 A，并可以从数组 *AE* 中取出该单元的特性数据 *EO*、*VO*、*W*、*T*。为了便于在程序中组织循环，还将 i、j、m 3 个结点号另外存储在

数组 $NOD(3)$ 内，将 b_i、b_j、b_m 与 c_i、c_j、c_m 另外分别存储在数组 $BI(3)$ 以及 $CI(3)$ 内。上述这些运算是在子程序 DIV 中实现的，见本章第七节。

最后应该指出，所有的输入数据必须使用统一的单位。在国际单位制里，如果长度的单位用“m”或“cm”，力的单位用“N”，计算所得的位移的单位也是“m”或“cm”，应力的单位是 N/m^2 或 N/cm^2。

第三节　形成整体劲度矩阵

本节讨论图 1-4 中的第二框“形成整体劲度矩阵 $[K]$”的程序设计方法。

我们先以如图 2-3 所示分为 4 个三角形单元的 1/4 块对角受压正方形薄板为例，说明如何根据式（1-13）由各个单元的劲度矩阵集合成结构的整体劲度矩阵。假若先不考虑约束条件，那么如图 2-3（b）所示结构共有 12 个自由度，$[K]$ 是 12×12 的方阵，或可表示为 6×6 的分块矩阵，其中每个子矩阵是 2×2 的方阵。

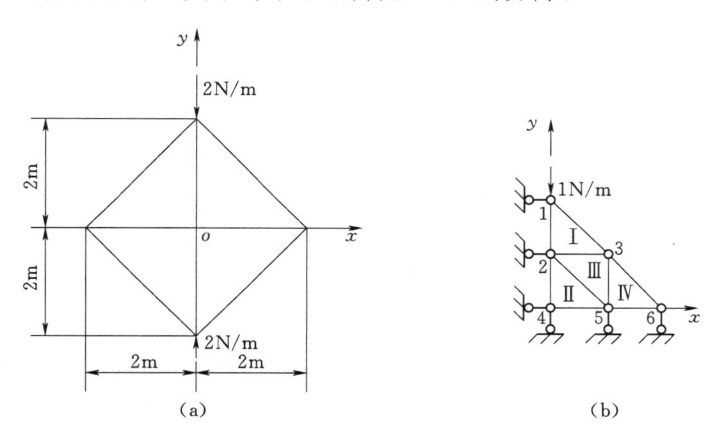

图 2-3　简例——对角受压正方形薄板

第一步，将 $[K]$ 全部充零，作好将各个单元的 $[k]^e$ 累加进去的准备，即

$$[K]=\begin{bmatrix}0&0&0&0&0&0\\0&0&0&0&0&0\\0&0&0&0&0&0\\0&0&0&0&0&0\\0&0&0&0&0&0\\0&0&0&0&0&0\end{bmatrix}\begin{matrix}1\\2\\3\\4\\5\\6\end{matrix}$$

整体结点号：1　2　3　4　5　6

其中每个 0 是 2×2 的零子矩阵。

第二步，逐个单元建立其 $[k]^e$，并根据所考察单元的 i、j、m 3 个点的点号，将 $[k]^e$ 中的每个子矩阵叠加到 $[K]$ 中这 3 个点号所在的行、列上。这个过程可具体表达如下：

Ⅰ号单元

$$[k]^{\mathrm{I}}=\begin{bmatrix} k_{ii} & k_{ij} & k_{im} \\ k_{ji} & k_{jj} & k_{jm} \\ k_{mi} & k_{mj} & k_{mm} \end{bmatrix}^{\mathrm{I}} \begin{matrix} i & 3 \\ j & 1 \\ m & 2 \end{matrix}$$

局部结点号：i　j　m

整体结点号：3　1　2

$$[K]=\begin{bmatrix} k_{jj}^{\mathrm{I}} & k_{jm}^{\mathrm{I}} & k_{ji}^{\mathrm{I}} & 0 & 0 & 0 \\ k_{mj}^{\mathrm{I}} & k_{mm}^{\mathrm{I}} & k_{mi}^{\mathrm{I}} & 0 & 0 & 0 \\ k_{ij}^{\mathrm{I}} & k_{im}^{\mathrm{I}} & k_{ii}^{\mathrm{I}} & 0 & 0 & 0 \\ 0 & 0 & 0 & 0 & 0 & 0 \\ 0 & 0 & 0 & 0 & 0 & 0 \\ 0 & 0 & 0 & 0 & 0 & 0 \end{bmatrix} \begin{matrix} 1 \\ 2 \\ 3 \\ 4 \\ 5 \\ 6 \end{matrix}$$

整体结点号：1　2　3　4　5　6

Ⅱ号单元

$$[k]^{\mathrm{II}}=\begin{bmatrix} k_{ii} & k_{ij} & k_{im} \\ k_{ji} & k_{jj} & k_{jm} \\ k_{mi} & k_{mj} & k_{mm} \end{bmatrix}^{\mathrm{II}} \begin{matrix} i & 5 \\ j & 2 \\ m & 4 \end{matrix}$$

局部结点号：i　j　m

整体结点号：5　2　4

$$[K]=\begin{bmatrix} k_{jj}^{\mathrm{I}} & k_{jm}^{\mathrm{I}} & k_{ji}^{\mathrm{I}} & 0 & 0 & 0 \\ k_{mj}^{\mathrm{I}} & k_{mm}^{\mathrm{I}}+k_{jj}^{\mathrm{II}} & k_{mi}^{\mathrm{I}} & k_{jm}^{\mathrm{II}} & k_{ji}^{\mathrm{II}} & 0 \\ k_{ij}^{\mathrm{I}} & k_{im}^{\mathrm{I}} & k_{ii}^{\mathrm{I}} & 0 & 0 & 0 \\ 0 & k_{mj}^{\mathrm{II}} & 0 & k_{mm}^{\mathrm{II}} & k_{mi}^{\mathrm{II}} & 0 \\ 0 & k_{ij}^{\mathrm{II}} & 0 & k_{im}^{\mathrm{II}} & k_{ii}^{\mathrm{II}} & 0 \\ 0 & 0 & 0 & 0 & 0 & 0 \end{bmatrix} \begin{matrix} 1 \\ 2 \\ 3 \\ 4 \\ 5 \\ 6 \end{matrix}$$

整体结点号：1　2　3　4　5　6

Ⅲ号单元

$$[k]^{\mathrm{III}}=\begin{bmatrix} k_{ii} & k_{ij} & k_{im} \\ k_{ji} & k_{jj} & k_{jm} \\ k_{mi} & k_{mj} & k_{mm} \end{bmatrix}^{\mathrm{III}} \begin{matrix} i & 2 \\ j & 5 \\ m & 3 \end{matrix}$$

局部结点号：i　j　m

整体结点号：2　5　3

$$[K]=\begin{bmatrix} k_{jj}^{\mathrm{I}} & k_{jm}^{\mathrm{I}} & k_{ji}^{\mathrm{I}} & 0 & 0 & 0 \\ k_{mj}^{\mathrm{I}} & k_{mm}^{\mathrm{I}}+k_{jj}^{\mathrm{II}}+k_{ii}^{\mathrm{III}} & k_{mi}^{\mathrm{I}}+k_{im}^{\mathrm{III}} & k_{jm}^{\mathrm{II}} & k_{ji}^{\mathrm{II}}+k_{ij}^{\mathrm{III}} & 0 \\ k_{ij}^{\mathrm{I}} & k_{im}^{\mathrm{I}}+k_{mi}^{\mathrm{III}} & k_{ii}^{\mathrm{I}}+k_{mm}^{\mathrm{III}} & 0 & k_{mj}^{\mathrm{III}} & 0 \\ 0 & k_{mj}^{\mathrm{II}} & 0 & k_{mm}^{\mathrm{II}} & k_{mi}^{\mathrm{II}} & 0 \\ 0 & k_{ij}^{\mathrm{II}}+k_{ji}^{\mathrm{III}} & k_{jm}^{\mathrm{III}} & k_{im}^{\mathrm{II}} & k_{ii}^{\mathrm{II}}+k_{jj}^{\mathrm{III}} & 0 \\ 0 & 0 & 0 & 0 & 0 & 0 \end{bmatrix} \begin{matrix} 1 \\ 2 \\ 3 \\ 4 \\ 5 \\ 6 \end{matrix}$$

整体结点号：1　2　3　4　5　6

Ⅳ号单元

$$[k]^{\text{Ⅳ}}=\begin{bmatrix} k_{ii} & k_{ij} & k_{im} \\ k_{ji} & k_{jj} & k_{jm} \\ k_{mi} & k_{mj} & k_{mm} \end{bmatrix}^{\text{Ⅳ}} \begin{matrix} i & 6 \\ j & 3 \\ m & 5 \end{matrix}$$

局部结点号：i　j　m

整体结点号：6　3　5

$$[K]=\begin{bmatrix} k_{jj}^{\text{Ⅰ}} & k_{jm}^{\text{Ⅰ}} & k_{ji}^{\text{Ⅰ}} & 0 & 0 & 0 \\ k_{mj}^{\text{Ⅰ}} & k_{mm}^{\text{Ⅰ}}+k_{jj}^{\text{Ⅱ}}+k_{ii}^{\text{Ⅲ}} & k_{mi}^{\text{Ⅰ}}+k_{im}^{\text{Ⅲ}} & k_{jm}^{\text{Ⅱ}} & k_{ji}^{\text{Ⅱ}}+k_{ij}^{\text{Ⅲ}} & 0 \\ k_{ij}^{\text{Ⅰ}} & k_{im}^{\text{Ⅰ}}+k_{mi}^{\text{Ⅲ}} & k_{ii}^{\text{Ⅰ}}+k_{mm}^{\text{Ⅲ}}+k_{jj}^{\text{Ⅳ}} & 0 & k_{mj}^{\text{Ⅲ}}+k_{jm}^{\text{Ⅳ}} & k_{ji}^{\text{Ⅳ}} \\ 0 & k_{mj}^{\text{Ⅱ}} & 0 & k_{mm}^{\text{Ⅱ}} & k_{mi}^{\text{Ⅱ}} & 0 \\ 0 & k_{ij}^{\text{Ⅱ}}+k_{ji}^{\text{Ⅲ}} & k_{jm}^{\text{Ⅲ}}+k_{mj}^{\text{Ⅳ}} & k_{im}^{\text{Ⅱ}} & k_{ii}^{\text{Ⅱ}}+k_{jj}^{\text{Ⅲ}}+k_{mm}^{\text{Ⅳ}} & k_{mi}^{\text{Ⅳ}} \\ 0 & 0 & k_{ij}^{\text{Ⅳ}} & 0 & k_{im}^{\text{Ⅳ}} & k_{ii}^{\text{Ⅳ}} \end{bmatrix} \begin{matrix} 1 \\ 2 \\ 3 \\ 4 \\ 5 \\ 6 \end{matrix} \tag{a}$$

整体结点号：1　2　3　4　5　6

对于所有单元都经过上述运算后，所得式（a）就是形成的结构整体劲度矩阵，它是 6×6 的分块矩阵，或是 12×12 的矩阵，式中的 k_{rs} 均为 2×2 的子矩阵。

当结构的结点数较多时，［K］将占用很多的计算机存储量。如何根据［K］的特点尽可能节约其存储量是在形成［K］时必须着重研究的。首先，根据约束条件，有些结点位移已知为零，对应于该结点位移的结点平衡方程就无需建立。例如，如图 2－3（b）所示结构的 $u_1=u_2=u_4=v_4=v_5=v_6=0$，因此，在式（a）所示的［$K$］中的第 1、3、7、8、10、12 等 6 行及同样的 6 列可以全部划去不要。此题只有 6 个自由度，即 v_1、v_2、u_3、v_3、u_5 与 u_6，［K］是 6×6 的方阵。若用＊代表非零元素，用 0 代表零元素，那么考虑约束条件以后的［K］成为

$$[K]:\begin{pmatrix} * & * & * & * & 0 & 0 \\ * & * & * & * & * & 0 \\ * & * & * & * & * & * \\ * & * & * & * & * & * \\ 0 & * & * & * & * & * \\ 0 & 0 & * & * & * & * \end{pmatrix} \tag{b}$$

它是 6×6 的矩阵。显然，所需的存储量大为减少。

其次，利用［K］的下列性质能进一步节省它所需的存储量：

（1）对称性。由式（2－13）可见，$[k_{rs}]=[k_{sr}]^T$，因此单元劲度矩阵 $[k]^e$ 是对称矩阵。若称至少包含在同一个单元内的两个结点为相关结点，由于 $[k]^e$ 的对称性，结构中任意两个相关结点之间相互的劲度“贡献”是相同的，所以［K］也是对称矩阵。利用对称性，只需存储它的下三角元素（当然也可以只存储上三角元素），这样就能节省将近一半的存储量。

（2）稀疏性。若矩阵中非零元素的个数只占矩阵全部元素的很小一部分，该矩阵称为稀疏矩阵。在有限单元法中，离散化结构的任意一个结点都只与少数结点相关。由于不相

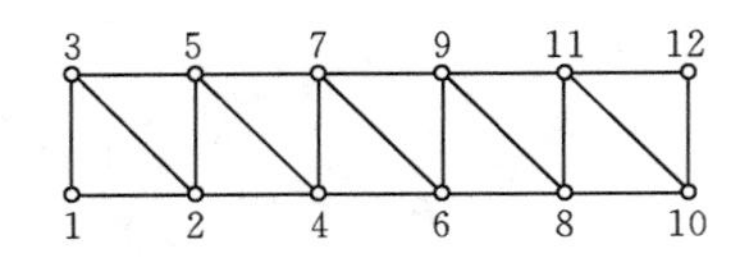

图 2-4　平面长条形离散化结构

关的结点之间没有相互的劲度“贡献”。因此，有限单元法中的［K］是个稀疏矩阵，而且结点总数越多，稀疏性越强。如在式（a）所示的［K］中，零子矩阵达 1/3；又如在如图 2-4 所示有 12 个结点的离散化结构中，若用 * 表示其［K］中的非零子矩阵，则该结构的［K］中的 * 与 0 的分布为

$$
\begin{bmatrix}
* & & & & & & & & & & & \\
* & * & & & & & \text{对} & & & & & \\
* & * & * & & & & & & & & & \\
0 & * & 0 & * & & & & & & & & \\
0 & * & * & * & * & & & & & & & \\
0 & 0 & 0 & * & 0 & * & & & & \text{称} & & \\
0 & 0 & 0 & * & * & * & * & & & & & \\
0 & 0 & 0 & 0 & 0 & * & 0 & * & & & & \\
0 & 0 & 0 & 0 & 0 & * & * & * & * & & & \\
0 & 0 & 0 & 0 & 0 & 0 & 0 & * & 0 & * & & \\
0 & 0 & 0 & 0 & 0 & 0 & 0 & * & * & * & * & \\
0 & 0 & 0 & 0 & 0 & 0 & 0 & 0 & 0 & * & * & *
\end{bmatrix} \tag{c}
$$

若考虑它的对称性，只存储下三角元素（包括主对角线上的元素），共有 78 个子矩阵，其中 45 个是零子矩阵，占 57.7%。对于结点数更多的结构，［K］中零子矩阵所占的比例将更大，因此，若能不存或少存这些零子矩阵就可以大大节省［K］所需的计算机存储量。

（3）带状分布。对于离散化结构，采用适当的结点编号，能使其［K］中的非零元素分布在主对角线两侧的带状区域内，见式（c）。我们称［K］中每行第一个非零元素外缘的连线为带缘，那么在考虑对称性后，非零元素分布在主对角线与带缘之间。显然，在带缘内仍可能有一些零元素，但多数零元素是在带缘之外。以后可以证明，在用直接法求解线性代数方程组时，带缘之外的零元素在三角分解后仍保持为零元素，因此可以不必存储；但带缘之内的零元素在三角分解之后一般不再为零，因此仍然需要存储。

若将［K］中每行从第一个非零元素到对角线元素的元素个数称为该行的半带宽，那么，根据［K］的上述性质，用直接法解方程时只需存储每行半带宽内的元素。由于每行的半带宽一般并不相等，因此比较恰当的存储方法式将每行需存储的元素按行、列次序排成一行存放在一维数组内，这种存储方式叫做“一维变带宽存储”。例如，式（b）所示的［K］共需存储 18 个元素，它们在一维变带宽存储时的序号为

$$
[K]:\begin{pmatrix}
*^{1} & & \text{对} & & & \\
*^{2} & *^{3} & & & & \\
*^{4} & *^{5} & *^{6} & & & \\
*^{7} & *^{8} & *^{9} & *^{10} & & \text{称} \\
0 & *^{11} & *^{12} & *^{13} & *^{14} & \\
0 & 0 & *^{15} & *^{16} & *^{17} & *^{18}
\end{pmatrix} \tag{d}
$$

现将按一维变带宽存储的所需的存储量记为 NH；存储这 NH 个元素的一维数组记为 $SK(NH)$；结构的自由度总数，亦即需建立的方程个数记为 N。例如，对于式（d）所示的 $[K]$，$N=6$，$NH=18$，数组 $SK(NH)$ 为

$$SK(18):[*^{1} \mid *^{2} *^{3} \mid *^{4} *^{5} *^{6} \mid *^{7} *^{8} *^{9} *^{10} \mid *^{11} *^{12} *^{13} *^{14} \mid *^{15} *^{16} *^{17} *^{18}] \quad (e)$$

为了能将一维数组 $SK(NH)$ 的元素与二维劲度矩阵 $[K]$ 的元素建立起对应的关系，还必须给出一个指示向量，把数组 $SK(NH)$ 分成 N 份，每一份对应于 $[K]$ 中一行。为了做到这点，可采用不同的办法。例如，让指示向量记下每行的半带宽或记下每行的主对角线元素在数组 $SK(NH)$ 中的序号。本书所用的办法是建立主对角线元素序号指示向量 $MA(N)$，其中第 I 个下标变量 $MA(I)$ 就是 $[K]$ 中第 I 行的主对角线元素在一维数组 $SK(NH)$ 中的序号。例如，与式（e）对应的指示向量 $MA(N)$ 为

$$MA(6):[1 \quad 3 \quad 6 \quad 10 \quad 14 \quad 18] \quad (f)$$

有了指示向量 $MA(N)$，就能够找到 $[K]$ 中需存储的任意一个元素在一维数组 $SK(NH)$ 中的位置。例如：

1）$[K]$ 中第 P 个方程的主对角线元素就是下标变量 $SK[MA(P)]$。

2）$[K]$ 中第 I 行第 J 列（$I>J$）的元素是在第 I 行的主对角线元素前面（$I-J$）个元素处，因此就是下标变量 $SK[MA(I)-(I-J)]$。

3）$[K]$ 中第 I 行第一列的元素到主对角线元素的元素个数为 I，第一个非零元素到主对角线元素的元素个数为 $MA(I)-MA(I-1)$，于是 $I-[MA(I)-MA(I-1)]$ 就是第 I 行第一个非零元素前的零元素个数，$I-[MA(I)-MA(I-1)]+1$ 就是第 I 行第一个非零元素所在的列号。

现在开始讨论形成 $MA(N)$ 与 $SK(NH)$ 的程序设计方法。为此，需先形成结点自由度序号指示矩阵 $JR(2, NP)$。

假若不考虑约束条件，每个结点都有 x、y 方向的两个结点位移自由度，那么第 I 个结点的两个结点位移自由度的序号就是 $2I-1$ 与 $2I$，它们也就是 I 结点上的两个结点平衡方程在整体平衡方程组中的方程序号。但是，由于在已知结点位移为零处的平衡方程是不建立的，结点号与其对应的自由度序号就不再是上面那种关系，而必须根据具体问题的约束条件予以建立。由于结构总共有 NP 个结点，每个结点又可能有 x、y 方向的两个自由度，故用二维数组 $JR(2, NP)$ 存放每个结点的 x、y 两个方向的自由度序号，并以 0 表示对应方位上的结点位移为零，无自由度，也不必建立平衡方程。例如，如图 2-3（b）所示结构的自由度序号指示矩阵 $JR(2, NP)$ 为

$$JR(2,6):\begin{bmatrix} 0 & 0 & 3 & 0 & 5 & 6 \\ 1 & 2 & 4 & 0 & 0 & 0 \end{bmatrix} \quad (g)$$

为了形成这个二维数组，可以先在其中全部充 1，再根据约束条件的信息将结点位移为零方位上的 1 变为 0，再逐列逐行地将 1 累加起来。这些运算是在子程序 MR 中实现的，见本章第七节。

有了结构的自由度序号指示矩阵 $JR(2, NP)$，便可以建立存放任一单元的 3 个结点的 6 个自由度序号的数组 $NN(6)$。设某个单元的 3 个结点号已存放在数组 $NOD(3)$ 中，用下面几个语句便能由 JR 数组形成此单元的 NN 数组：

```
DO I=1,3
 JB=NOD(I)
 DO M=1,2
  JJ=2*(I-1)+M
  NN(JJ)=JR(M,JB)
 END DO
END DO
```

例如，如图 2-3（b）所示结构的Ⅲ号单元的 3 个结点号为 2、5、3，由上面几个语句可以形成Ⅲ号单元的 NN 数组为

$$NN(6)=[0 \quad 2 \quad 5 \quad 0 \quad 3 \quad 4] \tag{h}$$

数组 $NN(6)$ 有以下两个用处：

1）若将单元劲度矩阵存放在二维数组 $SKE(6,6)$ 中，那么该单元的 $NN(6)$ 中的 6 个数就是与数组 $SKE(6,6)$ 的局部序号 1～6 相应的整体序号。仍以Ⅲ号单元为例

$$SKE:\begin{bmatrix} * & * & * & * & * & * \\ * & * & * & * & * & * \\ * & * & * & * & * & * \\ * & * & * & * & * & * \\ * & * & * & * & * & * \\ * & * & * & * & * & * \end{bmatrix}\begin{matrix} 1 & 0 \\ 2 & 2 \\ 3 & 5 \\ 4 & 0 \\ 5 & 3 \\ 6 & 4 \end{matrix}$$

局部序号：1　2　3　4　5　6

整体序号：0　2　5　0　3　4

于是可知，数组 SKE 中的某个元素，例如第 3 行第 6 列的元素 $SKE(3,6)$ 应该叠加在［K］的第 5 行第 4 列上。由于［K］的第 5 行的主对角线元素在一维数组 $SK(NH)$ 中的序号是 14［即 $MA(5)$］，而 $14-(5-4)=13$，亦即元素 $SKE(3,6)$ 应叠加在下标变量 $SK(13)$ 的位置上。类似可获得 SKE 中各个元素在一维数组 $SK(NH)$ 中的位置。一般而言，数组 SKE 中第 I 行第 J 列的元素 $SKE(I,J)$ 应该叠加在［K］的第 $NN(I)$ 行、第 $NN(J)$ 列上，亦即在 $SK\{MA[NN(I)]-[NN(I)-NN(J)]\}$ 上。但应注意，由于在结点位移为零的方位上不建立平衡方程，又由于 $SK(NH)$ 只存［K］的下三角，因此，当 $NN(I)<NN(J)$ 时或 $NN(J)=0$ 时，$SKE(I,J)$ 不必也不能叠加到 $SK(NH)$ 中去。

2）利用各个单元的数组 $NN(6)$ 还可以求出整体平衡方程组的各个方程的半带宽。例如，由式（h）先找出除零之外的最小自由度序号为 2，这表示第 2 个自由度通过Ⅲ号单元对第 2、3、4、5 几个自由度的平衡方程都“贡献”劲度，所以将 2、3、4、5 分别减去 2 再加 1 就是由于Ⅲ号单元而得到的第 2、3、4、5 个方程的半带宽。若对于每个单元都这样做，并在各个单元对各个方程“贡献”的半带宽中对每个方程均保留一个最大的，即为各个方程的实际半带宽。例如，如图 2-3（b）所示结构的各个单元的数组 $NN(6)$ 见表 2-3。

表 2-3　　单元的自由度序号数组

单元号	数组 $NN(6)$	单元号	数组 $NN(6)$
Ⅰ	[3　4　0　1　0　2]	Ⅲ	[0　2　5　0　3　4]
Ⅱ	[5　0　0　2　0　0]	Ⅳ	[6　0　3　4　5　0]

由各个单元的数组 $NN(6)$ 得到的各个方程的半带宽见表 2-4。

表 2-4　　方程的半带宽

	1	2	3	4	5	6
Ⅰ	1	2	3	4		
Ⅱ		1			4	
Ⅲ		1	2	3	4	
Ⅳ			1	2	3	4
取最大值	1	2	3	4	4	4

注意到每个方程的半带宽也就是在一维变带宽存储中每行需存储的元素的个数，因此将它们逐行累加便形成了主对角线元素序号指示向量 $MA(N)$。

有了上述准备工作，便可通过下列步骤来形成数组 $MA(N)$：

1）先将数组 $MA(N)$ 全部充零，以如图 2-3（b）所示结构为例，即数组 $MA(6)$ 成为 [0　0　0　0　0　0]。

2）求出每个方程的半带宽，存储在数组 $MA(6)$ 中，即数组 $MA(6)$ 成为 [1　2　3　4　4　4]。

3）对于数组 $MA(N)$，逐个元素累加，便得到所需的主对角线元素序号指示向量，即数组 $MA(6)$ 成为 [1　3　6　10　14　18]。

上述步骤可用流程图（图 2-5）详细表示。

根据图 2-5 流程图编制的程序包含在子程序 FORMMA 中，见本章第七节。该子程序中：①首先数组 $MA(N)$ 全部充零；②在对单元循环的循环体中，形成所考察单元的自由度序号数组 $NN(6)$；③在所考察单元的数组 $NN(6)$ 中，找出非零的最小的自由度序号 L；④通过对所考察单元的 6 个自由度的循环，计算相应于该单元的这 6 个自由度的半带宽 $JP-L+1$，其中 JP 是自由度序号，亦即是方程序号，若 $JP-L+1$ 大于已存放在 $MA(JP)$ 中的值，则将它赋值给 $MA(JP)$，对单元的循环结束，则数组 $MA(N)$ 中存储了各个方程的半带宽；⑤MX 准备存储最大半带宽，数组 $MA(N)$ 准备存储各个方程的主对角线元素在一维数组中的序号，故 $MA(1)$ 先送 1；⑥通过对结构的全部自由度的循环（第 1 个自由度除外），找出其中的最大半带宽，并将各个方程的半带宽逐个累加获得主对角线元素序号指示向量 $MA(N)$；⑦最后一个方程（即第 N 个方程）的主对角线元素的序号就是需存储的元素总数 NH。接着可打印输出 N、NH 和 MX。

随后，可调用子程序 MGK，形成整体劲度矩阵 $SK(NH)$；调用子程序 LOAD，形成整体结点荷载列阵 $R(N)$，并调用子程序 OUTPUT，打印各结点荷载；如果有非零已知位移，则调用子程序 TREAT，对线性代数方程组进行处理；调用子程序 DECOMP 以及 FOBA，解线性代数方程组；调用子程序 OUTPUT，打印各结点位移；调用子程序 CES，计算各个单元的应力分量及主应力、应力主向，并打印；对于需要求支座反力的情况，调用子程序 ERFAC，计算支座反力，并打印。

在本节的最后，我们来形成按一维变带宽存储的整体劲度矩阵 $SK(NH)$。为此，先给出了形成单元劲度矩阵中任一子矩阵 $[k_{rs}]$ 的子程序 KRS，见本章第七节。在 KRS 中的 H_{11}、H_{12}、H_{21}以及 H_{22}就是式（2-13）所示子矩阵的 4 个元素。有了 KRS，便可由本章第七节中的子程序 MGK 来形成整体劲度矩阵 $SK(NH)$。在子程序 MGK 中，首先将数组 $SK(NH)$ 全部充零，以便将各个单元劲度矩阵累加到 $SK(NH)$ 中去；接着在对单元循环的循环体内，通过对 I、J 都是从 1～3 的二重循环来调用子程序 KRS，形成单元劲度矩阵式（2-12）中的 9 个子矩阵，并存储在数组 $SKE(6, 6)$ 中；形成所考察单元的自由度序号数组 $NN(6)$；通过对 I、J 都是从 1～6 的二重循环，将数组 $SKE(6, 6)$ 中的元素逐个累加到 $SK(NH)$ 的相应位置上。前已说明，$SKE(6, 6)$ 中的第 I 行第 J

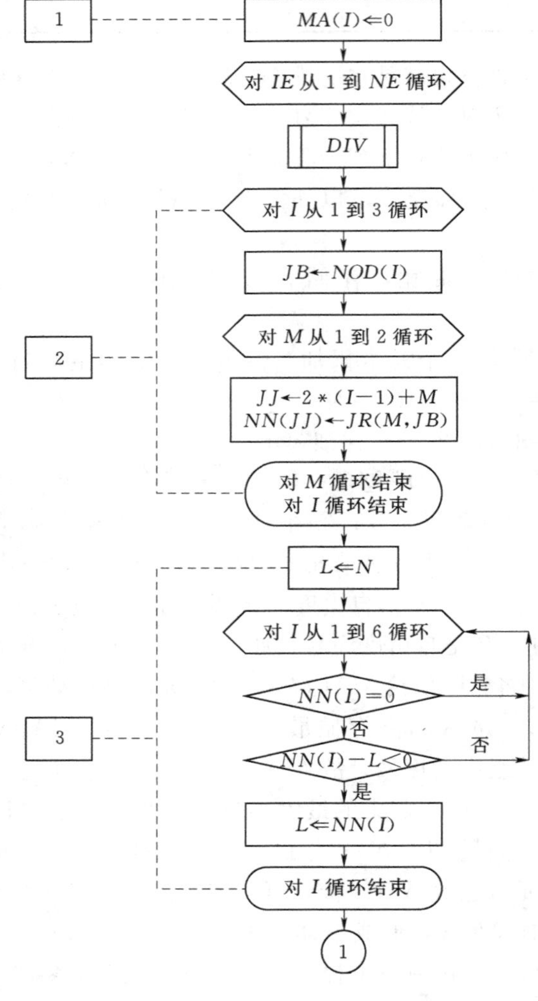

图 2-5(一)　形成 $MA(N)$ 的流程图

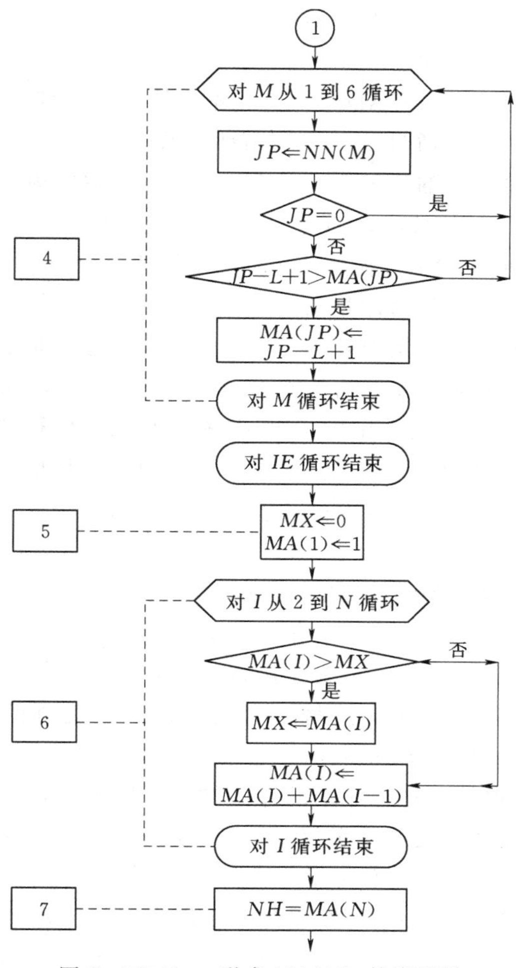

图 2-5(二)　形成 $MA(N)$ 的流程图

列的元素 $SKE(I, J)$ 应该累加在 $[K]$ 的第 $NN(I)$ 行、第 $NN(J)$ 列的位置上，亦即在 $SK(NH)$ 的 $MA[NN(I)]-[NN(I)-NN(J)]$ 个位置上。对所有单元循环结束，即形成了一维变带宽存储的整体劲度矩阵 $SK(NH)$。

第四节　形成整体结点荷载列阵　引入非零已知结点位移

本节讨论图 1-4 中第 3 框与第 4 框的程序设计方法。

本章所介绍的程序能考虑单元的自重以及作用在结点上的集中荷载，其中有关集中荷载的原始数据列于表 2-5。

表 2-5　　有关集中荷载的原始数据

数组名	意　义
$NF(NL)$	NL 个受集中荷载作用的结点号
$FV(2, NL)$	作用在上述 NL 个结点上的 x、y 两个方向的集中荷载

整体结点荷载列阵存储在一维数组 $R(N)$ 中，由于结点位移为零的方位上不建立结点平衡方程，当然在 $R(N)$ 中也没有相应的项。

一维数组 $R(N)$ 由子程序 LOAD 形成，见本章第七节。首先将 $R(N)$ 全部充零；对于需要考虑自重荷载的情况，通过对单元的循环将每个单元重量的 1/3 叠加在 $R(N)$ 中与 3 个结点 y 方向自由度相应的位置上；对于具有结点受集中荷载作用的情况，输入数组 $NF(NL)$ 与 $FV(2, NL)$，并打印；通过对 NL 个受集中荷载作用的结点循环，将集中荷载叠加在 $R(N)$ 的相应位置上。循环结束即形成了 $R(N)$。

关于结点位移受约束的条件有两种情况。一种情况是已知结点位移为零，亦即结点上有铰支座或链杆支座。对于这种情况，本书中程序的处理办法是根本不建立该处的平衡方程。它的优点是整体劲度矩阵的阶数有所降低，因而所需的计算机存储量减少；缺点是无法在解方程的同时把支座反力计算出来，而必须在解出结点位移列阵后另行计算，详见本章第六节。另一种情况是已知非零的结点位移。下面讨论这种情况的处理办法。

设第 i 个自由度方位的位移分量为已知值 $\overline{u}_i$，应该用方程

$$u_i=\overline{u}_i \tag{a}$$

来代替原来在该自由度方位上所建立的平衡方程。为此，只需将 $[K]$ 中第 i 行的主元素改为 1，副元素全改为零，并将 $\{R\}$ 中第 i 行的元素改为 $\overline{u}_i$ 即可。但要注意，由于 $[K]$ 的对称性，还需将 $[K]$ 中第 i 列的副元素全改为零，亦即将结点平衡方程组中这些副元素所在的项移到等号的右边。为此，应将 $\{R\}$ 中除第 i 行之外的其余各行的元素都减去 $[K]$ 中同一行第 i 列的元素与 $\overline{u}_i$ 的乘积。这就是所谓“将主元素改为 1”的处理方法。经过这样处理，$[K]$ 仍保持对称，原来的存储方式可以不变，解方程的结果 u_i 等于 $\overline{u}_i$。但是，采用这个办法所需要改变的元素较多，使用颇不方便。那么能不能不改变 $[K]$ 中第 i 行及第 i 列的副元素，因而也不改变 $\{R\}$ 中除了第 i 行元素之外的其余元素，但是由第 i 个方程仍能给出式（a）所示的结果呢？采用“将主元素改为大数”的办法就能做到这点。在这种处理办法中，只需将 $[K]$ 中第 i 行的主元素改为远大于其原来数值的大数，例如改为 10^{30}，再将 $\{R\}$ 中第 i 行的元素改为 $\overline{u}_i$ 乘以这个大数。除此之外，$[K]$ 与 $\{R\}$ 不再做其他改变。经过这样处理，$[K]$ 仍保持对称，原来的存储方式可以不变，解方程的结果 u_i 近似等于 $\overline{u}_i$，但是只要这个大数取得足够大，其近似程度是足够的。由于这种办法只需要改变很少的元素，使用方便，故本章的程序就采用这种处理办法。

在本章所介绍的程序中，由子程序 TREAT 来处理数组 $SK(NH)$ 和数组 $R(N)$，以引入非零已知结点位移，见本章第七节。在该子程序中，首先输入表 2-6 所示的原始数据；接着通过对 ND 个有非零已知位移的结点循环，将 $SK(NH)$ 中有关的主元素改变为 1×10^{30}，$R(N)$ 中的有关元素改变为相应的已知值乘以 10^{30}。对 ND 个结点循环结束，则处理完毕。

表 2-6　有关非零已知位移的数据

数组名	意　义
$NDI(ND)$	ND 个非零已知结点位移的结点号
$DV(2, ND)$	相应的 x、y 方向的非零已知位移值，若位移为零或未知，则填零

第五节　直接法解线性代数方程组

图 1-4 中的第 5 框是求解有限单元法的支配方程$[K]\{\delta\}=\{R\}$，这是一个大型稀疏线性代数方程组，求解该方程组是有限元计算中最耗费计算机运算时间的工作，在进行程序设计时必须精心研究。

大型稀疏线性代数方程组的解法可以分为迭代法和直接法两大类。

一、迭代法

迭代法的优点是只需存储 $[K]$ 中的非零元素，所要的存储量比较省，程序编制比较容易，整体劲度矩阵中非零元素的分布不受限制。但是，在许多工程实际问题中，它的收敛速度较慢，计算时间难以估计，并且每次只能计算一种荷载组合的情况。随着计算机运算速度的不断提高，以及迭代法的不断改进，对于大规模有限元问题，迭代法已得到广泛应用。

二、直接法

直接法虽然需要较多的存储量与较复杂的程序编制技巧，但它的计算时间可以估计，还能一次计算多种荷载组合的情况，因而对于中小规模的有限元问题可采用直接解法。

本章所介绍的程序采用了直接法中的克劳特（Crout）三角分解方法，理论分析与计算实践表明，对于具有对称、正定系数矩阵的线性代数方程组，此法能获得较高的精度，下面给出其有关公式：

（1）由于 $[K]$ 是 N 阶对称、正定矩阵，它可以唯一地分解为

$$[K]=[L][U] \tag{2-18}$$

其中 $[L]$ 是下三角矩阵

$$[L]=\begin{bmatrix} l_{11} & & & & & & & \\ l_{21} & l_{22} & & & & 0 & & \\ \cdots\cdots & & & & & & & \\ l_{j1} & l_{j2} & \cdots\cdots & l_{jj} & & & & \\ \cdots\cdots & & & & & & & \\ l_{i1} & l_{i2} & \cdots\cdots & l_{ij} & \cdots\cdots & l_{ii} & & \\ \cdots\cdots & & & & & & & \\ l_{n1} & l_{n2} & \cdots\cdots & l_{nj} & \cdots\cdots & l_{ni} & \cdots\cdots & l_{nn} \end{bmatrix} \tag{a}$$

$[U]$ 是主元素为 1 的上三角矩阵

$$[U]=\begin{bmatrix} 1 & u_{12} & \cdots\cdots & u_{1j} & \cdots\cdots & u_{1i} & \cdots\cdots & u_{1n} \\ & 1 & \cdots\cdots & u_{2j} & \cdots\cdots & u_{2i} & \cdots\cdots & u_{2n} \\ & & & \cdots\cdots & & & & \\ & & & 1 & & u_{ji} & \cdots\cdots & u_{jn} \\ & & & & \cdots\cdots & & & \\ & 0 & & & & 1 & \cdots\cdots & u_{in} \\ & & & & & & \cdots\cdots & \\ & & & & & & & 1 \end{bmatrix} \tag{b}$$

并且［L］与［U］中的元素有下列关系

$$u_{pi}=l_{ip}/l_{pp}\quad(i=1,2,\cdots,n;\ p=1,2,\cdots,i-1)\tag{c}$$

即［U］中第 i 列的第 1 行至第 $i-1$ 行各元素分别等于［L］中第 i 行的第 1 列至第 $i-1$ 列各元素除以各列的主元素。由式（c）可知，［L］与［U］两个矩阵中独立元素的个数与对称矩阵［K］中独立元素的个数一样都是 $n(n+1)/2$ 个。

（2）由于整体劲度矩阵［K］是

$$[K]=\begin{bmatrix} K_{11} & & & & & & \\ K_{21} & K_{22} & & \text{对} & & & \\ \cdots\cdots & & & & & & \\ K_{j1} & K_{j2} & \cdots\cdots & K_{jj} & & & \\ \cdots\cdots & & & & & & \\ K_{i1} & K_{i2} & \cdots\cdots & K_{ij} & \cdots\cdots & K_{ii} & & \text{称} \\ \cdots\cdots & & & & & & \\ K_{n1} & K_{n2} & \cdots\cdots & K_{nj} & \cdots\cdots & K_{ni} & \cdots\cdots & K_{nn} \end{bmatrix}\tag{d}$$

根据式（2－18）的等号两边矩阵中的对应元素应相等可得

$$K_{ij}=l_{i1}u_{1j}+l_{i2}u_{2j}+\cdots+l_{i,j-1}u_{j-1,j}+l_{ij}\times 1$$

$$K_{ii}=l_{i1}u_{1i}+l_{i2}u_{2i}+\cdots+l_{i,i-1}u_{i-1,i}+l_{ii}\times 1$$

上述两式可改写为

$$l_{ij}=K_{ij}-\sum_{p=1}^{j-1}l_{ip}u_{pj}\quad(i=1,2,\cdots,n;\ j=1,2,\cdots,i-1)\tag{e}$$

$$l_{ii}=K_{ii}-\sum_{p=1}^{i-1}l_{ip}u_{pi}\quad(i=1,2,\cdots,n)\tag{f}$$

将由式（c）得到的 $l_{ip}=u_{pi}l_{pp}$ 代入式（f），得

$$l_{ii}=K_{ii}-\sum_{p=1}^{i-1}u_{pi}u_{pi}l_{pp}\quad(i=1,2,\cdots,n)\tag{g}$$

由式（c）、式（e）、式（g）3 式实现了式（2－18）所示的［K］的三角分解，即由式（e）计算［L］的副元素，由式（g）计算［L］的主元素，由式（c）计算［U］的副元素。这 3 个公式将在下面再作进一步分析。

现将式（2－18）代入式（1－11），得

$$[L][U]\{\delta\}=\{R\}\tag{h}$$

令

$$[U]\{\delta\}=\{G\}\tag{2-19}$$

将它代入式（h），得

$$[L]\{G\}=\{R\}\tag{2-20}$$

于是，解一个对称系数矩阵线性代数方程组式（1－11）的问题化成为解两个三角系数矩阵线性代数方程组式（2－19）和式（2－20）的问题。

又由于［L］是个下三角矩阵，因此利用式（2－20）便可以自上而下逐个解出中间未知量｛G｝的各个元素。一般地，由式（2－20）第 i 个方程

$$l_{i1}g_1+l_{i2}g_2+\cdots+l_{i,i-1}g_{i-1}+l_{ii}g_i=R_i$$

便可以求得 $l_{ii}g_i$ 为

$$l_{ii}g_i=R_i-\sum_{p=1}^{i-1}l_{ip}g_p\quad(i=1,2,\cdots,n)\tag{i}$$

在求 $l_{ii}g_i$ 时，$g_p(p=1,2,\cdots,i-1)$ 已在此之前解得。

将由式（c）得来的 $l_{ip}=u_{pi}l_{pp}$ 代入式（i），并令

$$l_{ii}g_i=f_i\quad(i=1,2,\cdots,n)\tag{j}$$

即得

$$f_i=R_i-\sum_{p=1}^{i-1}u_{pi}f_p\quad(i=1,2,\cdots,n)\tag{k}$$

利用此式，便可将 f_1 至 f_n 逐个解出，再利用由式（j）得来的

$$g_i=f_i/l_{ii}\quad(i=1,2,\cdots,n)\tag{l}$$

即可解得 g_1 至 g_n。

由于［U］是个上三角矩阵，而｛G｝又已由式（k）、式（l）解得，便可利用式（2-19）自下而上逐个解出未知量｛δ｝的各个元素。一般地，由式（2-19）中第 i 个方程

$$\delta_i+u_{i,i+1}\delta_{i+1}+\cdots+u_{in}\delta_n=g_i$$

便可以求得 δ_i 为

$$\delta_i=g_i-\sum_{p=i+1}^{n}u_{ip}\delta_p\quad(i=n,n-1,\cdots,1)\tag{m}$$

在求 δ_i 时，$\delta_p(p=n,n-1,\cdots,i+1)$已在此之前解得。利用式（m），便可将 δ_n 至 δ_1 逐个解出。

现在将解方程用到的式（c）、式（e）、式（g）、式（k）、式（l）、式（m）作进一步的分析，以便编制出质量较高的程序，使得所需存储量较少，运算时间较短。

首先，由这些公式可见，［K］中任何一个元素 K_{ij}（或 K_{ii}）仅在由式（e）、式（g）计算 l_{ij}（或 l_{ii}）时要用到，在算得 l_{ij}（或 l_{ii}）后就用不着 K_{ij}（或 K_{ii}）了。因此，可以将由这两个公式算得的 l_{ij}（或 l_{ii}）存放在原来存放 K_{ij}（或 K_{ii}）的位置上，不必另开新的存储单元。类似地，由式（k）算得 f_i 后可以存放在R_i 的位置上；由式（l）算得 g_i 后可以存放在 f_i 的位置上，也就是 R_i 的位置上；由式（m）算得 δ_i 后可以存放在 g_i 的位置上，也就是 R_i 的位置上，同样不必另开新的存储单元。此外，在式（g）、式（k）、式（l）、式（m）等各式中，只要用到［L］的主元素以及［U］的副元素，在式（e）中只要用到［L］中第 i 行的第 j 列之前的副元素（即 l_{ip}）以及［U］的副元素，因此，在用式（e）计算 l_{ij}时，并不需要将［L］中第 i 行之前各行的副元素存储起来。根据这个特点，不必另开存储［U］的存储单元，而只需将由式（c）算得的［U］中第 i 列的第 1 行至第 $i-1$ 行的副元素存放在［L］中第 i 行的第 1 列至第 $i-1$ 列的副元素的位置上，亦即将 u_{pi}存放在 K_{ip} 的位置上。采用这种存储办法后，需要将式（c）、式（e）、式（g）、式（k）、式（l）、式（m）中［U］元素的行、列下标对调一下，即

式（e）成为　$$l_{ij}=K_{ij}-\sum_{p=1}^{j-1}l_{ip}u_{jp}\quad(i=1,2,\cdots,n;j=1,2,\cdots,i-1)\tag{2-21}$$

式（c）成为　$$u_{ip}=l_{ip}/l_{pp}\quad(i=1,2,\cdots,n;p=1,2,\cdots,i-1)\tag{2-22}$$

式（g）成为　$$l_{ii}=K_{ii}-\sum_{p=1}^{i-1}u_{ip}u_{ip}l_{pp}\quad(i=1,2,\cdots,n)\tag{2-23}$$

式（k）成为　$$f_i=R_i-\sum_{p=1}^{i-1}u_{ip}f_p\quad(i=1,2,\cdots,n)\tag{2-24}$$

式（l）成为　$$g_i=f_i/l_{ii}\quad(i=1,2,\cdots,n)\tag{2-25}$$

式（m）成为　$$\delta_i=g_i-\sum_{p=i+1}^{n}u_{pi}\delta_p\quad(i=n,n-1,\cdots,1)\tag{2-26}$$

式（2-21）～式（2-23）是用来对［K］进行三角分解的，称为三角分解公式，式（2-24）、式（2-25）是前代公式，式（2-26）是回代公式。其中三角分解的运算过程是：对行循环，在每一行内先由式（2-21）逐列将K_{ij}变为l_{ij}，再由式（2-22）将l_{ip}变为u_{ip}，最后由式（2-23）将K_{ii}变为l_{ii}。以本章第三节中式（d）所示［K］为例，在由式（2-21）计算l_{43}时，［K］中实际存储的内容是

$$\begin{bmatrix} l_{11} & & & & & \\ u_{21} & l_{22} & & & & \\ u_{31} & u_{32} & l_{33} & & & \\ l_{41} & l_{42} & K_{43} & K_{44} & & \\ & K_{52} & K_{53} & K_{54} & K_{55} & \\ & & K_{63} & K_{64} & K_{65} & K_{66} \end{bmatrix}\tag{n}$$

而式（2-21）成为

$$l_{43}=K_{43}-(l_{41}u_{31}+l_{42}u_{32})$$

其次，考察一下由于［K］的稀疏性与带状分布，对使用这些公式有些什么影响。

由式（2-21）可见，若［K］中第i行第1列的元素K_{i1}为零，则l_{i1}亦为零；若K_{i2}仍为零，则l_{i2}亦为零。依此类推，在［K］中第i行的第一个非零元素之前的零元素，在三角分解后仍保持为零元素，亦即由［K］分解为［L］后，每行的半带宽保持不变。对于［K］的带缘内的零元素，三角分解后一般不再是零元素。又由式（2-24）～式（2-26）可见，在前代与回代时只需［L］的主元素与［U］的副元素，可以把它们存储在［K］的带缘内。因此，对于［K］可以采用一维变带宽存储。由式（2-21）还可见，［K］中每行的第一个非零元素在三角分解后$l_{ij}=K_{ij}$保持不变，也就是［L］中该行的第一个非零元素。因此，在应用式（2-21）时，对行号I的循环从$2\sim n$即可；对列号的循环从第I行的第二个非零元素所在列到第$I-1$列即可；为求和做的循环从I与J两行中的第一个非零元素所在列号较大那个开始到$J-1$为止即可。同样道理，在应用式（2-22)～式（2-24）时，对I的循环是从$2\sim n$，对P的循环是从第I行第一个非零元素所在列到$I-1$列。

通过以上分析，便可给出三角分解的流程如图2-6所示。

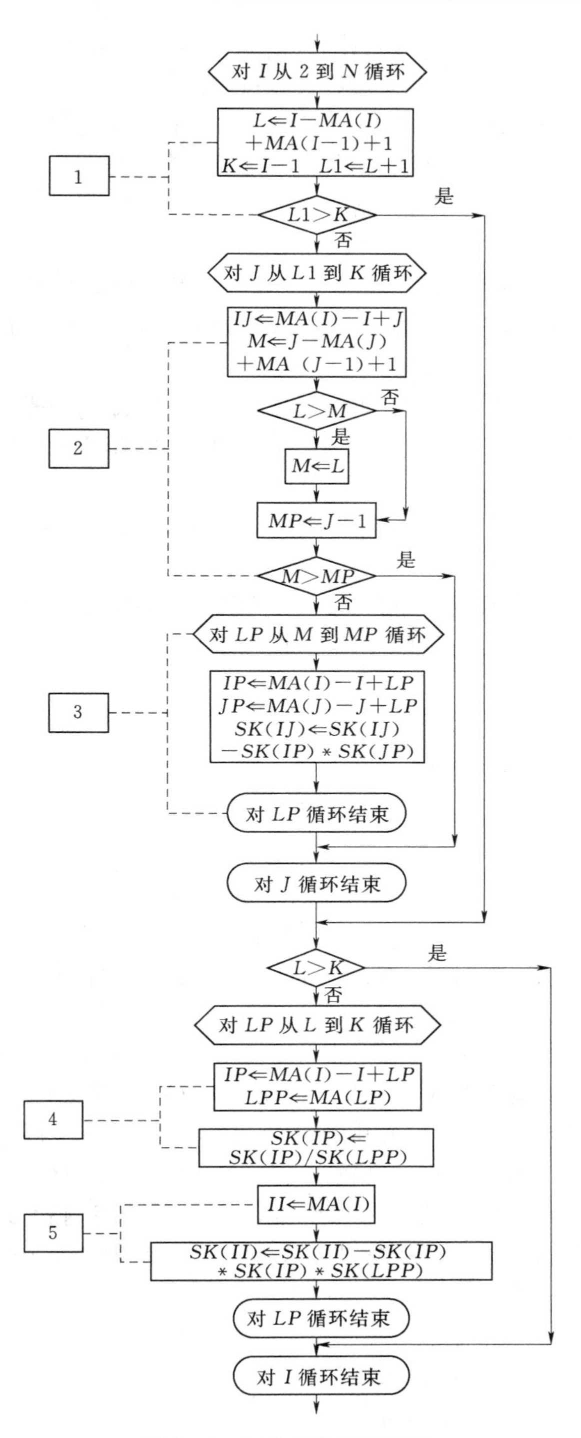

图 2－6　三角分解的流程图

根据流程图编制的三角分解的程序是子程序 DECOMP，见本章第七节。流程图中注解的内容是：

（1）在对行循环的循环体内，首先计算出第 I 行第一个非零元素所在的列号 L，以及对列循环的下界 $L1$ 与上界 K。若 $L1>K$，则跳过对列的循环。

（2）在对列循环的循环体内，首先计算出［K］的第 I 行第 J 列的元素在一维数组 $SK(NH)$ 中的序号 IJ 以及第 J 行第一个非零元素所在列号 M，并将 L 与 M 比较，较大者存储在 M 中。于是，M 成为求总和循环时的下界，MP 是其上界。当 $M>MP$ 时，跳过求总和的循环。

（3）在求和循环的循环体内，先计算出［K］中第 I 行第 P 列（程序内用 LP）的元素以及第 J 行第 P 列的元素在一维数组 $SK(NH)$ 中的序号 IP 与 JP，然后实现式（2-21）。求总和的循环结束，K_{ij} 成为 l_{ij}。

（4）实现式（2-22），将第 I 行的各个副元素 L_{ip} 变成 u_{ip}（程序中 P 用 LP 表示）。IP 与 LPP 分别是第 I 行第 P 列的元素与第 P 行的主对角线元素在一维数组 $SK(NH)$ 中的序号。

（5）实现式（2-23），将第 I 行的主对角线元素 K_{ii} 变成 L_{ii}，对行循环结束，分解完毕。

为了给出实现前代与回代的 3 个公式的源程序，有必要先对回代式（2-26）予以补充说明。设有某个已经三角分解好的［K］如下：

$$\underset{[K]}{\begin{bmatrix} L_{11} & & & & & \\ u_{21} & L_{22} & & & & \\ u_{31} & u_{32} & L_{33} & & & \\ 0 & 0 & u_{43} & L_{44} & & \\ 0 & u_{52} & u_{53} & u_{54} & L_{55} & \\ 0 & 0 & u_{63} & u_{64} & u_{65} & L_{66} \end{bmatrix}} \underset{\{R\}}{\begin{Bmatrix} g_1 \\ g_2 \\ \delta_3 \\ \delta_4 \\ \delta_5 \\ \delta_6 \end{Bmatrix}}$$

并且应用式（2-26），对 I 循环从 6 到 1，若已做到 $I=2$，此时｛R｝内的内容已表示如前。为了计算 δ_2，可由式（2-26）得

$$\delta_2 = g_2 - (u_{32}\delta_3 + 0\delta_4 + u_{52}\delta_5 + 0\delta_6) \tag{o}$$

由于［K］是按一维变带宽存储的，一般讲，在其第 I 列的第 $I+1$ 到第 N 各行中可能有该行带缘之外的零元素，如在式（o）中，第 2 列的第 4、第 6 两行的元素就是带缘外的零元素，它们实际上并没有存储在一维数组 $SK(NH)$ 中。因此，在应用式（2-26）对 P 做循环时要判断所考察到的 u_{pi} 是否在带缘内，若 u_{pi} 在带缘内就参加求和计算，否则跳过不做，这是比较耗费时间的。为了解决这个问题，把计算 δ_6，…，δ_1 的公式全部列出来作进一步的分析。这 6 个公式是

$$\begin{aligned} \delta_6 &= g_6 \\ \delta_5 &= g_5 - u_{65}\delta_6 \\ \delta_4 &= g_4 - u_{64}\delta_6 - u_{54}\delta_5 \\ \delta_3 &= g_3 - u_{63}\delta_6 - u_{53}\delta_5 - u_{43}\delta_4 \\ \delta_2 &= g_2 \qquad - u_{52}\delta_5 \qquad - u_{32}\delta_3 \\ \delta_1 &= g_1 \qquad\qquad - u_{31}\delta_3 - u_{21}\delta_2 \end{aligned} \tag{p}$$

显而易见，其中只用到所有半带宽内的 u 值一次。因此，可以通过下述步骤来实现以上 6 个公式：由式（p）中第 1 式已得 $\delta_6=g_6$；然后在 g_3、g_4、g_5 中分别减去 $u_{63}\delta_6$、$u_{64}\delta_6$、$u_{65}\delta_6$，这样 δ_5 已求出；再在 g_2、g_3、g_4 中分别减去 $u_{52}\delta_5$、$u_{53}\delta_5$、$u_{54}\delta_5$，这样 δ_4 也求出来了；再在 g_3 中减去 $u_{43}\delta_4$ 求出 δ_3，在 g_1、g_2 中分别减去 $u_{31}\delta_3$、$u_{32}\delta_3$ 求出 δ_2，最后在 g_1 中减去 $u_{21}\delta_2$ 求出 δ_1。上述步骤就是对行循环 I 从 n 到 2，再对列循环 J 从第 I 行第一个非零元素所在列到第 $I-1$ 列，执行在每个 g_j 中减去 $u_{ij}\delta_i$。

现在给出实现前代式（2-24）、式（2-25）与回代式（2-26）的程序流程图如图 2-7所示。

根据流程图编制的前代与回代的程序是子程序 FOBA，见本章第七节。流程图中注解的内容是：①实现式（2-24），其中 L 与 IP 分别为第 I 行的第一个非零元素所在列号以及第 P（程序中用 LP）个元素在一维数组 $SK(NH)$ 中的序号；②实现式（2-25）；③实现式（2-26），其中 L 与 IJ 分别为第 I 行第一个非零元素所在列号与第 J 个元素在一维数组 $SK(NH)$ 中的序号。需要指出的是，这里对 I 从 N 到 2 的循环是通过对 $J1$ 从 2 到 N 循环以及 I 与 $J1$ 之间的关系 $I=2+N-J1$ 来实现的。

在将结构的结点位移列阵 $\{\delta\}$ ［存储在数组 $R(N)$ 内］解出后，即可将它打印出来以备使用，这是由子程序 OUTPUT 来实现的，见本章第七节。这个子程序也可以用来打印各个结点的结点荷载值。不论是打印结点荷载还是结点位移，凡在有链杆支承的方位上，均打印零。

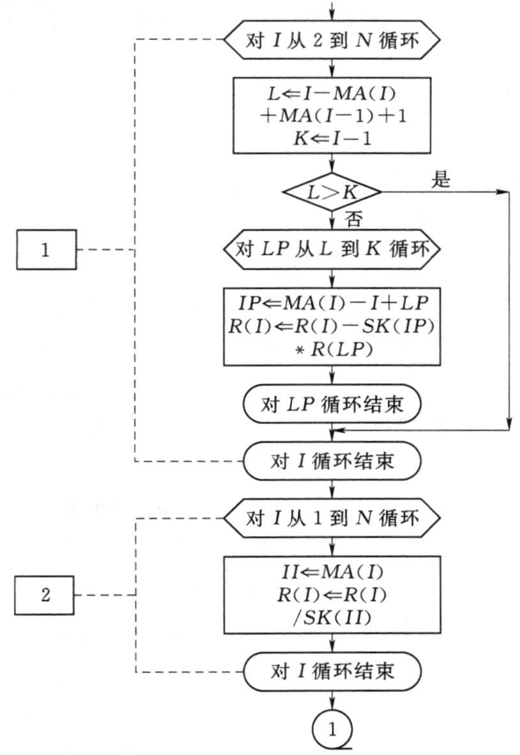

图 2-7(一)　前代与回代的流程图

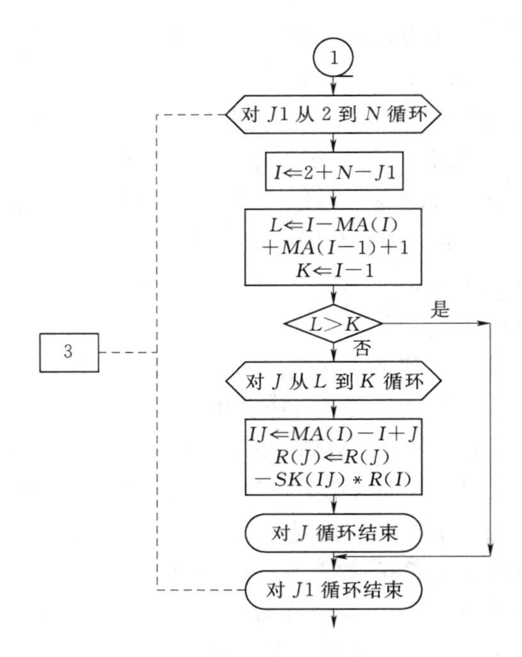

图 2-7(二)　前代与回代的流程图

第六节　计算单元应力与支座反力

如图 1-4 所示的第七框"计算各单元的应力分量"是由子程序 CES 来实现的，见第二章第七节。在该子程序中：①对单元循环，把所考察单元的 3 个结点的结点位移值送入数组 $B(6)$，它的 6 个值依次为该单元的 u_i、v_i、u_j、v_j、u_m、v_m；②做完 I 从 1 到 3 的循环后，$H_1=b_iu_i+b_ju_j+b_mu_m$，$H_2=c_iv_i+c_jv_j+c_mv_m$，$H_3=c_iu_i+b_iv_i+c_ju_j+b_jv_j+c_mu_m+b_mv_m$；③实现式（2-11），$A_1$ 为 σ_x，A_2 为 σ_y，A_3 为 τ_{xy}；④实现式（2-17）中的第 1 式，$B(4)$ 为 σ_1，$B(5)$ 为 σ_2；⑤实现式（2-17）中的第 2 式，$B(6)$ 为 α，当 τ_{xy} 接近于零时（程序中为 $|\tau_{xy}|\leqslant 10^{-4}$），若 $\sigma_x>\sigma_y$，$\alpha=0°$；若 $\sigma_x\leqslant\sigma_y$，$\alpha=90°$；⑥将 A_1、A_2、A_3（即 σ_x、σ_y、τ_{xy}）分别送入 $B(1)$、$B(2)$、$B(3)$，输出所考察单元的应力分量与主应力、应力主向［即数组 $B(6)$］，对单元循环结束，所有单元应力分量、主应力、应力主向均已输出。

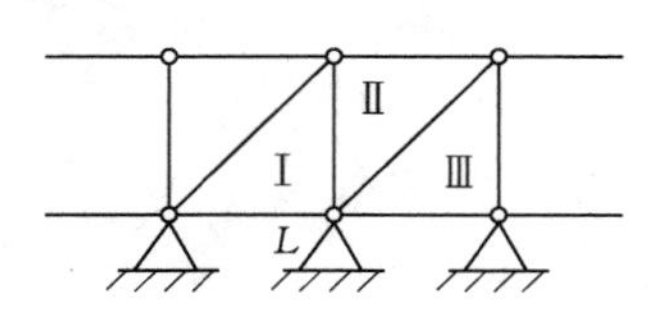

图 2-8　支座结点的相关单元

在解出结构的结点位移列阵 $\{\delta\}$ ［存储在数组 $R(N)$ 内］后，还可以计算支座反力，例如在图 2-8 的 L 点上有铰支座，那么，与结构变形相应的该铰支座的支座反力就是结构在结点 L 上的结点力，也就是由于包含 L 点的Ⅰ、Ⅱ、Ⅲ 3 个单元的变形而引起的 L 点上结点力的总和，即

$$\{F_L\}=\{F_L\}^{\mathrm{I}}+\{F_L\}^{\mathrm{II}}+\{F_L\}^{\mathrm{III}} \tag{a}$$

其中每个单元的结点力 $\{F_L\}^{\mathrm{I}}$、$\{F_L\}^{\mathrm{II}}$、$\{F_L\}^{\mathrm{III}}$，根据单元局部结点号的情况，就是各个单元的 $\{F_i\}$ 或 $\{F_j\}$ 或 $\{F_m\}$，它们可通过将单元劲度矩阵的有关行乘以单元的结点位

移列阵而求得。

现在给出计算支座反力的程序流程如图 2－9 所示，在程序的开始，先输入需计算支座反力的各结点的原始数据，见表 2－7。

表 2－7　　计算支座反力的数据

数组名	意　　义
$NCI(NC)$	NC 个需计算支座反力结点的点号
$NCE(4,\ NC)$	每个需计算支座反力结点的相关单元号，最多 4 个，不足 4 个用 0 补足

根据流程图编制的程序是子程序 ERFAC，见本章第七节。流程图中注解的内容是：

（1）首先输入并打印数组 $NCI(NC)$ 以及 $NCE(4,\ NC)$，在对计算支座反力的结点做循环的循环体内，FX、FY 充零，准备存储所考察结点的两个坐标方向的支座反力，L 为所考察的计算支座反力结点的点号。

（2）在对 4 个相关单元做循环的循环体内，将所考察的相关单元的单元号存储在 IE 中，并调用子程序 DIV，获得该单元的有关数据。

（3）对所考察相关单元的 3 个结点循环，确定哪个结点就是所考察的计算支座反力结点，将该结点的局部编码序号存储在 K 中。所考察相关单元的 3 个结点中一定有一个这

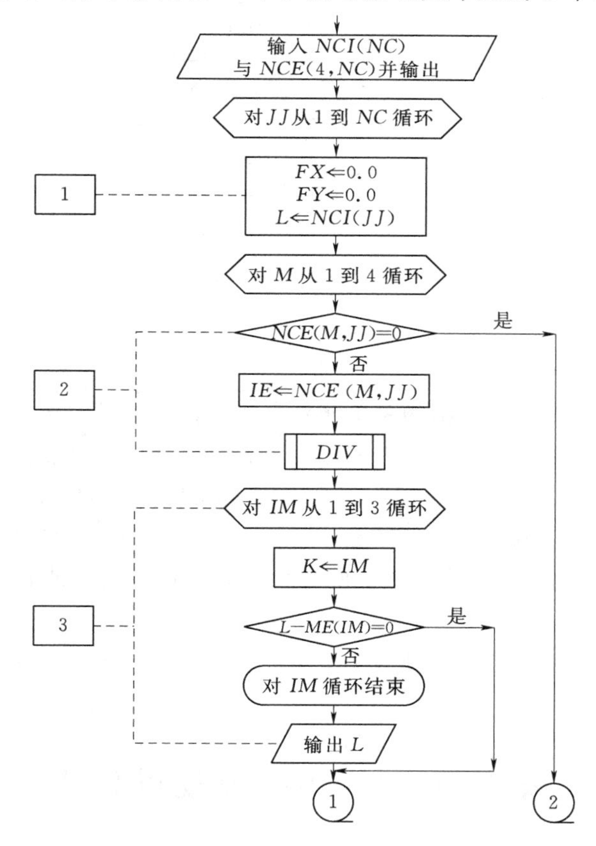

图 2－9(一)　计算支座反力的流程图

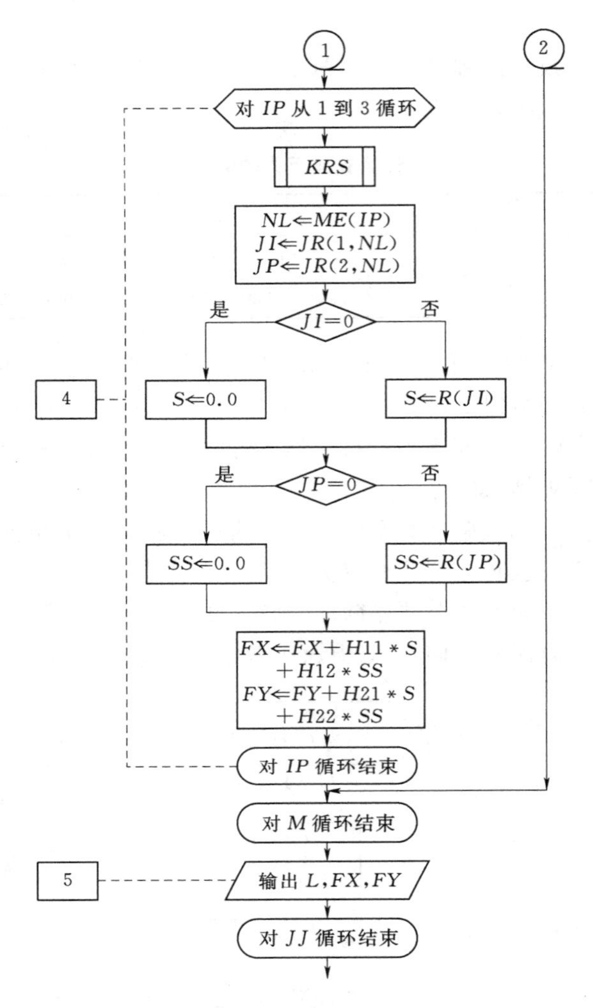

图 2-9(二)　计算支座反力的流程图

样的结点，若找不到这个结点，则相关单元号有错，打印出错信息。

(4) 对所考察相关单元的 3 个结点循环，计算每个结点的结点位移贡献给计算支座反力结点的结点力，即 $[k_{K,IP}]\{\delta_{IP}\}$。$JI$、$JP$ 分别是所考察结点的 x、y 两个方向的自由度序号，S、SS 分别存储这两个方向的结点位移值。对这 3 个结点循环结束，进而对 4 个相关单元循环结束，FX 与 FY 内就存储了所考察计算支座反力结点的 x、y 两个坐标方向的支座反力。

(5) 打印点号 L 以及该点的支座反力 FX、FY。对所有计算支座反力结点循环结束，则支座反力计算完毕。

第七节　源程序及其使用说明

本节给出完整的弹性力学平面问题 3 结点三角形单元的有限元直接解程序及其使用说

明。程序用 Fortran90 语言编制而成。

一、程序的功能

本程序应用有限元位移法计算弹性力学平面应力问题或平面应变问题在自重及结点集中荷载作用下的结点位移、单元应力以及支座反力，并能处理具有非零已知结点位移的情况。

二、原始数据的输入与输出

本程序所输入的原始数据已分别在以前的各节中说明，为使用方便起见列表汇总见表 2-8。

表 2-8　原始数据的输入与输出

输入次序	输入信息	意　义	输入格式
1	*NP*	结点总数	自由格式
	NE	单元总数	
	NM	材料类型总数	
	NR	受约束结点总数	
	NDP	有非零已知位移的结点总数，没有填 0	
	NI	平面应力填 0，平面应变填 1	
	NL	受集中荷载结点总数	
	NG	不考虑自重填 0，考虑自重填 1	
	NC	要计算支座反力的结点总数，没有填 0	
2	*AE*(4，*NM*)	按列输入 *NM* 种材料的材料性质数组，每列为弹性模量、泊松比、容重、厚度 4 个数	自由格式
3	*IP*，*X*(*IP*)，*Y*(*IP*)	循环输入结点号，该结点的 x 坐标值，该结点的 y 坐标值	自由格式
4	*IE*，*MEO*(4，*IE*)	循环输入单元号，该单元的 4 个数：*I*、*J*、*M* 的结点号与 *L* 材料类型号	自由格式
5	*NN*，*IR*(2)	循环输入 *NR* 个受约束结点的结点号 *NN*，及该结点两个方向的约束信息 *IR*(2)，0（受约束，位移为 0）或 1（自由）	自由格式
6 （*NL*>0 才输入）	*NF*(*NL*) *FV*(2，*NL*)	对 *NL* 循环输入：受集中荷载作用的结点号 该结点上的 x、y 方向的集中荷载值	自由格式
7 （*NDP*>0 才输入）	*NDI*(*ND*) *DV*(2，*ND*)	对 *NDP* 循环输入：有非零已知位移的结点号，相应结点上的 x、y 方向的非零已知位移值，若并不是非零已知位移，则填零	自由格式
8 （*NC*>0 才输入）	*NCI*(*NC*) *NCE*(4，*NC*)	对 *NC* 循环输入：要计算支座反力的结点号 相应结点的相关单元号，不足 4 个补零	自由格式

三、其他主要标识符的意义

为了便于阅读完整的程序，下面将程序中除原始数据之外一些主要的变量及数组的意义汇总见表 2-9。

表 2-9　　主要标识符的意义

标识符	意　义
N	结构的自由度总数
NH	按一维变带宽存储的整体劲度矩阵的总容量
MX	整体劲度矩阵的最大半带宽
$SK(*)$	一维变带宽存储的整体劲度矩阵
$R(*)$	先存储结构的整体结点荷载列阵，最后存储整体结点位移列阵
$JR(2, *)$	结点自由度序号指示矩阵
$MA(*)$	主对角线元素序号指示向量
$NOD(3)$	单元的 3 个结点号
$BI(3)$	单元的 b_i、b_j、b_m
$CI(3)$	单元的 c_i、c_j、c_m
$NN(6)$	单元 3 个结点的 6 个自由度序号
H_{11}、H_{12}、H_{21}、H_{22}	$[k_{rs}]$ 中的 4 个元素
$B(6)$	单元的 σ_x、σ_y、τ_{xy}、σ_1、σ_2、α
FX、FY	x、y 方向的支座反力

四、各程序单元的功能

本程序共有 15 个程序单元，它们是 1 个主程序 main-tri3、1 个全局变量模块 globalvariables-tri3 和包括 13 个子程序的子程序库 library-tri3。每个程序单位的功能汇总见表 2-10。

表 2-10　　程序单元的功能汇总

程序单位名	功　能
主程序	输入并输出 9 个控制数据，调用子程序 INPUT、MR、FORMMA、MGK、LOAD、OUTPUT、TREAT、DECOMP、FOBA、CES、ERFAC
INPUT	输入并输出 AE、X、Y、MEO，对于平面应变问题将 E、μ 分别用 $\frac{E}{1-\mu^2}$ 以及 $\frac{\mu}{1-\mu}$ 来代替
MR	输入约束信息，形成 N 以及 $JR(2, NP)$
DIV(JJ, AE, X, Y, MEO, NOD, EO, VO, W, T, A, BI, CI)	将 3 个结点号存入 $NOD(3)$，计算 b_i、b_j、b_m 与 c_i、c_j、c_m，并分别存入 $BI(3)$ 与 $CI(3)$，计算 A，取出 EO、VO、W、T
FORMMA(MEO, JR, MA)	形成 NH、MX 以及 $MA(N)$
KRS(EO, VO, A, T, BR, BS, CR, CS, H_{11}, H_{12}, H_{21}, H_{22})	计算 $[k_{rs}]$ 的 4 个元素，存入 H_{11}、H_{12}、H_{21}、H_{22}
MGK(AE, X, Y, MEO, MA, SK)	形成 $SK(NH)$
LOAD(AE, X, Y, MEO, JR, R)	若 $NG>0$，则计自重的等效结点荷载，若 $NL>0$，则输入并输出 NF、FV，形成 $R(N)$
TREAT(SK, MA, R, JR, NDI, DV)	若 $ND>0$，则输入并输出 NDI、DV，处理 $SK(NH)$ 与 $R(N)$
DECOMP(SK, MA)	对整体劲度矩阵进行三角分解

续表

程序单位名	功　能
FOBA(*SK*, *MA*, *R*)	前代、回代、得整体结点位移列阵
OUTPUT (*JR*, *R*)	先输出结点荷载列阵，后输出结点位移列阵
CES(*AE*, *X*, *Y*, *MEO*, *JR*, *R*)	计算单元的 σ_x、σ_y、τ_{xy}、σ_1、σ_2、α，并输出
ERFAC(*AE*, *X*, *Y*, *MEO*, *JR*, *R*)	若 $NC>0$，则输入并输出 *NCI*、*NCE*，计算支座反力并输出

五、各程序单位的调用关系

各程序单位的调用关系如图 2－10 所示。

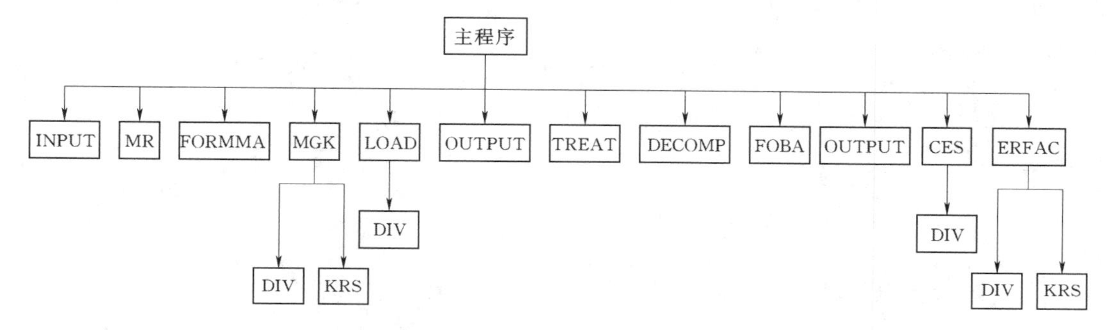

图 2－10　各程序单位的调用关系图

六、源程序清单

1. 主程序

```
!*******************************************************************************
!    1. 本程序能计算弹性力学中的平面应力问题和平面应变问题；
!    2. 采用 3 结点三角形单元；
!    3. 能考虑自重和结点集中力两种荷载的作用，在计算自重时 y 轴取垂直向上为正。
!*******************************************************************************
     PROGRAM FEM_TRI3
!    使用程序模块 LIBRARY 和 GLOBAL_VARIABLES
     USE LIBRARY
     USE GLOBAL_VARIABLES
     IMPLICIT NONE
!    AR:输入文件名(最长 15 个字符);OK:输出文件名(最长 15 个字符)
     CHARACTER(LEN=15)::AR,OK
!    X、Y:结点坐标  AE:材料参数  SK:整体劲度矩阵  R:等效结点荷载列阵或结点位移列阵  DV:非零已知位
移数值
     REAL(8),ALLOCATABLE::X(:),Y(:),AE(:,:),DV(:,:),SK(:),R(:)
!    MEO:单元结点信息  JR:结点自由度序号  MA:指示矩阵  NDI:非零已知位移结点序号
     INTEGER,ALLOCATABLE::MEO(:,:),JR(:,:),NDI(:),MA(:)
!    屏幕提示:PLEASE INPUT FILE NAME OF DATA
     WRITE(*,"(///A)")'PLEASE INPUT FILE NAME OF DATA='
     READ(*,"(A15)")AR
```

```
!      屏幕提示:PLEASE INPUT FILE NAME OF RESULTS
       WRITE(*,"(///A)")'PLEASE INPUT FILE NAME OF RESULTS='
       READ(*,"(A15)")OK
       OPEN(5,FILE=AR,STATUS='OLD')
       OPEN(7,FILE=OK,STATUS='UNKNOWN')
!      输入9个控制参数
!      NP—结点总数  NE—单元总数  NM—材料类型总数  NR—约束结点总数
!      NDP—非零已知位移结点总数
!      NI—问题类型标识,0为平面应力问题,1为平面应变问题
!      NL—受集中力的结点数目  NG—考虑自重作用为1,不计自重为0
!      NC—计算支座反力结点的数目
       READ(5,*)NP,NE,NM,NR,NDP,NI,NL,NG,NC
       WRITE(*,"(/1X,9(A,I3,2X))")
'NP=',NP,'NE=',NE,'NM=',NM,'NR=',NR,'NDP=',NDP,'NI=',NI,'NL=',NL,'NG=',NG,'NC=',NC
       WRITE(7,"(/1X,9(A,I3,2X))")
'NP=',NP,'NE=',NE,'NM=',NM,'NR=',NR,'NDP=',NDP,'NI=',NI,'NL=',NL,'NG=',NG,'NC=',NC
!      为数组分配存储空间
       ALLOCATE(X(NP),Y(NP),MEO(4,NE),AE(4,NM),JR(2,NP))
!      调用INPUT子程序输入结点坐标,单元信息和材料参数
       CALL INPUT(X,Y,MEO,AE)
!      调用MR子程序形成结点自由度序号矩阵
       CALL MR(JR)
!      为数组MA分配存储空间
       ALLOCATE(MA(N))
!      调用FORMMA子程序形成指示矩阵MA(N)并调用其他功能子程序
       CALL FORMMA(MEO,JR,MA)
!      为劲度矩阵数组SK和等效结点荷载列阵数组R分配存储空间
       ALLOCATE(SK(NH),R(N))
!      调用子程序MGK,形成整体劲度矩阵,并按一维存储在SK中
       CALL MGK(AE,X,Y,MEO,JR,MA,SK)
!      调用子程序LOAD,形成整体等效结点荷载列阵
       CALL LOAD(AE,X,Y,MEO,JR,R)
       WRITE(*,600)
       WRITE(7,600)
!      输出整体等效结点荷载
       CALL OUTPUT(JR,R)
!      调用TREAT子程序,输入非零已知位移信息,处理荷载项及对应K中主元素
       IF(NDP>0)THEN
         ALLOCATE(NDI(NDP),DV(2,NDP))
         CALL TREAT(SK,MA,R,JR,NDI,DV)
       END IF
!      整体劲度矩阵的分解运算
       CALL DECOMP(SK,MA)
!      前代、回代求出未知结点位移
```

```
      CALL FOBA(SK,MA,R)
      WRITE(*,650)
      WRITE(7,650)
!     调用子程序 OUTPUT 输出结点位移
      CALL OUTPUT(JR,R)
      WRITE(*,700)
      WRITE(7,700)
!     调用子程序 CES 输出单元应力
      CALL CES(AE,X,Y,MEO,JR,R)
!     调用子程序 ERFAC 输出支座反力
      IF(NC>0)CALL ERFAC(AE,X,Y,MEO,JR,R)
600   FORMAT(30X,'NODAL FORCES'/8X,'NODE',11X,'X-COMP.',14X,'Y-COMP.')
650   FORMAT(/30X,'NODAL DISPLACEMENTS'/8X,'NODE',13X,'X-COMP.',12X,'Y-COMP.')
700   FORMAT(/30X,'ELEMENT STRESSES'/5X,'ELEMENT',5X,'X-STRESS',3X,'Y-STRESS',2X,
'XY-STRESS',1x,'MAX-STRESS',1X,'MIN-STRESS',6X,'ANGLE'/)
      END PROGRAM FEM_TRI3
```

2. 子程序

```
!     该子程序的功能为:计算单元劲度矩阵中的子块 Krs
      SUBROUTINE KRS(EO,VO,A,T,BR,BS,CR,CS,H11,H12,H21,H22)
        IMPLICIT NONE
        REAL(8),INTENT(IN)::BR,BS,CR,CS,EO,VO,A,T
        REAL(8),INTENT(OUT)::H11,H12,H21,H22
        REAL(8)::ET,V
!       H11,H12,H21,H22 为单元劲度矩阵中子块 Krs 的 4 个元素
        ET=EO*T/(1.0-VO*VO)/A/4.0
        V=(1.0-VO)/2.0
        H11=ET*(BR*BS+V*CR*CS)
        H12=ET*(VO*BR*CS+V*BS*CR)
        H21=ET*(VO*CR*BS+V*BR*CS)
        H22=ET*(CR*CS+V*BR*BS)
        RETURN
      END SUBROUTINE KRS
!*********************************************
!     该子程序的功能为:输入材料信息、坐标信息和单元信息
      SUBROUTINE INPUT(X,Y,MEO,AE)
        USE GLOBAL_VARIABLES
        IMPLICIT NONE
        REAL(8),INTENT(INOUT)::X(:),Y(:),AE(:,:)
        INTEGER,INTENT(INOUT)::MEO(:,:)
        INTEGER::I,J,IELEM,IP,IE
!       输入材料信息,共 NM 条
```

```
!        每条依次输入:EO-弹性模量(kN/m**2),  VO-泊松比,
!                      W-材料重力集度(kN/m**2),T-单元厚度(m)
       READ(5,*)((AE(I,J),I=1,4),J=1,NM)
!        输入坐标信息,共 NP 条
!        每条依次输入:结点号,该结点的 x 坐标和 y 坐标
       READ(5,*)(IP,X(IP),Y(IP),I=1,NP)
!        输入单元信息,共 NE 条
       DO IELEM=1,NE
!        每条依次输入:单元号,该单元的 3 个结点 i、j、m 的整体编码及该单元的材料类型号
         READ(5,*)IE,(MEO(J,IE),J=1,4)
       END DO
       WRITE(*,500)((AE(I,J),I=1,4),J=1,NM)
       WRITE(7,500)((AE(I,J),I=1,4),J=1,NM)
       WRITE(*,550)
       WRITE(7,550)
       WRITE(*,600)(X(I),Y(I),I=1,NP)
       WRITE(7,600)(X(I),Y(I),I=1,NP)
       WRITE(*,*)' ELEMENT——DATA'
       WRITE(*,650)(IELEM,(MEO(I,IELEM),I=1,4),IELEM=1,NE)
       WRITE(7,*)
       WRITE(7,*)' ELEMENT——DATA'
       WRITE(7,650)(IELEM,(MEO(I,IELEM),I=1,4),IELEM=1,NE)
       IF(NI>0)THEN
!        下 4 行:如果是平面应变问题,需把 E 换成 E/(1-v**2),v 换成 v/(1-v)
         DO J=1,NM
           AE(1,J)=AE(1,J)/(1.0-AE(2,J)*AE(2,J))
           AE(2,J)=AE(2,J)/(1.0-AE(2,J))
         END DO
       END IF
500    FORMAT(/1X,' EO=**VO=**W=**T=**'/(1X,4F15.4))
550    FORMAT(/1X,' X—COORDINATE     Y—COORDINATE ')
600    FORMAT(3X,F8.3,7X,F8.3)
650    FORMAT(1X,I5,2X,4I5)
       RETURN
       END SUBROUTINE INPUT
!****************************************************
!     该子程序的功能为:形成结点自由度序号矩阵 JR(2,NP)
     SUBROUTINE MR(JR)
       USE GLOBAL_VARIABLES
```

```
      IMPLICIT NONE
      INTEGER,INTENT(OUT)::JR(:,:)
      INTEGER::NN,IR(2)
      INTEGER::I,J,K,L,M
      JR=1     !赋初值,初始假设每个结点 x 向和 y 向都是自由的
!     NR>0,输入约束信息,共 NR 条
      WRITE(7,500)
      DO I=1,NR      !输入约束信息,共 NR 条
!     每条输入:受约束结点的点号 NN 及该结点 x,y 方向上的约束信息 IR(2)(填 1 表示自由,填 0 表示受约束)
        READ(5,*)NN,IR
        JR(:,NN)=IR(:)  !将 JR 中第 NN 列的 2 个元素赋值为 IR(1)和 IR(2)
        WRITE(7,600)NN,IR
      END DO
      N=0               !N 充零,以便累加形成结构的自由度总数
!     下 8 行:根据每个结点约束信息,形成自由度序号指示矩阵 JR(2,NP)
      DO I=1,NP
      DO J=1,2
        IF(JR(J,I)>0)THEN
          N=N+1
          JR(J,I)=N
        END IF
      END DO
      END DO
500   FORMAT(/1X,'CONSTRAINED MESSAGE'/6X,'NODE NO. STATE')
600   FORMAT(6X,8(I5,6X,2I1))
      RETURN
      END SUBROUTINE MR
!*************************************************
!    该子程序的功能为:取出单元单元类型号,并计算单元的 BI,CI 矩阵等
    SUBROUTINE DIV(JJ,AE,X,Y,MEO,NOD,EO,VO,W,T,A,BI,CI)
      IMPLICIT NONE
      INTEGER,INTENT(IN)::JJ,MEO(:,:)
      INTEGER,INTENT(OUT)::NOD(:)
      REAL(8),INTENT(IN)::AE(:,:),X(:),Y(:)
      REAL(8),INTENT(OUT)::EO,VO,W,T,A,BI(:),CI(:)
      INTEGER::I,J,M,L
!     下 6 行:从单元信息数组 MEO 中取出 JJ 号单元的 3 个结点 i,j,m 的整体编码,并把它们放在 NOD(3)中
      I=MEO(1,JJ)
      NOD(1)=I
      J=MEO(2,JJ)
      NOD(2)=J
      M=MEO(3,JJ)
      NOD(3)=M
      L=MEO(4,JJ)     !L 是该单元的材料类型号
```

```
!        下6行:BI(1),BI(2),BI(3)分别为bi,bj,bm,
!             CI(1),CI(2),CI(3)分别为ci,cj,cm,
         BI(1)=Y(J)-Y(M)
         CI(1)=X(M)-X(J)
         BI(2)=Y(M)-Y(I)
         CI(2)=X(I)-X(M)
         BI(3)=Y(I)-Y(J)
         CI(3)=X(J)-X(I)
         A=(BI(2)*CI(3)-CI(2)*BI(3))/2.0     !A为该单元的面积
!        下4行:根据材料号L取出该种材料的4个参数
         EO=AE(1,L)
         VO=AE(2,L)
         W=AE(3,L)
         T=AE(4,L)
         RETURN
         END SUBROUTINE DIV
!**************************************************
!      该子程序的功能为:形成指示矩阵MA(N)
       SUBROUTINE FORMMA(MEO,JR,MA)
         USE GLOBAL_VARIABLES
         IMPLICIT NONE
         INTEGER,INTENT(IN)::MEO(:,:),JR(:,:)
         INTEGER,INTENT(OUT)::MA(:)
         INTEGER::NN(6),NOD(3)
         INTEGER::JB,M,JJ,I,IE,L,JP
!        首先主元素指示矩阵MA全部充0
         MA=0
         ELEMENT:DO IE=1,NE   !单元循环,循环结束便形成每行的半带宽
!        下8行:取出单元自由度序号数组NN(6)
           NOD(:)=MEO(1:3,IE)   !取出第IE号单元的单个结点的整体编号,并放入数组NOD之中
           DO I=1,3
             JB=NOD(I)
             DO M=1,2
               JJ=2*(I-1)+M
               NN(JJ)=JR(M,JB)
             END DO
           END DO
!        下6行:找出该单元非零自由度序号的最小值L
           L=N
           DO I=1,6
             IF(NN(I)>0)THEN
               IF((NN(I)-L)<0)L=NN(I)
             END IF
           END DO
```

```
!        下 7 行:循环遍历所考察单元的 6 个自由度,计算相应于该单元的这 6 个自由度
!        的半带宽 JP-L+1,其中 JP 是自由度序号亦即是方程序号,若 JP-L+1 大于已存放在
!        MA(JP)中的值,则将它赋值给 MA(JP),对单元的循环结束,则数组 MA(JP)存储了
!        各个方程的半带宽。
           DO M=1,6
             JP=NN(M)
             IF(JP/=0)THEN
               IF((JP-L+1)>MA(JP))MA(JP)=JP-L+1
             END IF
           END DO
         END DO ELEMENT
!        下 2 行:MX 准备存储最大半带宽,赋初值 0;数组 MA(N)准备存储各个方程的主对角元素在
!        一维数组中的序号,全部赋初值 1。
         MX=0
         MA(1)=1
!        下 4 行:通过对结构的全部自由度循环(第 1 个自由度除外)找出其中的最大半带宽 MX,
!        并将各个方程的半带宽逐个累加获得主对角元素序号指示向量 MA(N)
         DO I=2,N
           IF(MA(I)>MX)MX=MA(I)
           MA(I)=MA(I)+MA(I-1)
         END DO
!        下 1 行:最后一个方程(即第 N 个方程)的主对角元素的序号就是按一维存储整体劲度矩阵[K]所需存储的元
素总数 NH
         NH=MA(N)
         WRITE( * ,500)N,NH,MX
         WRITE(7,500)N,NH,MX
         RETURN
500      FORMAT(1X,' TOTAL DEGREES OF FREEDOM N =',I5,/1X,' TOTAL - STORAGE      NH=',I5,/1X,'
MAX - SEMI - BANDWIDTH      MX=',I5)
       END SUBROUTINE FORMMA
! ***********************************************
!      该子程序的功能为:形成整体等效结点荷载列阵{R}
!      程序可以考虑自重和集中力两种荷载情况
       SUBROUTINE LOAD(AE,X,Y,MEO,JR,R)
         USE GLOBAL_VARIABLES
         IMPLICIT NONE
         REAL(8),INTENT(IN)::AE(:,:),X(:),Y(:)
         INTEGER,INTENT(IN)::MEO(:,:),JR(:,:)
         REAL(8),INTENT(OUT)::R(:)
         REAL(8)::EO,VO,W,T,A,BI(3),CI(3)
         REAL(8),ALLOCATABLE::FV(:,:)
         INTEGER,ALLOCATABLE::NF(:)
         INTEGER::I,J,J2,J3,IE,JJ,M,NOD(3)
         R=0.0     !将 R 置零,用来存放等效结点荷载
```

```
!        下12行:计算自重引起的结点等效荷载(对于需要考虑自重荷载的情况)
!        通过对单元的循环将每个单元重量的1/3叠加在R(N)中与3个结点的y方向自由度相应的位置上
         IF(NG>0)THEN
           DO IE=1,NE
             CALL DIV(IE,AE,X,Y,MEO,NOD,EO,VO,W,T,A,BI,CI)
             DO I=1,3
               J2=NOD(I)
               J3=JR(2,J2)
               IF(J3>0)THEN
                 R(J3)=R(J3)-T*W*A/3.0
               END IF
             END DO
           END DO
         ENDIF
!        对于有集中荷载作用的情况,输入集中荷载信息
         IF(NL>0)THEN
!        输入荷载信息,共NL条
!        每条依次输入:NF—受集中力的结点号　FV—该结点的x,y方向的荷载分量
           ALLOCATE(FV(2,NL),NF(NL))
           READ(5,*)(NF(J),(FV(I,J),I=1,2),J=1,NL)
           WRITE(*,500)(NF(I),I=1,NL)
           WRITE(7,500)(NF(I),I=1,NL)
           WRITE(*,600)((FV(I,J),I=1,2),J=1,NL)
           WRITE(7,600)((FV(I,J),I=1,2),J=1,NL)
!        下8行:通过对NL个受集中荷载作用结点的循环,将集中荷载叠加在R(N)的相应位置上,
!        循环结束形成等效结点荷载列阵R(N)
           DO I=1,NL
             JJ=NF(I)
             J=JR(1,JJ)
             M=JR(2,JJ)
             IF(J>0)R(J)=R(J)+FV(1,I)
             IF(M>0)R(M)=R(M)+FV(2,I)
           END DO
         END IF
         RETURN
500      FORMAT(/1X,'NODES OF APPLIED LOAD***NF='/(1X,10I8))
600      FORMAT(/1X,'CONCENTRATED-LOADS***FV='/(1X,6F12.3))
       END SUBROUTINE LOAD
!*****************************************************************
!      该子程序的功能为:形成整体劲度矩阵,并存放在一维数组SK(NH)中
       SUBROUTINE MGK(AE,X,Y,MEO,JR,MA,SK)
         USE GLOBAL_VARIABLES
         IMPLICIT NONE
         REAL(8),INTENT(IN)::AE(:,:),X(:),Y(:)
```

```
        REAL(8),INTENT(OUT)::SK(:)
        INTEGER,INTENT(IN)::MEO(:,:),MA(:),JR(:,:)
        REAL(8)::SKE(6,6)
        INTEGER::IE,NOD(3),NN(6),I,J,J2,J3,JJ,JK,JL,JM,JN
        REAL(8)::EO,VO,W,T,A,BI(3),CI(3),H11,H12,H21,H22
!       下 2 行:将劲度矩阵的一维数组赋初值 0
        SK=0.0
        ELEMENT:DO IE=1,NE  ！对单元循环,循环结束便形成 SK
!       下 10 行:计算单元劲度矩阵 SKE(6,6),在对单元循环的循环体内,通过 I,J 的二重循环
!       来调用子程序 KRS,形成单元劲度矩阵式中 9 个子矩阵,并储存在数组 SKE(6,6)中
          CALL DIV(IE,AE,X,Y,MEO,NOD,EO,VO,W,T,A,BI,CI)
          DO I=1,3
          DO J=1,3
            CALL KRS(EO,VO,A,T,BI(I),BI(J),CI(I),CI(J),H11,H12,H21,H22)
            SKE(2*I-1,2*J-1)=H11
            SKE(2*I-1,2*J)=H12
            SKE(2*I,2*J-1)=H21
            SKE(2*I,2*J)=H22
          END DO
          END DO
!       下 7 行:将单元自由度序号写入数组 NN(6)
          DO I=1,3
            J2=NOD(I)
            DO J=1,2
              J3=2*(I-1)+J
              NN(J3)=JR(J,J2)
            END DO
          END DO
!       下 12 行:把单元劲度矩阵的元素叠加到整体劲度矩阵 SK 的相应位置中去
!       由于劲度矩阵的对称性,只存储矩阵的对角元素和下三角部分
          DO I=1,6
          DO J=1,6
            IF((NN(J)/=0).AND.(NN(I)>=NN(J)))THEN
              JJ=NN(I)      ！JJ 整体劲度矩阵的行号
              JK=NN(J)      ！JK 整体劲度矩阵的列号
              JL=MA(JJ)  ！第 JJ 行对角元素在一维存储数组 SK 中的位置
              JM=JJ-JK
              JN=JL-JM  ！整体劲度矩阵的第 JJ 行第 JK 列的元素 K[JJ,JK]在一维存储数组 SK 中的位置
              SK(JN)=SK(JN)+SKE(I,J)  ！把第 JJ 行第 JK 列的元素叠加到一维存储数组 SK 的相应位置中去
            END IF
          END DO
          END DO
        END DO ELEMENT
500     FORMAT(/10X,'SK='/(6F12.5))
```

```
      RETURN
      END SUBROUTINE MGK
!  ***************************************************************************
!     该子程序的主要功能：输入非零已知位移信息，并处理荷载项及对应 K 中主元素
    SUBROUTINE TREAT(SK,MA,R,JR,NDI,DV)
      USE GLOBAL_VARIABLES
      IMPLICIT NONE
      INTEGER,INTENT(INOUT)::MA(:),JR(:,:),NDI(:)
      REAL(8),INTENT(INOUT)::SK(:),R(:),DV(:,:)
      INTEGER::I,J,L,JN,JJ
      WRITE(7,500)
!     下 4 行：通过对 NDP 个已知位移的结点循环，输入非零已知位移的结点号 NDI
!     和 x,y 两个方向的位移分量 DV，并输出非零已知位移信息
      DO I=1,NDP
        READ(5,*)NDI(I),(DV(J,I),J=1,2)
        WRITE(7,600)NDI(I),(DV(J,I),J=1,2)
      END DO
!     下 11 行：通过对 NDP 个已知位移的结点循环，在相应的自由度的主元素赋予
!     一个大数(1E30)，并在荷载的相应行赋予该位移值乘以相同的大数(1E30)
      DO I=1,NDP
        JJ=NDI(I)
        DO J=1,2
          L=JR(J,JJ)
          JN=MA(L)
          IF(DV(J,I)/=0.0)THEN
            SK(JN)=1.E30
            R(L)=DV(J,I)*1.E30
          END IF
        END DO
      END DO
500   FORMAT(/1X,' KNOWN DISPLAVEMENT NODES AND(X,Y)VALUES ')
600   FORMAT(10X,I8,10X,F10.6,10X,F10.6)
      RETURN
      END SUBROUTINE TREAT
!  ***************************************************************************
!     该子程序的功能为：整体劲度矩阵的分解运算
    SUBROUTINE DECOMP(SK,MA)
      USE GLOBAL_VARIABLES
      IMPLICIT NONE
      REAL(8),INTENT(INOUT)::SK(:)
      INTEGER,INTENT(IN)::MA(:)
      INTEGER::I,J,K,L,M,L1,MP,LP,IP,LPP,IJ,JP,II
      DO I=2,N
!     下 4 行：在对行循环的循环体内，计算出第 I 行第 1 个非零元素所在的列号 L，
```

```
!        以及对列循环的下界 L1 与上界 K,若 L1 >K,则跳过对列的循环
           L=I-MA(I)+MA(I-1)+1
           K=I-1
           L1=L+1
           IF(L1<=K)THEN
             DO J=L1,K
!        下 5 行:在对列循环的循环体内,首先计算出[K]的第 I 行和第 J 列的元素在一维数组 SK(NH)
!        中的序号 IJ 以及第 J 行第一个非零元素所在列号 M,并将 L 与 M 比较,较大者存储在 M 中,于
!        是 M 成为求总和循环时的下界,MP 是上界,当 M>MP 则跳过求总和的循环
               IJ=MA(I)-I+J
               M=J-MA(J)+MA(J-1)+1
               IF  (L.GT.M)M=L
               MP=J-1
               IF  (M<=MP)THEN
!        下 5 行:在求总和的循环体内计算出[K]中第 I 行第 P 列(程序内用 LP)的元素以及第 J 行第 P
!        列的元素在一维数组 SK(NH)中的序号 IP 与 JP,总和循环结束 Kij 成为 lij 。
                 DO LP=M,MP
                   IP=MA(I)-I+LP
                   JP=MA(J)-J+LP
                   SK(IJ)=SK(IJ)-SK(IP)*SK(JP)
                 END DO
               END IF
             END DO
           END IF
           IF(L<=K)THEN
             DO LP=L,K
!        下 4 行:将第 I 行的各个副元素 lip 变成 uip(程序 P 用 LP 表示),
!        IP 与 LPP 分别是第 I 行第 P 列的元素与第 P 行的主对角线元素在一维数组 SK(NH)中的序号
               IP=MA(I)-I+LP
               LPP=MA(LP)
               IF(ABS(SK(LPP))<1.0E-12)WRITE(*,*)' DECOM ZERO ERROR IP=',IP  ! 主对角线元素
为零,程序报错
               SK(IP)=SK(IP)/SK(LPP)
!        下 2 行:将第 I 行的主对角线元素 Kii 变成 Lii 对行循环结束,分解完毕
               II=MA(I)
               SK(II)=SK(II)-SK(IP)*SK(IP)*SK(LPP)
             END DO
           END IF
         END DO
500      FORMAT(/10X,' SK='/(1X,6F12.4))
         RETURN
       END SUBROUTINE DECOMP
!*********************************************
!      该子程序的功能为:前代,回代求出未知结点位移并存放在 R(N)中
```

```
  SUBROUTINE FOBA(SK,MA,R)
    USE GLOBAL_VARIABLES
    IMPLICIT NONE
    REAL(8),INTENT(IN)::SK(:)
    REAL(8),INTENT(INOUT)::R(:)
    INTEGER,INTENT(IN)::MA(:)
    INTEGER::I,J,K,L,LP,II,IP,J1,IJ
!   前代过程
    DO I=2,N
!   L与IP分别为第I行的第一个非零元素所在列号以及
!   第P(程序中用LP)个元素在一维数组SK(NH)中的序号
    L=I-MA(I)+MA(I-1)+1
    K=I-1
    IF(L<=K)THEN
      DO LP=L,K
      IP=MA(I)-I+LP
      R(I)=R(I)-SK(IP)*R(LP)
      END DO
    END IF
    END DO
!   下5行:实现式 gi=fi/lii(i=1,2,…,n)
    DO I=1,N
      II=MA(I)
      IF(ABS(SK(II))<1.0E-12)WRITE(*,*)' FOBA ZERO ERROR I=',I    !主对角线元素为零,程序报错
      R(I)=R(I)/SK(II)
    END DO
!   回代过程
    DO J1=2,N
!   L与IJ分别为第I行第一个非零元素所在列号与第J个元素在一维数组SK(NH)中的序号,
!   这里对I从N到2的循环是通过对J1从2到N循环以及I与J1之间的关系I=2+N-J1来实现的
      I=2+N-J1
      L=I-MA(I)+MA(I-1)+1
      K=I-1
      IF(L<=K)THEN
        DO J=L,K
          IJ=MA(I)-I+J
          R(J)=R(J)-SK(IJ)*R(I)   !   未知结点位移存放在R(*)中
        END DO
      END IF
    END DO
    RETURN
  END SUBROUTINE FOBA
!**************************************************
```

```
!       该子程序的功能为:输出结点等效荷载或结点位移
      SUBROUTINE OUTPUT(JR,R)
        USE GLOBAL_VARIABLES
        IMPLICIT NONE
        INTEGER,INTENT(IN)::JR(:,:)
        REAL(8),INTENT(IN)::R(:)
        INTEGER::I,L
        REAL(8)::S,SS
!       下 16 行:循环遍历所有结点,输出等效结点荷载或结点位移
        NODE:DO I=1,NP
          L=JR(1,I)
          IF(L>0)THEN
            S=R(L)
          ELSE
            IF(L==0)S=0.0       ! 约束自由度方向赋零值
          END IF
          L=JR(2,I)
          IF(L>0)THEN
            SS=R(L)
          ELSE
            IF(L==0)SS=0.0      ! 约束自由度方向赋零值
          END IF
          WRITE(*,500)I,S,SS
          WRITE(7,500)I,S,SS
        END DO NODE
500     FORMAT(5X,I5,2E20.5)
        RETURN
      END SUBROUTINE OUTPUT
!****************************************************
!       该子程序的功能为:计算并输出单元应力
      SUBROUTINE CES(AE,X,Y,MEO,JR,R)
        USE GLOBAL_VARIABLES
        IMPLICIT NONE
        REAL(8),INTENT(INOUT)::AE(:,:),X(:),Y(:),R(:)
        REAL(8)::ET,B(6),H11,H12,H21,H22,H1,H2,H3,A1,A2,A3,BI(3),CI(3),EO,VO,W,T,A
        INTEGER,INTENT(IN)::MEO(:,:),JR(:,:)
        INTEGER::NOD(3),IE,I,J2,I2,I3
        DO IE=1,NE
          CALL DIV(IE,AE,X,Y,MEO,NOD,EO,VO,W,T,A,BI,CI)
          ET=EO/(1.0-VO*VO)/A/2.0
!       在单元循环体中把所考察单元的 3 个结点的结点位移值送入数组 B(6)
          DO I=1,3
            J2=NOD(I)
            I2=JR(1,J2)
```

```
        I3=JR(2,J2)
        IF(I2>0)THEN
          B(2*I-1)=R(I2)
        ELSE
          IF(I2==0)B(2*I-1)=0.0  ! 约束方向位移为零
        END IF
        IF(I3>0)THEN
          B(2*I)=R(I3)
        ELSE
          IF(I3==0)B(2*I)=0.0  ! 约束方向位移为零
        END IF
      END DO
!     下11行:计算应力sig-x、sig-y和sig-xy
      H1=0.0
      H2=0.0
      H3=0.0
      DO I=1,3
        H1=H1+BI(I)*B(2*I-1)
        H2=H2+CI(I)*B(2*I)
        H3=H3+BI(I)*B(2*I)+CI(I)*B(2*I-1)
      END DO
      A1=ET*(H1+VO*H2)
      A2=ET*(H2+VO*H1)
      A3=ET*(1.0-VO)*H3/2.0
!     下4行:计算主应力并存储在B(4)和B(5)中
      H1=A1+A2
      H2=SQRT((A1-A2)*(A1-A2)+4.0*A3*A3)
      B(4)=(H1+H2)/2.0
      B(5)=(H1-H2)/2.0
!     下9行:计算应力主向并存储在B(6)中
      IF(ABS(A3)<= 1.0E-4)THEN
        IF(A1 <= A2)THEN
          B(6)=90.0
        ELSE
          B(6)=0.0
        END IF
      ELSE
        B(6)=ATAN((B(4)-A1)/A3)*57.29578
      END IF
!     下3行:将应力sig-x、sig-y和sig-xy存储在B(1)、B(2)和B(3)中
      B(1)=A1
      B(2)=A2
      B(3)=A3
!     下2行:输出应力分量、主应力和应力主向
```

```
        WRITE( * ,500)IE,B
        WRITE(7,500)IE,B
      END DO
500   FORMAT(6X,I4,3X,6F11.3)
      RETURN
    END SUBROUTINE CES
! ************************************************
!   该子程序的功能为:计算并输出支座反力
    SUBROUTINE ERFAC(AE,X,Y,MEO,JR,R)
      USE GLOBAL_VARIABLES
      IMPLICIT NONE
      REAL(8),INTENT(INOUT)::AE(:,:),X(:),Y(:),R(:)
      INTEGER,ALLOCATABLE::NCI(:),NCE(:,:)
      INTEGER,INTENT(INOUT)::MEO(:,:),JR(:,:)
      INTEGER::NOD(3),I,J,JJ,L,IE,M,IM,IP,K,JI,JP,FLAG
      REAL(8)::FX,FY,S,SS,H11,H12,H21,H22,BI(3),CI(3),EO,VO,W,T,A
      ALLOCATE(NCI(NC),NCE(4,NC))
!   下 6 行:输入并输出数组 NCI 以及 NCE
      READ(5,*)(NCI(J),J=1,NC)
      READ(5,*)((NCE(I,J),I=1,4),J=1,NC)
      WRITE( * ,500)(NCI(J),J=1,NC)
      WRITE( * ,600)((NCE(I,J),I=1,4),J=1,NC)
      WRITE(7,500)(NCI(J),J=1,NC)
      WRITE(7,600)((NCE(I,J),I=1,4),J=1,NC)
      WRITE( * ,700)
      WRITE(7,700)
      DO JJ=1,NC
!   下 2 行:FX、FY 充零,准备存储所考察结点的两个坐标方向的支座反力
        FX=0.0
        FY=0.0
        L=NCI(JJ)  ! 所考察的计算支座反力结点的点号
        DO M=1,4
!   在对 4 个相关单元做循环的循环体内,将所考察的相关单元的单元号存储在 IE 中,并调用子程序 DIV 计算该单元的有关数据
            IF(NCE(M,JJ)<=0)CYCLE
            IE=NCE(M,JJ)
            CALL DIV(IE,AE,X,Y,MEO,NOD,EO,VO,W,T,A,BI,CI)
!   对所考察相关单元的 3 个结点循环,确定哪个结点就是所考察的计算支座反力结点,将该结点的局部编码序号存储在 K 中
            DO IM=1,3
              K=IM
              FLAG=0
              IF(L==NOD(IM))THEN
                FLAG=1
```

```
              EXIT
            END IF
          ENDDO
          IF(FLAG==0)WRITE(0,750)L ! 若找不到这个结点,则相关单元号有错,打印出错信息
!     下 18 行:对所考察相关单元的 3 个结点循环,计算每个结点的结点位移贡献给计算支座反力结点的结点力
          DO IP=1,3
            CALL KRS(EO,VO,A,T,BI(K),BI(IP),CI(K),CI(IP),H11,H12,H21,H22)
            NL=NOD(IP)
            JI=JR(1,NL)   !   所考察结点的 x 方向的自由度序号
            JP=JR(2,NL)   !   所考察结点的 x 方向的自由度序号
            IF(JI==0)   THEN
              S=0.0   ! 约束自由度方向位移为零
            ELSE IF(JI>0)   THEN
              S=R(JI)   ! 存储所考察结点的 x 方向的位移值
            END IF
            IF(JP<=0)   THEN
              SS=0.0   ! 约束自由度方向位移为零
            ELSE
              SS=R(JP)   ! 存储所考察结点的 y 方向的位移值
            END IF
            FX=FX+H11*S+H12*SS ! 结点位移贡献给计算支座反力结点的 x 方向结点力
            FY=FY+H21*S+H22*SS ! 结点位移贡献给计算支座反力结点的 y 方向结点力
          END DO
        END DO
!     下 2 行:无约束方向没有支座反力
        IF(JR(1,L)/=0)   FX=0.0
        IF(JR(2,L)/=0)   FY=0.0
!     下 2 行:输出支座反力
        WRITE(*,800)   L,FX,FY
        WRITE(7,800)   L,FX,FY
      END DO
500   FORMAT(30X,' NODE NO. * * NCI='/(1X,10I8))
600   FORMAT(30X,' ELEMENT-NO. * * NCE='/(1X,4I6))
700   FORMAT(30X,' NODAL REACTIONS '/8X,' NODE ',14X,' X-COMP ',14X,' Y-COMP ')
750   FORMAT(/10X,' ERROR OF ELEMENT MESSAGE ',' * * * * NODE NUMBE ',I5)
800   FORMAT(6X,I5,2F20.3)
      RETURN
    END SUBROUTINE ERFAC
```

七、算例

悬臂梁长 8m、高 2m，左端固定，所受荷载如图 2-11 所示，不考虑自重。材料弹性模量 $E=2000000\text{kN/m}^2$，泊松比 $\mu=0.3$。有限元结点和单元编号如图 2-12 所示。所需输入数据清单及运行本章程序后的输出成果清单见电子文档。部分位移与应力成果见表

2-11～表 2-15。

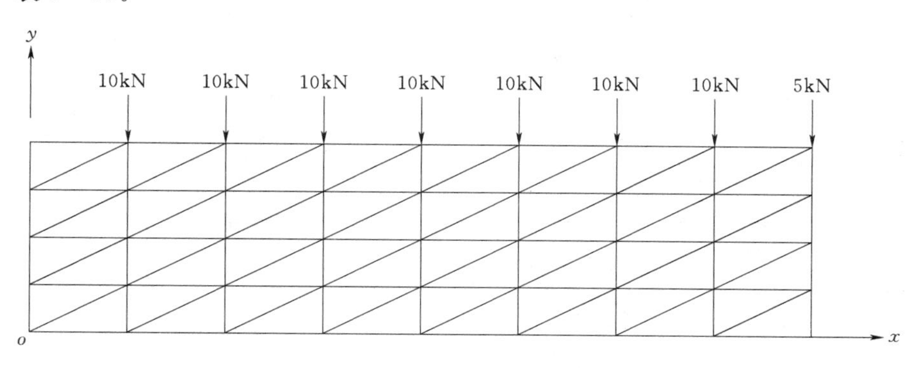

图 2-11　悬臂梁受荷载图

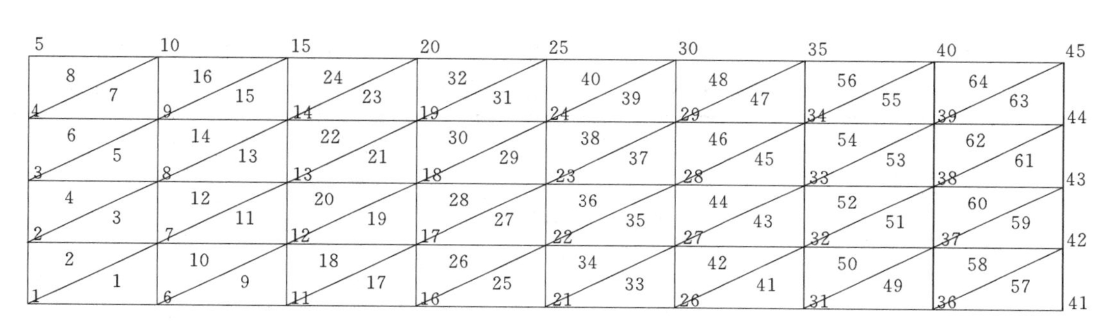

图 2-12　悬臂梁离散化图

输入数据清单及输出结果清单见附录二。

表 2-11　　**结点 y 向位移**　　单位：10^{-3}m

结点号	y 向位移		结点号	y 向位移	
8×4/16×8	8×4	16×8	8×4/16×8	8×4	16×8
25/81	－1.10	－1.35	45/153	－2.88	－3.59
24/79	－1.09	－1.34	44/151	－2.88	－3.58
23/77	－1.09	－1.34	43/149	－2.87	－3.58
22/75	－1.09	－1.34	42/147	－2.87	－3.58
21/73	－1.10	－1.35	41/145	－2.87	－3.58

表 2-12　**8×4 网格两单元平均应力 σ_x**　单位：kN/m^2

单　元　号	两单元平均应力 σ_x	材料力学结果
32/31	80.1	113.9
30/29	27.1	38.0
28/27	−27.4	−38.0
26/25	−80.0	−113.9

表 2-13　**8×4 网格固定端结点的水平反力**　单位：kN

结点号	水平反力	结点号	水平反力
5	−130.3	2	70.3
4	−64.5	1	122.2
3	2.2		

表 2-14　**16×8 网格两单元平均应力 σ_x**　单位：kN/m^2

单　元　号	两单元平均应力 σ_x	材料力学结果
128/127	106.7	118.5
126/125	76.5	84.7
124/123	46.0	50.8
122/121	15.3	16.9
120/119	−15.7	−16.9
118/117	−46.4	−50.8
116/115	−76.5	−84.7
114/113	−105.8	−118.5

表 2-15　**16×8 网格固定端结点的水平反力**　单位：kN

结　点　号	水平反力	结　点　号	水平反力
9	−80.0	4	22.0
8	−67.1	3	44.6
7	−42.6	2	70.4
6	−20.6	1	72.7
5	0.6		

从以上成果可见，3 结点三角形单元的 8×4 网格的结果很差，16×8 网格的结果就比较好了。

第三章　平面问题有限元的迭代解程序设计

本章介绍弹性力学平面问题中4结点四边形等参数单元的有限元迭代解程序。在给出有关计算公式后，着重讨论形成单元劲度矩阵和单元等效结点荷载列阵，进而集合为整体劲度矩阵和荷载列阵，并采用预条件共轭梯度法迭代求解线性代数方程组的程序设计方法和源程序。最后给出程序使用说明，并通过例题说明此程序的使用方法。

第一节　4结点四边形等参数单元的计算公式

一、位移模式与坐标变换式

对于如图3-1所示的4结点等参数单元，其位移模式与坐标变换式分别为

$$u = \sum_{i=1}^{4} N_i u_i \quad v = \sum_{i=1}^{4} N_i v_i \tag{3-1}$$

以及

$$x = \sum_{i=1}^{4} N_i x_i \quad y = \sum_{i=1}^{4} N_i y_i \tag{3-2}$$

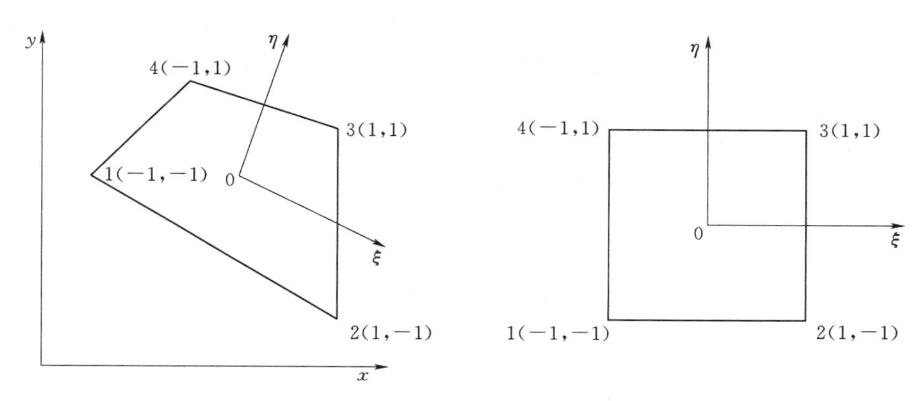

图3-1　4结点四边形等参数单元

式中：u_i、v_i、x_i、y_i 分别为4个结点的结点位移分量与结点整体坐标分量，$i=1,2,3,4$；N_i 为形函数，它们可以用单元的局部坐标 ξ、η 表示为

$$N_i = \frac{1}{4}(1+\xi_i\xi)(1+\eta_i\eta) \quad (i=1,2,3,4) \tag{3-3}$$

其中 ξ_i、$\eta_i (i=1,2,3,4)$ 是4个结点的局部坐标分量。

式（3-1）可以改写为式（1-1）的形式，即

$$\begin{Bmatrix} u \\ v \end{Bmatrix} = \begin{bmatrix} N_1 & 0 & N_2 & 0 & N_3 & 0 & N_4 & 0 \\ 0 & N_1 & 0 & N_2 & 0 & N_3 & 0 & N_4 \end{bmatrix} \begin{Bmatrix} u_1 \\ v_1 \\ u_2 \\ v_2 \\ u_3 \\ v_3 \\ u_4 \\ v_4 \end{Bmatrix} \tag{3-4}$$

此式表明，4 结点等参数单元的形函数矩阵 $[N]$ 为

$$[N] = \begin{bmatrix} N_1 & 0 & N_2 & 0 & N_3 & 0 & N_4 & 0 \\ 0 & N_1 & 0 & N_2 & 0 & N_3 & 0 & N_4 \end{bmatrix}_{2\times 8} \tag{3-5}$$

二、应变转换矩阵 [B]

将式（3－5）代入式（1－3），得

$$[B] = [B_1 \quad B_2 \quad B_3 \quad B_4]_{3\times 8} \tag{3-6}$$

其中

$$[B_i] = \begin{bmatrix} \dfrac{\partial N_i}{\partial x} & 0 \\ 0 & \dfrac{\partial N_i}{\partial y} \\ \dfrac{\partial N_i}{\partial y} & \dfrac{\partial N_i}{\partial x} \end{bmatrix}_{3\times 2} \quad (i=1,2,3,4) \tag{3-7}$$

由于式（3－3）所示的形函数 N_i 是局部坐标 ξ、η 的函数，而 ξ、η 与 x、y 的关系就是坐标变换式（3－2）。因此，为了求出式（3－7）中的形函数 N_i 对整体坐标的偏导数，还须作下列运算。

根据复合函数的求导规则，有

$$\begin{Bmatrix} \dfrac{\partial N_i}{\partial \xi} \\ \dfrac{\partial N_i}{\partial \eta} \end{Bmatrix} = \begin{bmatrix} \dfrac{\partial x}{\partial \xi} & \dfrac{\partial y}{\partial \xi} \\ \dfrac{\partial x}{\partial \eta} & \dfrac{\partial y}{\partial \eta} \end{bmatrix} \begin{Bmatrix} \dfrac{\partial N_i}{\partial x} \\ \dfrac{\partial N_i}{\partial y} \end{Bmatrix} = [J] \begin{Bmatrix} \dfrac{\partial N_i}{\partial x} \\ \dfrac{\partial N_i}{\partial y} \end{Bmatrix} \tag{3-8}$$

从而有

$$\begin{Bmatrix} \dfrac{\partial N_i}{\partial x} \\ \dfrac{\partial N_i}{\partial y} \end{Bmatrix} = [J]^{-1} \begin{Bmatrix} \dfrac{\partial N_i}{\partial \xi} \\ \dfrac{\partial N_i}{\partial \eta} \end{Bmatrix} \tag{3-9}$$

其中

$$[J] = \begin{bmatrix} \dfrac{\partial x}{\partial \xi} & \dfrac{\partial y}{\partial \xi} \\ \dfrac{\partial x}{\partial \eta} & \dfrac{\partial y}{\partial \eta} \end{bmatrix}_{2\times 2} \tag{3-10}$$

称为雅克比矩阵。为了能计算这个矩阵，只需将式（3－2）代入式（3－10），得

$$[J]=\begin{bmatrix}\sum_{i=1}^{4}\frac{\partial N_i}{\partial\xi}x_i & \sum_{i=1}^{4}\frac{\partial N_i}{\partial\xi}y_i\\ \sum_{i=1}^{4}\frac{\partial N_i}{\partial\eta}x_i & \sum_{i=1}^{4}\frac{\partial N_i}{\partial\eta}y_i\end{bmatrix}$$

$$=\begin{bmatrix}\frac{\partial N_1}{\partial\xi} & \frac{\partial N_2}{\partial\xi} & \frac{\partial N_3}{\partial\xi} & \frac{\partial N_4}{\partial\xi}\\ \frac{\partial N_1}{\partial\eta} & \frac{\partial N_2}{\partial\eta} & \frac{\partial N_3}{\partial\eta} & \frac{\partial N_4}{\partial\eta}\end{bmatrix}_{2\times 4}\begin{bmatrix}x_1 & y_1\\ x_2 & y_2\\ x_3 & y_3\\ x_4 & y_4\end{bmatrix}_{4\times 2} \tag{3-11}$$

由式（3-9）、式（3-11）两式可见，必须计算出形函数对局部坐标的偏导数，才能计算形函数对整体坐标的偏导数。为此，由式（3-3）求得

$$\begin{cases}\frac{\partial N_i}{\partial\xi}=\frac{1}{4}\xi_i(1+\eta_i\eta)\\ \frac{\partial N_i}{\partial\eta}=\frac{1}{4}\eta_i(1+\xi_i\xi)\end{cases}\quad(i=1,2,3,4) \tag{3-12}$$

由式（3-9）～式（3-12）可见，为了计算单元内某一点的形函数对整体坐标的偏导数值，只需先将该点的局部坐标值代入式（3-12）各式中的 ξ、η，算得该点的形函数对局部坐标的偏导数值；再由式（3-11）算得该点的雅可比矩阵；接着根据矩阵求逆公式

$$[J]^{-1}=\frac{[J]^*}{|J|} \tag{3-13}$$

算得该点的雅可比矩阵的逆矩阵，式中 $|J|$ 是雅可比矩阵的行列式，$[J]^*$ 是雅可比矩阵的伴随矩阵，它的 4 个元素就是雅可比矩阵 4 个元素的代数余子式，但行、列要转置；最后，便可由式（3-9）算得所考察点的形函数对整体坐标的偏导数值。

三、应力转换矩阵 $[S]$

将式（3-6）代入式（1-5），得

$$[S]_{3\times 8}=[D]_{3\times 3}[B]_{3\times 8} \tag{3-14}$$

将式（3-14）代入式（1-4）便可求得平面问题的应力分量

$$\begin{Bmatrix}\sigma_x\\ \sigma_y\\ \tau_{xy}\end{Bmatrix}=[S]_{3\times 8}\{\delta\}^e_{8\times 1} \tag{3-15}$$

四、单元劲度矩阵 $[k]^e$

将式（3-6）代入式（1-8），并取单元厚度为 t，得

$$[k]^e_{8\times 8}=\int_A[B]^T_{8\times 3}[D]_{3\times 3}[B]_{3\times 8}t\mathrm{d}x\mathrm{d}y=\int_{-1}^{1}\int_{-1}^{1}[B]^T[D][B]|J|t\mathrm{d}\xi\mathrm{d}\eta \tag{3-16}$$

现在用 4 个积分点的高斯积分公式（即相当于一维高斯积分公式中 $n=2$ 的情形）计算上述积分，得到

$$[k]^e_{8\times 8}=\sum_{s=1}^{2}\sum_{r=1}^{2}([B]^T[D][B]|J|)_{\xi_r,\eta_s}tH_rH_s \tag{3-17}$$

其中 ξ_r、η_s 是积分点的局部坐标值，H_r、H_s 是相应的加权系数，它们的数值如下：

$$\begin{cases} \xi_1=\eta_1=-0.577350269189626 \\ \xi_2=\eta_2=0.577350269189626 \\ H_1=1 \\ H_2=1 \end{cases} \tag{3-18}$$

五、单元结点荷载列阵 $\{r\}^e$

4 结点等参数单元的 $\{r\}^e$ 可由式（1－12）计算，取单元厚度为 t，即

$$\{r\}^e_{8\times1}=[N]^T_{8\times2}\{P\}_{2\times1}+\iint_A[N]^T_{8\times2}\{p\}_{2\times1}t\mathrm{d}x\mathrm{d}y+\int_s[N]^T_{8\times2}\{\overline{p}\}_{2\times1}t\mathrm{d}s \tag{3-19}$$

由于集中力的作用点通常总是取为结点，从而可以直接给出结点荷载，因此式（3－20）中关于集中力列阵 $\{P\}$ 的项可以不必考虑。

关于分布体力列阵 $\{p\}$ 的项，只考虑单元自重的情况。设单元的密度为 ρ，并取 y 轴铅直向上，则

$$\{p\}=\begin{Bmatrix}0\\-\rho g\end{Bmatrix} \tag{3-20}$$

式中：g 为重力加速度；ρg 为单元的容重。

将式（3－5）以及上述式（3－20）代入式（3－19）的右端第 2 项，即可求得单元自重的单元等效结点荷载列阵为

$$\{r\}^e=\begin{Bmatrix}X_1\\Y_1\\X_2\\Y_2\\X_3\\Y_3\\X_4\\Y_4\end{Bmatrix}_{8\times1}=\iint_A\begin{bmatrix}N_1&0\\0&N_1\\N_2&0\\0&N_2\\N_3&0\\0&N_3\\N_4&0\\0&N_4\end{bmatrix}_{8\times2}\begin{Bmatrix}0\\-\rho g\end{Bmatrix}_{2\times1}t\mathrm{d}x\mathrm{d}y \tag{a}$$

由上述式（a）可得 8 个结点中任意一个结点 i 上的结点荷载列阵为

$$\begin{Bmatrix}X_i\\Y_i\end{Bmatrix}=\iint_A\begin{bmatrix}N_i&0\\0&N_i\end{bmatrix}\begin{Bmatrix}0\\-\rho g\end{Bmatrix}t\mathrm{d}x\mathrm{d}y=\iint_A\begin{Bmatrix}0\\-\rho gN_i\end{Bmatrix}t\mathrm{d}x\mathrm{d}y\quad(i=1,2,3,4) \tag{b}$$

亦即 $X_i=0$ 而只有 Y_i 不等于零，即

$$Y_i=\iint_A-\rho gN_it\mathrm{d}x\mathrm{d}y=-\rho g\int_{-1}^{1}\int_{-1}^{1}N_i|J|t\mathrm{d}\xi\mathrm{d}\eta\quad(i=1,2,3,4) \tag{3-21}$$

仍用 4 个积分点的高斯积分公式计算上述积分，便得

$$Y_i=\sum_{s=1}^{2}\sum_{r=1}^{2}-\rho g(N_i|J|)_{\xi_r,\eta_s}tH_rH_s \tag{3-22}$$

其中积分点的局部坐标值以及加权系数如式（3－18）所示。

关于分布面力列阵 $\{\overline{p}\}$ 的项，本处只给出分布法向压力的情况。设在边界上 2 个结点处的分布法向压力集度为 $\overline{q}_i(i=1，2)$，那么该边上任意一点的分布法向压力集度 $\overline{q}$ 为

$$\overline{q}=\sum_{i=1}^{2}N_i\overline{q}_i \tag{3-23}$$

其中 N_i 是受荷边上 2 个结点的形函数，形式如式（3－3）所示，但需将受荷边的局部坐标值代入。

设受荷边上任意一点外法线方向的方向余弦为 l、m，则

在边界 $\xi=1$ 上

$$l=\frac{\dfrac{\partial y}{\partial\eta}}{\sqrt{\left(\dfrac{\partial x}{\partial\eta}\right)^2+\left(\dfrac{\partial y}{\partial\eta}\right)^2}},\quad m=\frac{-\dfrac{\partial x}{\partial\eta}}{\sqrt{\left(\dfrac{\partial x}{\partial\eta}\right)^2+\left(\dfrac{\partial y}{\partial\eta}\right)^2}} \tag{3-24a}$$

在边界 $\xi=-1$ 上

$$l=\frac{-\dfrac{\partial y}{\partial\eta}}{\sqrt{\left(\dfrac{\partial x}{\partial\eta}\right)^2+\left(\dfrac{\partial y}{\partial\eta}\right)^2}},\quad m=\frac{\dfrac{\partial x}{\partial\eta}}{\sqrt{\left(\dfrac{\partial x}{\partial\eta}\right)^2+\left(\dfrac{\partial y}{\partial\eta}\right)^2}} \tag{3-24b}$$

在边界 $\eta=1$ 上

$$l=\frac{-\dfrac{\partial y}{\partial\xi}}{\sqrt{\left(\dfrac{\partial x}{\partial\xi}\right)^2+\left(\dfrac{\partial y}{\partial\xi}\right)^2}},\quad m=\frac{\dfrac{\partial x}{\partial\xi}}{\sqrt{\left(\dfrac{\partial x}{\partial\xi}\right)^2+\left(\dfrac{\partial y}{\partial\xi}\right)^2}} \tag{3-24c}$$

在边界 $\eta=-1$ 上

$$l=\frac{\dfrac{\partial y}{\partial\xi}}{\sqrt{\left(\dfrac{\partial x}{\partial\xi}\right)^2+\left(\dfrac{\partial y}{\partial\xi}\right)^2}},\quad m=\frac{-\dfrac{\partial x}{\partial\xi}}{\sqrt{\left(\dfrac{\partial x}{\partial\xi}\right)^2+\left(\dfrac{\partial y}{\partial\xi}\right)^2}} \tag{3-24d}$$

对于法向分布压力，式（3－20）右端第 3 项中的分布面力列阵 $\{\overline{p}\}$ 成为

$$\{\overline{p}\}=-\begin{Bmatrix}\overline{q}l\\ \overline{q}m\end{Bmatrix} \tag{3-25}$$

将式（3－25）代入式（3－19）右端第 3 项，并将边界积分改用对局部坐标 η、ξ 的积分来表示，便可求得法向分布压力的单元等效结点荷载列阵。

在边界 $\xi=\pm1$ 上

$$\mathrm{d}s=\sqrt{\left(\frac{\partial x}{\partial\eta}\right)^2+\left(\frac{\partial y}{\partial\eta}\right)^2}\,\mathrm{d}\eta$$

$$\{r\}^e=\begin{Bmatrix}X_1\\Y_1\\X_2\\Y_2\\X_3\\Y_3\\X_4\\Y_4\end{Bmatrix}=\mp\int_{-1}^{1}\begin{bmatrix}N_1&0\\0&N_1\\N_2&0\\0&N_2\\N_3&0\\0&N_3\\N_4&0\\0&N_4\end{bmatrix}(\overline{q})_{\xi=\pm1}\begin{Bmatrix}\dfrac{\partial y}{\partial\eta}\\-\dfrac{\partial x}{\partial\eta}\end{Bmatrix}\mathrm{d}\eta t \tag{3-26a}$$

在边界 $\eta=\pm1$ 上

$$ds=\sqrt{\left(\frac{\partial x}{\partial \xi}\right)^2+\left(\frac{\partial y}{\partial \xi}\right)^2}d\xi$$

$$\{r\}^e=\begin{Bmatrix}X_1\\Y_1\\X_2\\Y_2\\X_3\\Y_3\\X_4\\Y_4\end{Bmatrix}=\mp\int_{-1}^{1}\begin{bmatrix}N_1 & 0\\0 & N_1\\N_2 & 0\\0 & N_2\\N_3 & 0\\0 & N_3\\N_4 & 0\\0 & N_4\end{bmatrix}(\overline{q})_{\eta=\pm1}\begin{Bmatrix}-\dfrac{\partial y}{\partial \xi}\\\dfrac{\partial x}{\partial \xi}\end{Bmatrix}d\xi t \tag{3-26b}$$

由于除了受荷边上 2 个结点的形函数之外，其他 2 个结点的形函数在受荷边上均为零，因此，只有受荷边上的 2 个结点上有不为零的等效结点荷载。

在边界 $\xi=\pm1$ 上

$$\begin{Bmatrix}X_i\\Y_i\end{Bmatrix}=\mp\int_{-1}^{1}\begin{bmatrix}N_i & 0\\0 & N_i\end{bmatrix}(\overline{q})_{\xi=\pm1}\begin{Bmatrix}\dfrac{\partial y}{\partial \eta}\\-\dfrac{\partial x}{\partial \eta}\end{Bmatrix}d\eta t \quad (i=1,2) \tag{3-27a}$$

在边界 $\eta=\pm1$ 上

$$\begin{Bmatrix}X_i\\Y_i\end{Bmatrix}=\mp\int_{-1}^{1}\begin{bmatrix}N_i & 0\\0 & N_i\end{bmatrix}(\overline{q})_{\eta=\pm1}\begin{Bmatrix}-\dfrac{\partial y}{\partial \xi}\\\dfrac{\partial x}{\partial \xi}\end{Bmatrix}d\xi t \quad (i=1,2) \tag{3-27b}$$

现在用 2 个积分点的高斯积分公式计算式（3-27）的边界积分，得

在边界 $\xi=\pm1$ 上

$$\begin{cases}X_i=\mp\sum\limits_{s=1}^{2}\left[N_i\overline{q}_{\xi=\pm1}\dfrac{\partial y}{\partial \eta}\right]_{\xi=\pm1,\eta_s}H_s t\\Y_i=\mp\sum\limits_{s=1}^{2}\left[N_i\overline{q}_{\xi=\pm1}\left(-\dfrac{\partial x}{\partial \eta}\right)\right]_{\xi=\pm1,\eta_s}H_s t\end{cases} \tag{3-28a}$$

在边界 $\eta=\pm1$ 上

$$\begin{cases}X_i=\mp\sum\limits_{r=1}^{2}\left[N_i\overline{q}_{\eta=\pm1}\left(-\dfrac{\partial y}{\partial \xi}\right)\right]_{\eta=\pm1,\xi_r}H_r t\\Y_i=\mp\sum\limits_{r=1}^{2}\left[N_i\overline{q}_{\eta=\pm1}\dfrac{\partial x}{\partial \xi}\right]_{\eta=\pm1,\xi_r}H_r t\end{cases} \tag{3-28b}$$

其中积分点的局部坐标值 η_s、ξ_r 以及加权系数 H_s、H_t 仍如式（3-18）所示。

六、主应力与应力主向

在由式（3-15）计算出单元内任意一点的3个应力分量后，便可采用式（2-17）计算主应力和应力主向

当式（2-17）中分母为零时，即 $\tau_{xy}=0$，则 σ_x、σ_y 就是主应力；且当 $\sigma_x \leqslant \sigma_y$ 时，则 $\sigma_1=\sigma_y$，$\sigma_2=\sigma_x$，$\alpha=90°$；反之当 $\sigma_x>\sigma_y$ 时，则 $\sigma_1=\sigma_x$，$\sigma_2=\sigma_y$，$\alpha=0°$。

第二节　程序流程图及输入原始数据

本节首先给出4结点四边形等参数单元程序的流程图，使读者对程序的整体结构有一个大概的了解，接着介绍输入原始数据的子程序。本章介绍的程序能考虑单元自重，结点集中荷载与受荷面分布压力或水压力，整体劲度矩阵采用压缩稀疏行格式（CSR）存储，用预条件共轭梯度法（PCG）求解线性代数方程组。程序的流程图如图3-2所示。

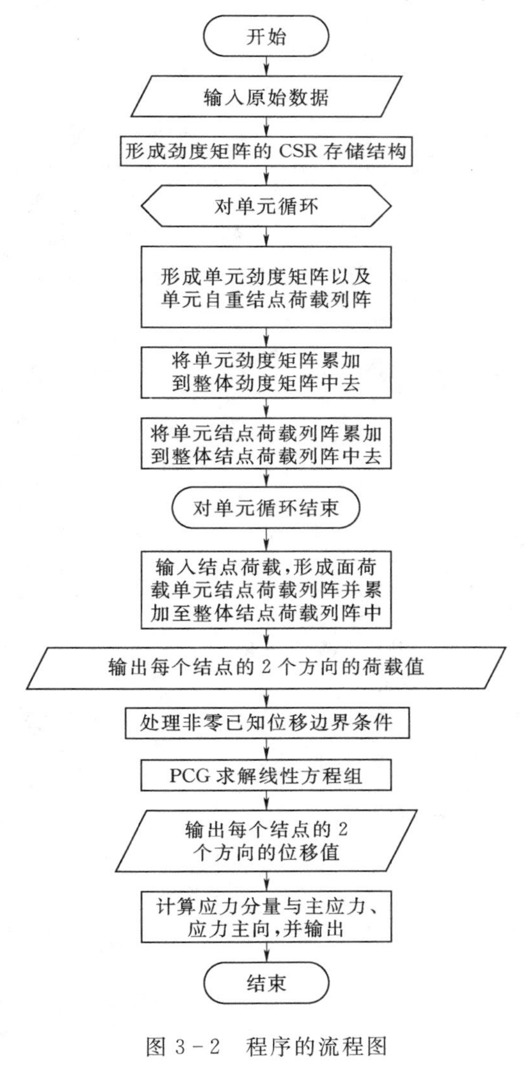

图3-2　程序的流程图

主程序 FEM－QUAD4PCG 就是按照上述流程编写而成的，它的程序清单给出如下。

主程序 FEM－QUAD4PCG 清单：

```
! *************************************************************************
!     1. 本程序采用 4 结点等参单元计算弹性力学平面问题；
!     2. 能考虑在自重，结点集中荷载，以及分布面荷载(水压或法向分布压力)的作用；
!     3. 在计算自重时 y 轴取垂直向上为正；
!     4. 能处理非零已知位移的边界条件；
!     5. 采用压缩稀疏行存储格式存储劲度矩阵；
!     6. 采用预条件共轭梯度法求解有限元系统方程组；
!     7. 主要输出内容：结点位移、单元应力、结点应力、主应力以及主应力与 x 轴的夹角。
! *************************************************************************
    PROGRAM FEM_QUAD4PCG
      USE GLOBAL_VARIABLES
      USE LIBRARY
      USE CSR; USE PCG
      IMPLICIT NONE
      INTEGER,ALLOCATABLE::JR(:,:),NDI(:),NN(:),MEO(:,:),MED(:,:),&
                                   ELCOUNT(:),ELND(:,:),NDCON(:),NDPTR(:)
      REAL(8),ALLOCATABLE::COOR(:,:),AE(:,:),WG(:,:),R(:),&
                                  DV(:,:),SK(:),SNOD(:,:)
      CHARACTER * 12 AR,BR
      INTEGER::IE,NBY
!       屏幕提示:PLEASE INPUT FILE NAME OF DATA
      WRITE(*,250)
250   FORMAT(///'  PLEASE INPUT FILE NAME OF DATA=')
      READ(*,400)AR  ! 输入文件名(最长为 12 个字符)
400   FORMAT(A12)
      OPEN(15,FILE=AR,STATUS='OLD')! 15 通道—输入原始数据
!       屏幕提示:PLEASE INPUT FILE NAME OF RESULTS
      WRITE(*,350)
350   FORMAT(///'  PLEASE INPUT FILE NAME OF RESULTS=')
      READ(*,400)BR  ! 输出文件名(最长为 12 个字符)
      OPEN(16,FILE=BR,STATUS='UNKNOWN')! 16 通道—输出原始数据及计算成果等
!       调用 CONTROL 子程序得到控制变量的具体数据
      CALL CONTROL
!       为数组分配存储空间
      ALLOCATE(JR(2,NP),COOR(2,NP),MEO(6,NE),MED(8,NE),&
                AE(4,NM),WG(2,NW),NN(8),SNOD(6,NP))
!       输入结点坐标、单元信息、材料特性常数和水荷载特性常数等原始数据，处理平面应力问题的 E 和 v
      CALL INPUT(COOR,MEO,AE,WG)
!       输入结点约束信息，形成 JR 数组
```

```
      CALL REST(JR)
!       为数组分配存储空间
      ALLOCATE(ELCOUNT(NP),ELND(15,NP),NDPTR(N+1))
!       计算每个结点的关联单元数,形成结点关联单元序号数组,并计算整体劲度矩阵非零元素总数 NH
      CALL CSRNZS(2,JR,MEO,MED,ELCOUNT,ELND)
!       为数组分配存储空间
      ALLOCATE(NDCON(NH))
!       形成整体劲度矩阵的压缩稀疏行(CSR)存储格式
      CALL CSRSTRUC(2,JR,MEO,MED,ELCOUNT,ELND,NDCON,NDPTR)
!       为数组分配存储空间
      ALLOCATE(R(N),SK(NH))
!       整体劲度矩阵与等效结点荷载列阵赋零
      R=0.0;SK=0.0
!       下 3 行:形成整体劲度矩阵
      DO IE=1,NE
          CALL SDTK4_CSR(IE,MEO,JR,COOR,AE,WG,SK,NDCON,NDPTR,R)
      END DO
!       形成整体等效结点荷载列阵
      CALL LOAD4(MEO,JR,COOR,AE,WG,R)
!       输出结点等效荷载
      CALL OUTPUT(JR,R,0)
!       下 4 行:输入非零已知位移信息,处理荷载项及对应 K 中主元素
      IF(NDP.GT.0)THEN
          ALLOCATE(NDI(NDP),DV(2,NDP))
          CALL TREAT_CSR(SK,NDPTR,R,JR,NDI,DV)
      END IF
!       采用对角预条件共轭梯度法求解有限元方程组
      CALL DPCG(N,NDCON,NDPTR,SK,R,R)
!       输出结点位移分量
      CALL OUTPUT(JR,R,1)
!       求单元形心和结点处的应力分量
      CALL STRESS(JR,MEO,COOR,AE,R,SNOD)
      WRITE(16,700)
700   FORMAT(2X,'PROGRAM HAS BEEN ENDED')
      STOP
    END PROGRAM FEM_QUAD4PCG
```

现在开始对如图 3-2 所示的程序逐框予以详细介绍，首先介绍第 1 框“输入原始数据”。由主程序 FEM-QUAD4PCG 的程序清单可见，第 1 框调用 3 个子程序，分别是 CONTROL、INPUT 和 REST。CONTROL 是输入并打印控制数据的子程序，INPUT 是输入结点坐标、单元信息、材料特性常数、水荷载特性常数的子程序，REST 是输入约束信息的子程序，它们的程序清单在下面分别给出。这些输入的原始数据所用的标识符及其意义见表 3-1～表 3-3。

除了在表 3-1～表 3-3 中的那些原始数据之外，还有集中荷载、非零已知结点位移以及一些与单元有关的原始数据，例如分布面力荷载信息等，将在别的子程序中输入。

除了输入原始数据之外，在子程序 REST 中，还形成了离散结构的自由度总数 N、结点自由度序号指示矩阵 $JR(2, NP)$。

表 3-1　　CONTROL 中输入的控制数据

变量（或数组）名	意　义
NP	结点总数
NE	单元总数
NM	材料类型总数
NR	受约束结点总数
NW	水荷载的类型数
NF	受集中荷载作用的结点总数
NI	问题类型标示（平面应力填 0，平面应变填 1）
NDP	非零已知位移结点总数
$NESW$	受水压力或法向分布压力作用的单元数

子程序 CONTROL 清单：

```
!      该子程序的主要功能:输入 9 个控制变量
    SUBROUTINE CONTROL
      USE GLOBAL_VARIABLES
      IMPLICIT NONE
!      下 1 行:输入结点总数 NP,单元总数 NE,材料类型数目 NM,约束结点总数 NR,水荷载类型数 NW,
!      受集中荷载结点的数目 NF,问题性质标识 NI(平面应力填 0,平面应变填 1),非零已知位移结点总数 NDP
!      受分布力或者水压力的单元数目 NESW
      READ(15,*)NP,NE,NM,NR,NW,NF,NI,NDP,NESW
      WRITE(16,600)NP,NE,NM,NR,NW,NF,NI,NDP,NESW
600   FORMAT(//1X,' NUMBER OF NODE ---------------------------------------------- NP=',I5/ &
            1X,' NUMBER OF ELEMENT ------------------------------------------- NE=',I5/ &
            1X,' NUMBER OF MATERIAL ------------------------------------------ NM=',I5/ &
            1X,' NUMBER OF CONSTRAINT ---------------------------------------- NR=',I5/ &
            1X,' NUMBER OF WATER PRESS KIND ---------------------------------- NW=',I5/ &
            1X,' NUMBER OF CONCENTRATE LOAD ---------------------------------- NF=',I5/ &
            1X,' PLANE STRESS OR PLANE STAIN --------------------------------- NI=',I5/ &
            1X,' NUMBER OF KNOWN-DISPLACEMENT ------------------------------- NDP=',I5/ &
            1X,' NUMBER OF ELEMENT WITH DISTRIBUTING FORCE OR HYDROPRESS ----------
  ------------------------------------------------------------------------- NESW=',I5/)
      RETURN
  END SUBROUTINE CONTROL
```

表 3-2　　INPUT 中输入的数据

变量（或数组）名	意　义
（对全部结点循环输入） *NN* *XY*(2)	结点的点号 该点的 2 个坐标值，送入 *COOR*(2，*NN*)
（对全部单元循环输入） *NEE* *MEO*(6，*NEE*)	单元号 该单元的信息： *MEO*(1,*NEE*)～*MEO*(4,*NEE*)：单元的 4 个结点号，其次序应按图 3-1 所示； *MEO*(5，*NEE*)：单元的材料类型号； *MEO*(6，*NEE*)：是否计算自重（1-计算，0-不计算）
AE(4，*NM*)	材料特性常数数组。每一列的 4 个数依次为弹性模量、泊松比、容重与单元厚度，其中弹性模量和泊松比要输入平面应力值
（如果 *NW*>0 则输入） *WG*(2，*NW*)	水荷载特性常数数组。每一列的 2 个数依次为水面 y 坐标值及水的容重

子程序 INPUT 清单：

```
!      该子程序的主要功能:输入原始数据,形成 COOR 等数组,处理平面应变问题的 E 和 v
       SUBROUTINE INPUT(COOR,MEO,AE,WG)
         USE GLOBAL_VARIABLES
         IMPLICIT NONE
         REAL(8),INTENT(INOUT)::COOR(:,:),AE(:,:),WG(:,:)
         INTEGER,INTENT(INOUT)::MEO(:,:)
         REAL(8)::XY(2),IR(2),E,U
         INTEGER::IE,I,J,NN,L,NEE
!        下 9 行:对结点循环输入结点号 NN 及该点的 x,y 坐标值,并形成结点坐标数组 COOR
         DO I=1,NP
           READ(15,*)NN,XY
           IF(NN/=I)THEN
             WRITE(16,750)NN,I
             STOP
           END IF
           COOR(:,NN)=XY(:)
         END DO
         WRITE(16,800)(NN,(COOR(J,NN),J=1,2),NN=1,NP)
!        下 4 行:输入单元信息,共 NE 条
!        输入单元序号 NEE,该单元的材料类型号 NME,是否计算自重信息 NET(1-计算,0-不计算),单元的 4 个结
点号
         DO IE=1,NE
           READ(15,*)NEE,(MEO(J,NEE),J=1,6)
           WRITE(16,850)NEE,(MEO(J,NEE),J=1,6)
         END DO
!        下 2 行:对材料类型数循环,输入材料特性常数:弹性模量、泊松比、材料重力集度和单元厚度
!        其中弹性模量、泊松比要输入平面应力的值
```

```
        READ(15,*)((AE(I,J),I=1,4),J=1,NM)
        WRITE(16,910)(J,(AE(I,J),I=1,4),J=1,NM)
!       下8行:若是平面应变问题,E换成E/(1.0-v**2)和v换成v/(1.0-v)
        IF(NI/=0)THEN
          DO J=1,NM
            E=AE(1,J)
            U=AE(2,J)
            AE(1,J)=E/(1.-U*U)
            AE(2,J)=U/(1.-U)
          END DO
        END IF
!       下4行:若有水荷载作用,则输入水荷载特性数组WG(2,NW),每种水荷载信息依次为水位y坐标值及水的
容重
        IF(NW/=0)THEN
          READ(15,*)((WG(I,J),I=1,2),J=1,NW)
          WRITE(16,960)(J,(WG(I,J),I=1,2),J=1,NW)
        END IF
750     FORMAT(1X,'***FATAL ERROR***',/,'CARDS',                    &
               'INPUT',I5,'IS NOT EQUAL TO',I5)
800     FORMAT(1X,'NODE NO.',2X,'X-COORDINAT',2X,'Y-COORDINAT',       &
               /(1X,I5,4X,2F14.4))
850     FORMAT(3X,'NEE= NOD= NME= NET='/                             &
               3X,I5,4I5,2I5)
910     FORMAT(/20X,'MATERIAL PROPERTIES',/,2X,                      &
               'N. M.',5X,'YOUNGS MODULUS',5X,'POISION RATIO',         &
               4X,'UNIT WEIGHT WIDTH'/(1X,I5,4E16.4))
960     FORMAT(/5X,'PARAMETERES OF WATER AND',                       &
               'SILT PRESSURE'/2X,'N. P.',2X,'ZERO-PRESSURE',           &
               'SURFACE',8X,'UNIT WEIGHT'/(1X,I5,2F15.5))
        RETURN
    END SUBROUTINE INPUT
```

表 3-3　REST 中输入的数据

变量（或数组）名	意　义
（对受约束结点循环输入）	
NN	受约束结点的点号
IR(2)	该点 2 个坐标方向的约束信息，用 1 表示不受约束，用 0 表示受约束

子程序 REST 清单：

```
!       为了形成结点自由度序号矩阵JR,首先将JR每个元素充1
    SUBROUTINE REST(JR)
      USE GLOBAL_VARIABLES
      IMPLICIT NONE
```

```
        INTEGER,INTENT(INOUT)::JR(:,:)
        INTEGER::IR(2),IE,I,J,NN
!       下1行:JR数组充1
        JR=1
        WRITE(16,500)
!       下5行:对约束结点循环,输入约束信息,共NR条
!       每条输入:受约束结点的点号NN及该结点x,y方向上的约束信息IR(2)(填1表示自由,填0表示受约束)
        DO I=1,NR
          READ(15,*)NN,IR
          JR(:,NN)=IR(:)! 将JR中第NN列的2个元素赋为IR(1)和IR(2)
          WRITE(16,600)NN,IR
        END DO
!       下9行:累加形成结点自由度序号指示矩阵JR(2,NP)及自由度总数N
        N=0
        DO I=1,NP
        DO J=1,2
          IF(JR(J,I)>0)THEN
              N=N+1
              JR(J,I)=N
          END IF
        END DO
        END DO
500     FORMAT(/25X,' NODAL INFORMATION '/10X,                  &
                'CONSTRAINED MESSAGE   NODE NO.   STATE '/)
600     FORMAT(6X,I5,2X,2I1)
        RETURN
    END SUBROUTINE REST
```

第三节　稀疏矩阵的存储

稀疏矩阵是指具有大量零元素的矩阵，这种稀疏特征可以在求解线性方程组时用来降低存储量和计算量。一般来说，有用的稀疏性通常指的是矩阵的每行（列）仅包含很少的（固定数量）非零元素，或是指非零元素个数为 $O(n)$ 阶，亦即是每行（列）的非零元素的数目与矩阵维数无关。除了非零元素的数量，非零元素的分布或者位置对于稀疏性的利用也具有重要影响。对于一个矩阵 $\boldsymbol{A}$，称 $P(A)=\{(i,j);a_{ij}\neq 0\}$ 为 $\boldsymbol{A}$ 的非零元结构，如果对任意 $(i,\ j)\in P$ 都有 $(j,\ i)\in P$，则称 P 为对称非零元结构，且称 $\boldsymbol{A}$ 是具有对称结构的稀疏矩阵。弹性力学问题有限元法中得到的劲度矩阵就是一个具有对称结构的稀疏矩阵。本节主要介绍弹性力学问题有限元法中整体劲度矩阵的稀疏存储方法和基本运算的实现。

一、稀疏矩阵的存储

稀疏矩阵的存储格式很多，其中压缩稀疏行存储法（Compressed Sparse Row，CSR）

是一种常用存储方法，有时候也翻译为行格式存储法，顾名思义，这种方法是对矩阵进行逐行压缩存储。

采用这种方法存储 n 阶矩阵 $\boldsymbol{A}$ 时，假设 $\boldsymbol{A}$ 中共有 l 个非零元，则需要用一个具有 l 个元素的一维向量 $\boldsymbol{x}$ 按先行后列的顺序依次存储 $\boldsymbol{A}$ 中的非零元素，用一个具有 l 个元素的一维整型向量 $\boldsymbol{x}^{(J)}$ 按同样顺序依次记下这些非零元素的列号，同时，必须引入一个具有 $n+1$ 个元素的一维整型向量 $\boldsymbol{x}^{(R)}$，用 $x_i^R(1\leqslant i\leqslant n)$ 指明 A 中第 i 行中第一个非零元素被存储在 $\boldsymbol{x}$ 中的位置，而 $x_{n+1}^{(R)}=l+1$。例如，对矩阵（3-29）采用 CSR 格式存储，则可得式（3-30）所示的存储内容。$\boldsymbol{A}$ 第 i 行中的非零元为 x_j，$j=x_i^{(R)}$，$x_i^{(R)}+1$，…，$x_{i+1}^{(R)}-1$，而这些非零元的列号分别由 $x_j^{(J)}$，$j=x_i^{(R)}$，$x_i^{(R)}+1$，…，$x_{i+1}^{(R)}-1$ 给出。当需要访问 a_{ij} 时，先根据 $\boldsymbol{x}^{(R)}$ 确定第 i 行元素在 $\boldsymbol{x}$ 和 $\boldsymbol{x}^{(J)}$ 中起末位置 $x_i^{(R)}$，$x_{i+1}^{(R)}-1$，然后遍历 $x^{(J)}$ 中起末位置之间的元素，直到找到列号为 j 的对应位置 k，则 $a_{ij}=x_k$。

$$\boldsymbol{A}=\begin{bmatrix} a & 0 & 0 & b & 0 \\ c & d & 0 & e & 0 \\ 0 & 0 & f & g & 0 \\ 0 & h & 0 & i & 0 \\ j & 0 & 0 & 0 & k \end{bmatrix} \tag{3-29}$$

$$\begin{aligned} &\boldsymbol{x}=[a,b,c,d,e,f,g,h,i,j,k]^T \\ &\boldsymbol{x}^{(J)}=[1,4,1,2,4,3,4,2,4,1,5]^T \\ &\boldsymbol{x}^{(R)}=[1,3,6,8,10,12]^T \end{aligned} \tag{3-30}$$

对于对称矩阵，当然也可以只存储上三角或者下三角部分中的非零元素，这并不影响 CSR 格式的采用。如对于对称矩阵式（3-31）采用 CSR 格式存储，只需存储对角元素和下三角部分，其存储如式（3-32）所示。

$$\boldsymbol{A}=\begin{bmatrix} a & b & & & g \\ b & c & & e & \\ & & d & & \\ & e & & f & \\ g & & & & h \end{bmatrix} \tag{3-31}$$

$$\begin{aligned} &\boldsymbol{x}=[a,b,c,d,e,f,g,h]^T \\ &\boldsymbol{x}^{(J)}=[1,1,2,3,2,4,1,5]^T \\ &\boldsymbol{x}^{(R)}=[1,2,4,5,7,9]^T \end{aligned} \tag{3-32}$$

当然，也可以先按列后行的顺序，逐列类似地进行压缩存储，这种方法称为 CSC（Compressed Sparse Column）格式。

二、有限元整体劲度矩阵的存储

本章中，整体劲度矩阵采用压缩稀疏行存储格式（CSR），考虑到整体劲度矩阵的对称性，只存储矩阵的下三角和对角元素。根据式（3-31）和式（3-32），首先要形成存储整体矩阵元素的 CSR 存储结构，即 $\boldsymbol{x}^{(J)}$ 和 $\boldsymbol{x}^{(R)}$，在程序中分别表示为数组 *NDCON* 和 *NDPTR*。根据有限元的原理，可以知道，当 2 个自由度序号 i 和 j 位于同一个单元中时，那么劲度矩阵元素 $k_{ij}\neq 0$，反之则 $k_{ij}=0$。如图 3-3 所示，图 3-3（a）为有限元网格单元和结点编号，图 3-3（b）为结点自由度编号，可知，当劲度矩阵元素 2 个下标位于同一个单元内时不为零，如 k_{11}、k_{31}、k_{98} 等；当劲度矩阵元素 2 个下标位于不同单元内时为零，如 k_{14}、k_{85}、k_{97} 等。根据上述规则，可以确定劲度矩阵每一行的非零元素个数及其位置。

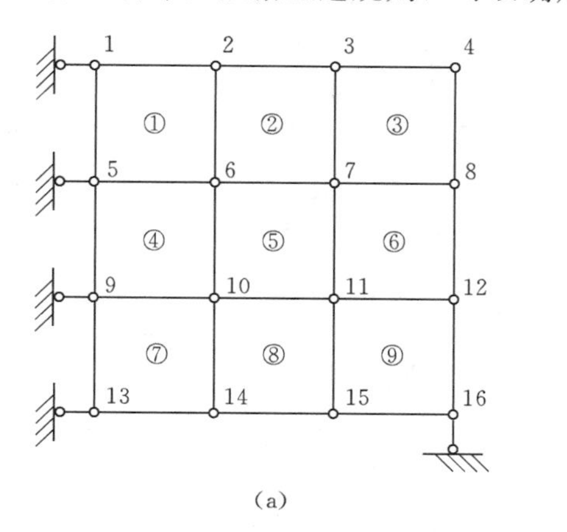

(a)

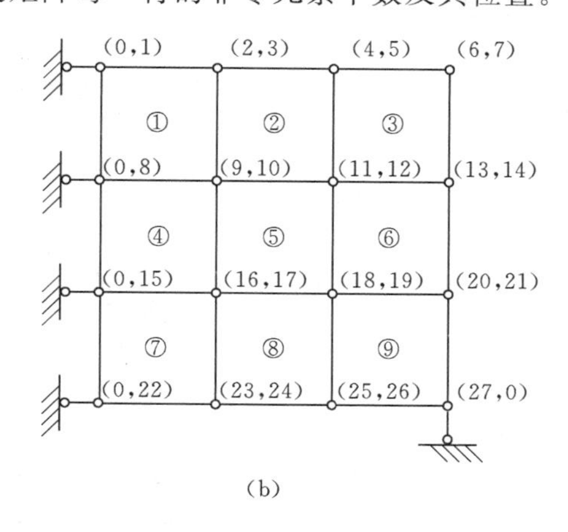

(b)

图 3-3　单元与结点和结点的自由度编号

(a) 单元与结点的编号；(b) 结点的自由度编号

首先，通过对单元的循环，确定每个结点所关联的单元序号及个数，即每个结点所在单元的序号及个数。例如跟结点 6 相关的有单元 1、2、4 和 5。程序中，跟结点 *IP* 相关联的单元个数存于数组 *ELCOUNT*(*NP*) 中，跟结点 *IP* 相关联的单元序号存储于数组 *ELND*(* ,*NP*)之中。

然后对结点 *IP* 的关联单元进行循环，求出与结点 *IP* 的 2 个自由度相关联的自由度序号，从而得到结点 *IP* 的 2 个自由度对应的劲度矩阵行中的非零元素的个数及位置。每个结点的自由度序号可根据 *JR*(2，*NP*) 确定。比如对于结点 6 的两个自由度序号 9、10 而言，与它们相关联的单元各个结点的自由度序号为：1、2、3、4、5、8、9、10、11、12、15、16、17、18、19，也就是说劲度矩阵中第 9 行和第 10 行的非零元素的个数为 15 个，其列号分别是第 1、2、3、4、5、8、9、10、11、12、15、16、17、18、19 列。为了在对结点 *IP* 相关单元自由度循环的时候，避免重复计入非零元素，程序中引入了一个标识数组 *NDMARK*(*N*)，该数组每个元素在循环之前赋初值 0，表示未计入，当某个自由度对应的元素已经计入非零元素，那么赋值 1，表示已经计入。对于结点自由度为 0 的情况，则循环跳过，因为没有劲度矩阵元素与之对应。另外，由于劲度矩阵是一个对称矩阵，因此只需要存储下三角及对角元素，因此在对结点 *IP* 相关联的单元自由度进行循环的过程中，对于关联单元结点自由度序号大于结点 *IP* 自由度的情况，则不计入非零元素，比如：对于图 3-3 中的结点 6 对应的第 9 自由度，也就是劲度矩阵的第 9 行，只需要计入列号为 1、2、3、4、5、8、9 的元素，而对于结点 6 对应的第 10 自由度，也就是劲度矩阵的第 10 行，只需要计入列号为 1、2、3、4、5、8、9、10 的元素。需要注意的是，完成对结点 *IP* 自由度相关联的单元自由度循环后所得到的非零元素列号并不一定是按照大小顺序排列的，为了后续形成整体劲度矩阵时寻找元素方便，需要对矩阵的每一行的非零元素列号按照从小到大排序，程序中调用冒泡法子程序

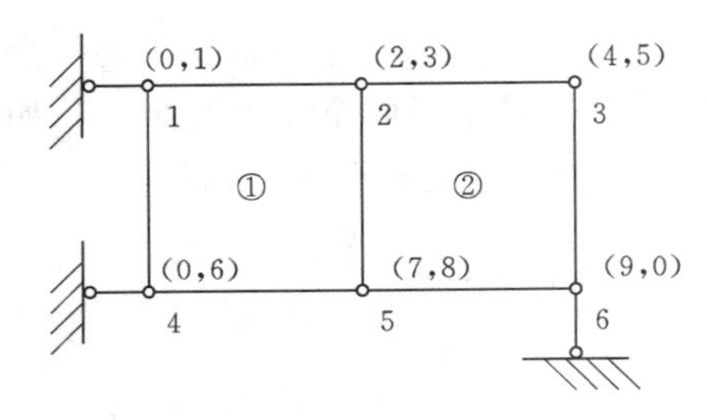

图 3-4　简例的结点自由度编号

BUBBLE 实现每一行非零元素列号的升序排列。关于冒泡法排序算法，读者可参考相关文献或教材。

完成对所有结点的循环后，就可以得到整个劲度矩阵中非零元素的个数 NH，及每一行的非零元素的个数及列号，每一行的非零元素个数累加送入一维数组 $NDPTR(N+1)$，每一行的非零元素列号送入 $NDCON(NH)$ 中。限于篇幅，我们以图 3-4 为例，阐述上述过程。

图 3-4 所示有限元网格的劲度矩阵 **K** 如下：

$$\boldsymbol{K}=\begin{bmatrix} k_{11} & & & & & & & & \\ k_{21} & k_{22} & & & & & & & \\ k_{31} & k_{32} & k_{33} & & & & & & \\ 0 & k_{42} & k_{43} & k_{44} & & & & & \\ 0 & k_{52} & k_{53} & k_{54} & k_{55} & & & & \\ k_{61} & k_{62} & k_{63} & 0 & 0 & k_{66} & & & \\ k_{71} & k_{72} & k_{73} & k_{74} & k_{75} & k_{76} & k_{77} & & \\ k_{81} & k_{82} & k_{83} & k_{84} & k_{85} & k_{86} & k_{87} & k_{88} & \\ 0 & k_{92} & k_{93} & k_{94} & k_{95} & 0 & k_{97} & k_{98} & k_{99} \end{bmatrix}$$

对于此例，$N=9$，$NH=39$，数组 $NDCON$ 的元素为

1 ┊ 1 2 ┊ 1 2 3 ┊ 2 3 4 ┊ 2 3 4 5 ┊ 1 2 3 6 ┊ 1 2 3 4 5 6 7 ┊ 1 2 3 4 5 6 7 8 ┊ 2 3 4 5 7 8 9

数组 $NDPTR$ 的元素为

1 ┊ 2 ┊ 4 ┊ 7 ┊ 10 ┊ 14 ┊ 18 ┊ 25 ┊ 33 ┊ 40

形成整体劲度矩阵 CSR 存储结构的子程序为 CSRNZS 和 CSRSTURC，子程序 CSRNZS获得了每个结点的关联单元序号数组 $ELND$，子程序 CSRSTURC 形成 CSR 存储结构：数组 $NDCON$ 和数组 $NDPTR$，子程序 CSRSTURC 还调用了冒泡法排序子程序 BUBBLE 实现了劲度矩阵每一行非零元素列号的升序排列。子程序 CSRNZS、CSRSTURC 和 BUBBLE 的程序清单分别如下：

1. CSRNZS 子程序清单

```
SUBROUTINE CSRNZS(NODOF,JR,ME,MED,ELCOUNT,ELND)
  USE GLOBAL_VARIABLES
  IMPLICIT NONE
  INTEGER,PARAMETER::MAXNELND=15
  INTEGER,INTENT(IN)::NODOF
  INTEGER,INTENT(IN)::JR(:,:),ME(:,:)
  INTEGER,INTENT(OUT)::MED(:,:),ELCOUNT(:),ELND(:,:)
  INTEGER::NOD,NDOF
  INTEGER,ALLOCATABLE::NDMARK(:)
  INTEGER::ICOUNT,I,J,K,IE,IP,IEE,NOELND,&
           IM,IPP,IDOF,BEGIN,FINISH,LEN
```

```
!     下 1 行:获得单元的结点数
      NOD=UBOUND(ME,1)-2
!     下 1 行:获得单元的自由度数
      NDOF=NOD * NODOF
!     下 1 行:为标记数组 NDMARK(N)分配存储空间
      ALLOCATE(NDMARK(N))
!     下 8 行:对单元循环,形成每个单元的结点自由度数组,存入数组 MED(8,NE)中
      DO IE=1,NE
      DO K=1,NOD
        IP=ME(K,IE)
        DO I=1,NODOF
          MED((K-1) * NODOF+I,IE)=JR(I,IP)
        END DO
      END DO
      END DO
!     下 2 行:计数变量赋零
      ICOUNT=0
      ELCOUNT=0
!     下 10 行:对单元循环,计算每个结点的关联单元数存入 ELCOUNT(NP)中,并把每个结点的关联单元序号存入
数组 ELND(15,NP)中
      DO IE=1,NE
        DO K=1,NOD
          IP=ME(K,IE)
          ELCOUNT(IP)=ELCOUNT(IP)+1
          I=ELCOUNT(IP)
          IF(I>MAXNELND)&
            WRITE(*,*)"ERROR:NUMBER OF ELEMENTS EXCEEDS MAXNELND &
                       IN PREALLOC"  ! 关联单元数超限则打印错误信息
          ELND(I,IP)=IE  ! 将关联单元序号存入数组 ELND(*,NP)
        END DO
      END DO
!     下 21 行:对每个结点自由度循环,计算 CSR 存储格式中非零元素的总数量
      DO IP=1,NP  ! 对结点循环
        NOELND=ELCOUNT(IP)  ! 结点 IP 的关联单元数
        DO K=1,NODOF  ! 对结点 IP 的自由度循环,NODOF=2
          NDMARK=0  ! 标记数组 NDMARK(N)全部赋零,该数组用于避免重复计数
          IF(JR(K,IP)==0)  CYCLE
          IDOF=JR(K,IP)  ! 根据数组 JR(2,NP)确定结点自由度序号,也是整体劲度矩阵的行号
          DO I=1,NOELND  ! 对结点 IP 的关联单元循环
            IEE=ELND(I,IP)  ! 结点 IP 的第 I 个关联单元序号
            DO J=1,NDOF  ! 对关联单元 IEE 的所有自由度循环,NDOF=8
              IPP=MED(J,IEE)! 关联单元的自由度序号
              IF(IPP==0.OR.IPP>IDOF)CYCLE  ! 由于整体劲度矩阵的对称性,不存储整体劲度矩阵的上三
角部分
```

```
            IM=NDMARK(IPP)
            IF(IM==0)THEN
              ICOUNT=ICOUNT+1  ! 累计计算第 IDOF 个自由度的关联自由度数
              NDMARK(IPP)=1  ! 标记数组的第 IPP 个元素赋 1，表示第 IPP 个自由度已经计入，避免后面重复
计数
            ENDIF
          END DO
        END DO
      END DO
    END DO
    NH=ICOUNT
!   下 1 行：释放存储空间
    DEALLOCATE(NDMARK)
  END SUBROUTINE CSRNZS
```

2. CSRSTRUC 子程序清单

```
!     该子程序的功能为：建立整体劲度矩阵的压缩稀疏行(CSR)存储结构
      SUBROUTINE CSRSTRUC(NODOF,JR,ME,MED,ELCOUNT,ELND,NDCON,NDPTR)
        USE GLOBAL_VARIABLES
        IMPLICIT NONE
        INTEGER,PARAMETER::MAXNELND=15,MAXNZND=30
        INTEGER::NODOF
        INTEGER,INTENT(IN)::JR(:,:),ME(:,:),MED(:,:),ELCOUNT(:),&
                                  ELND(:,:)
        INTEGER,INTENT(OUT)::NDPTR(:),NDCON(:)
        INTEGER::NOD,NDOF
      INTEGER,ALLOCATABLE::NDMARK(:)
      INTEGER::ICOUNT,I,J,K,IE,IP,IEE,NOELND,IM,&
                 IPP,IDOF,BEGIN,FINISH,LEN
!     下 1 行：获得单元的结点数，本处 NOD=4
      NOD=UBOUND(ME,1)-2
!     下 1 行：获得单元的自由度数，本处 NDOF=8
      NDOF=NOD*NODOF
!     下 1 行：为标记数组 NDMARK(N)分配存储空间
      ALLOCATE(NDMARK(N))
!     下 1 行：数组 NDPTR 中第一个元素赋 1，表示整体劲度矩阵第 1 行的第 1 个非零系数在压缩稀疏行一维存储空
间中的位置
      NDPTR(1)=1
!     下 1 行：计数变量赋初值 0
      ICOUNT=0
!     下 2 行：NDCON 数组中需要排序部分的起始位置和长度赋初值
      BEGIN=1
      LEN=0
```

```
!      下25行:形成CSR存储格式所需的数组NDCON和NDPTR,分别用于存储非零元素的列号和整体劲度矩阵各行第1个非零系数在压缩稀疏行一维存储空间中的位置
      DO IP=1,NP  ! 对结点循环
        NOELND=ELCOUNT(IP)  ! 结点IP的关联单元数
        DO K=1,NODOF  ! 对结点IP的自由度循环
          NDMARK=0
          IDOF=JR(K,IP)
          IF(IDOF==0)CYCLE
          DO I=1,NOELND
            IEE=ELND(I,IP)  ! 结点IP的第I个关联单元序号IEE
            DO J=1,NDOF  ! 对单元IEE的结点自由度循环
              IPP=MED(J,IEE)
              IF(IPP==0 .OR. IPP>IDOF)CYCLE  ! 由于整体劲度矩阵的对称性,不存储整体劲度矩阵的上三角部分
              IM=NDMARK(IPP)
              IF(IM==0)THEN
                ICOUNT=ICOUNT+1  ! 累计计算第IDOF个自由度的关联自由度数
                 NDCON(ICOUNT)=IPP  ! 将第IDOF个自由度的第ICOUNT个关联自由度序号存入数组NDCON
                NDMARK(IPP)=1  ! 标记数组的第IPP个元素赋1,表示第IPP个自由度已经计入,避免后面重复计数
              ENDIF
            END DO
          END DO
            NDPTR(IDOF+1)=ICOUNT+1  ! 整体劲度矩阵第IDOF+1行的第1个非零系数在压缩稀疏行一维存储空间中的位置
            FINISH=ICOUNT  ! 整体劲度矩阵第IDOF行的最后1个非零系数在压缩稀疏行一维存储空间中的位置
            CALL BUBBLE(NDCON,BEGIN,FINISH)  ! 对第IDOF个自由度所关联的自由度序号从小到大进行排序
            BEGIN=ICOUNT+1  ! 下一行第1个非零系数在压缩稀疏行一维存储空间中的位置
          END DO
        END DO
!      下1行:释放存储空间
      DEALLOCATE(NDMARK)
  END SUBROUTINE CSRSTRUC
```

3. BUBBLE子程序清单

```
!      该子程序的功能为:采用冒泡法对数组A中第BEGIN个元素到第FINISH个元素按照从小到大进行排序
!      即对A(BEGIN:FINISH)区间的元素进行从小到大排序
      SUBROUTINE BUBBLE(A,BEGIN,FINISH)
        INTEGER,INTENT(IN)::BEGIN
        INTEGER,INTENT(INOUT)::A(*),FINISH
        INTEGER::I,J,L,ISAME,TEMP,K
```

```
!      下 9 行：冒泡法对 A(BEGIN:FINISH)区间的元素进行从小到大排序
       DO I=BEGIN,FINISH-1
!      下 7 行：对每一对相邻元素进行比较，如果第一个比第二个大，则交换它们的位置，
!      那么经过一轮循环，最小的元素就浮到最前端，即第 I 个位置
         DO J=FINISH,I+1,-1
           IF(A(J-1)>A(J))THEN
             TEMP=A(J-1)
             A(J-1)=A(J)
             A(J)=TEMP
           END IF
         END DO
       END DO
   END SUBROUTINE BUBBLE
```

第四节　形成整体劲度矩阵

本节介绍形成单元劲度矩阵，进而形成整体劲度矩阵的程序设计方法。

由式（3－6）、式（3－7）和式（3－16）可见，为了计算单元劲度矩阵 $[k]^{e}_{8\times 8}$，必须先计算 4 个高斯积分点上雅可比矩阵的行列式 $|J|$ 的值以及形函数对整体坐标的偏导数 $\frac{\partial N_i}{\partial x}$、$\frac{\partial N_i}{\partial y}$（$i=1,2,3,4$）的值。又由式（3－9）、式（3－11）可见，为了计算积分点上 $\frac{\partial N_i}{\partial x}$、$\frac{\partial N_i}{\partial y}$（$i=1,2,3,4$）的值，必须先计算积分点上形函数对局部坐标的偏导数 $\frac{\partial N_i}{\partial \xi}$、$\frac{\partial N_i}{\partial \eta}$（$i=1,2,3,4$）的值。这些计算工作是由 FPJD 与 RMSD 两个子程序实现的，它们的程序清单在下面列出。在 FPJD 子程序中，形参 R、S 分别为积分点的局部坐标值，DET 是积分点的 $|J|$ 值，$XY(2,4)$ 是先前已经形成的存放所考察单元的 4 个结点的整体坐标值的数组。

FPJD 子程序清单：

```
!      该子程序的主要功能：计算积分点处 4 个形函数、形函数对局部坐标的偏导数
!      和[J]及|J|在积分点上的值
       SUBROUTINE FPJD(NEE,R,S,XY,DET,FUN,P,XJR)
         IMPLICIT NONE
         REAL(8),INTENT(IN)::R,S
         REAL(8),INTENT(OUT)::DET,FUN(4),P(2,4),XJR(2,2)
         REAL(8)::XI(4),ETA(4),XY(2,4)
         INTEGER::I,J,K,NEE
         DATA XI/-1.0,1.0,1.0,-1./
         DATA ETA/-1.0,-1.0,1.0,1.0/
```

```
!        下3行:根据式(3-3)计算积分点(R,S)处的4个形函数的值FUN(4)
          DO I=1,4
            FUN(I)=0.25*(1.0+XI(I)*R)*(1.0+ETA(I)*S)
          END DO
!         下4行:根据式(3-12)计算积分点(R,S)上4个形函数对局部坐标偏导数P(2,4)
          DO I=1,4
            P(1,I)=0.25*XI(I)*(1.0+ETA(I)*S)
            P(2,I)=0.25*ETA(I)*(1.0+XI(I)*R)
          END DO
!         下2行:根据式(3-11)计算雅可比矩阵存放在数组XJR(2,2)中,计算雅可比矩阵行列式的值DET
          XJR=MATMUL(P,TRANSPOSE(XY))
          DET=XJR(1,1)*XJR(2,2)-XJR(1,2)*XJR(2,1)
!         下4行:如果雅克比矩阵行列式小于或者等于0,则打印输出错误信息以及单元号与积分点并退出程序
          IF(DET<1.0D-5)THEN
            WRITE(16,600)NEE,R,S,DET
            RETURN
          END IF
          RETURN
500       FORMAT(10X,'DET=',F15.3)
600       FORMAT(1X,'ERR0R OF NEGTIVE OR ZERO ',                       &
                    'JACOBIAN DETERMINANT COMPUTED FOR ',              &
                    'ELEMENT(',I5,')'/5X,'R=S=DET=',3F10.5)
          RETURN
        END SUBROUTINE FPJD
```

RMSD 子程序清单：

```
!       该子程序的主要功能:形成应变矩阵B(3,8)
        SUBROUTINE RMSD(NEE,DET,R,S,XY,FUN,RJX,B)
          IMPLICIT NONE
          REAL(8),INTENT(INOUT)::DET,R,S  !RJX为雅克比矩阵的逆矩阵中的4个元素
          REAL(8),INTENT(OUT)::FUN(4),RJX(2,2),B(3,8)
          INTEGER::NEE,NME,NET,NK,NSF,NST
          REAL(8)::P(2,4),XJR(2,2),REC,XY(2,4)
          INTEGER::K1,K2,K,L,I
!         下1行:调用FPJD子程序,计算积分点上的FUN(4),P(2,4),XJR(2,2)以及DET
          CALL FPJD(NEE,R,S,XY,DET,FUN,P,XJR)
!         下5行:根据式(3-13)形成雅可比逆矩阵中的4个元素在积分点上的值,并存放在数组RJX(2,2)中
          REC=1.0/DET
          RJX(1,1)=REC*XJR(2,2)
          RJX(2,1)=-REC*XJR(2,1)
          RJX(1,2)=-REC*XJR(1,2)
          RJX(2,2)=REC*XJR(1,1)
!         下15行:由式(3-9)计算积分点上形函数对整体坐标的偏导数值,并由式(3-7)形成应变矩阵B(3,8)
```

```
      K2=0
      DO K=1,4
        K2=K2+2
        K1=K2-1
        DO L=1,2
          B(L,K1)=0.0
          B(L,K2)=0.0
        END DO
        DO I=1,2
          B(1,K1)=B(1,K1)+RJX(1,I)*P(I,K)
          B(2,K2)=B(2,K2)+RJX(2,I)*P(I,K)
        END DO
        B(3,K1)=B(2,K2)
        B(3,K2)=B(1,K1)
      END DO
      RETURN
    END SUBROUTINE RMSD
```

有了以上两个子程序的准备工作，就可以由STIF子程序来形成单元劲度矩阵，它的程序清单在下面列出。

子程序STIF清单：

```
!       该子程序的主要功能:具体计算单元自重,单元劲度矩阵
        SUBROUTINE STIF(NEE,NME,NET,XY,AE,SKE,RF)
          USE GLOBAL_VARIABLES
          IMPLICIT NONE
          REAL(8),INTENT(IN)::AE(:,:)
          REAL(8),INTENT(OUT)::SKE(8,8),RF(8)
          REAL(8)::RJX(2,2),BV(8),D(4),FUN(4),P(2,4),&
                   XJR(2,2),B(3,8),DMAT(3,3)
          REAL(8)::E,U,GAMMA,T,D1,D2,D3,S,R,DET,XY(2,4)
          INTEGER::NEE,NME,NET,NK,NSF,NST
          INTEGER::IS,IR,I,J,K,L,K1,K2,KK,M,NL,IC,LL,L1,L2
!         下4行:根据所考察单元的材料类型号NME,取出单元的弹性模量E,泊松比μ,容重GAMMA及单元厚度T
          E=AE(1,NME)
          U=AE(2,NME)
          GAMMA=AE(3,NME)
          T=AE(4,NME)
!         下9行:计算弹性矩阵[D]中的元素D1,D2,D3的值,并将弹性矩阵[D]存于DMAT数组
          D1=E/(1.0-U*U)
          D2=E*U/(1.0-U*U)
          D3=E*0.5/(1.0+U)
          DMAT=0.0
          DMAT(1,1)=D1
```

```
        DMAT(2,2)=D1
        DMAT(1,2)=D2
        DMAT(2,1)=D2
        DMAT(3,3)=D3
!       根据式(3-17)和式(3-22),对4个高斯积分点循环,若考虑自重则计算由自重引起的单元等效荷载列阵并累
加到RF(8)中去,式中所用的循环变量r、s,在程序中用IR、IS来代替,并用R、S表示积分点的局部坐标值;
!       同时形成单元劲度矩阵并存在SKE(8,8)中
        DO IS=1,2
          S=RSTG(IS)
          DO IR=1,2
            R=RSTG(IR)
!       下1行:调用RMSD子程序,计算所考察积分点上的形函数值FUN(4)、形函数对局部坐标的偏导数值P(2,4)、
雅可比矩阵的4个元素的值XJR(2,2)、雅可比矩阵的行列式的值DET、雅可比矩阵的逆矩阵中4个元素的值RJX(2,
2)以及应变转换矩阵B(3,8)
            CALL RMSD(NEE,DET,R,S,XY,FUN,RJX,B)
            IF(NET/=0)THEN
              DO I=1,4
                J=2*I
                ! 根据式(3-21)计算由单元自重引起的单元等效荷载列阵
                RF(J)=RF(J)-FUN(I)*DET*GAMMA*T
              END DO
            END IF
            ! 根据式(3-17)形成单元劲度矩阵
            SKE=SKE+MATMUL(MATMUL(TRANSPOSE(B),DMAT),B)*DET*T
          END DO
        END DO
        RETURN
      END SUBROUTINE STIF
```

由以上介绍可见，为了能由STIF子程序形成单元劲度矩阵，还必须在执行STIF之前做好若干准备工作，例如取出与所考察单元有关的一些信息（单元的材料类型信息NME、自重荷载信息NET、……）、将 *RF*(8)、*SKE*(8，8) 全部充零，等等。这些准备工作是在STDK4 _ CSR子程序中调用STIF之前完成的。在调用STIF子程序形成单元劲度矩阵和单元结点荷载列阵后，还需将它们分别集合到整体劲度矩阵和整体结点荷载列阵中去，这是在ASESK _ CSR和ASLOAD两个子程序中实现的。与单元有关的数据见表3-4。SDTK4 _ CSR子程序的程序清单如下：

SDTK4 _ CSR子程序清单：

```
!         该子程序的主要功能:进行单元分析,形成单元劲度矩阵,单元自重及分布荷载等
      SUBROUTINE SDTK4_CSR(NEE,MEO,JR,COOR,AE,WG,SK,NDCON,NDPTR,R)
        USE GLOBAL_VARIABLES; USE CSR
        IMPLICIT NONE
        REAL(8),INTENT(INOUT)::COOR(:,:),AE(:,:),WG(:,:),SK(:),R(:)
        INTEGER,INTENT(INOUT)::JR(:,:),MEO(:,:),NDCON(:),NDPTR(:)
```

```
      REAL(8)::SKE(8,8),RF(8),XY(2,4)
      INTEGER::NEE,NME,NET,NK,NSF,NN(8),NOD(4)
      INTEGER::I,J,M,JB,JJ
!     下2行:赋值高斯积分点局部坐标存放在数组RSTG(2)中,加权系数为1,所以无需存储
      RSTG(1)=-0.5773503
      RSTG(2)= 0.5773503
!     下3行:根据单元序号NEE,取出该单元的材料类型号NME,是否计算自重信息NET
!     (1-计算,0-不计算),以及单元的4个结点号NOD(4)
      NME=MEO(5,NEE)
      NET=MEO(6,NEE)
      NOD(:)=MEO(1:4,NEE)
!     下1行:形成单元4个结点坐标数组XY(2,4)
      XY(:,:)=COOR(:,NOD(:))
!     下7行:根据所考察单元的4个结点的点号以及已经形成的结点自由度序号指示矩阵JR(2,NP),形成数组NN
(8),它存放所考察单元的4个结点的8个自由度序号。注意到,数组NN(8)中的8个数就是SKE(8,8)的局部编码1
至8所对应的整体编码
      DO I=1,4
        JB=NOD(I)
        DO M=1,2
          JJ=2*(I-1)+M
          NN(JJ)=JR(M,JB)
        END DO
      END DO
!     下2行:为了形成单元荷载矩阵RF(8)及单元劲度矩阵SKE(8,8),首先将RF,SKE的每个元素充零
      RF=0.0
      SKE=0.0
!     下1行:调用形成单元劲度矩阵的子程序STIF,形成单元劲度矩阵SKE(8,8),并将单元自重的等效结点荷载
根据荷载组合情况送入单元结点荷载列阵RF(8)
      CALL STIF(NEE,NME,NET,XY,AE,SKE,RF)
!     下1行:调用ASESK_CSR子程序将单元劲度矩阵SKE(8,8)组集进整体劲度矩阵,形成CSR存储格式的整体
劲度矩阵SK(NH)数组
      CALL ASESK_CSR(8,NN,NDCON,NDPTR,SKE,SK)
!     下1行:调用ASLOAD子程序将将单元结点等效荷载矩阵RF(8)组集进整体荷载列阵R(N)中
      CALL ASLOAD(NN,RF,R,8)
600   FORMAT(3X,' NEE= NME= NET= NK= NSF= NST= NOD='/                &
             3X,6I5,4I5)
650   FORMAT(3X,' SURFACE NEWS NNN=',I3,2X,4I1)
750   FORMAT(3X,' SURFACE NEWS ND=',I3,5X,                            &
             ' PR=',2F12.2)
800   FORMAT(3X,' RF=',/(1X,8F10.4))
      RETURN
    END SUBROUTINE SDTK4_CSR
```

表 3-4　　与单元有关的数据

变量（数组）名	意　义
NEE	所考察单元的序号
NME	所考察单元的材料类型
NET	是否计算此单元的自重等效结点荷载的信息，$NET=0$ 不计算，$NET\neq 0$ 计算
NOD(4)	此单元的 4 个结点的结点整体编码，其次序如图 3-1 所示

ASESK _ CSR 和 ASLOAD 两个子程序的清单如下：

ASESK _ CSR 子程序清单：

```
!    该子程序的功能为：根据 CSR 存储格式形成整体劲度矩阵并存入一维数组 SK
      SUBROUTINE ASESK_CSR(NDOF,G,AJ,AP,SKE,SK)
        INTEGER,INTENT(IN)::NDOF,G(:),AJ(:)
        REAL(8),INTENT(INOUT)::SK(:)
        REAL(8),INTENT(IN)::SKE(:,:)
        INTEGER,INTENT(INOUT)::AP(:)
        INTEGER::I,J,IG,JG,LOC
!     下 10 行：把单元劲度矩阵 SKE 的元素叠加到整体劲度矩阵 SK 的相应位置中去
        DO I=1,NDOF
          IG=G(I)
          IF(IG==0)CYCLE
        DO J=1,NDOF
          JG=G(J)
          IF(JG==0 .OR. JG>IG)CYCLE  ! 由于单元劲度矩阵的对称性，不组集单元劲度矩阵的上三角部分
          CALL BISEARCH(AJ,AP(IG),AP(IG+1)-1,JG,LOC)  ! 寻找 SKE(I,J)在 SK 中位置
          SK(LOC)=SK(LOC)+SKE(I,J)  ! 将 SKE(I,J)累加进 SK 对应元素之中
        END DO
      END DO
      RETURN
    END SUBROUTINE ASESK_CSR
```

ASLOAD 子程序清单：

```
!    该子程序的主要功能：累加单元荷载列阵 RF，形成整体等效荷载列阵 R(*)
    SUBROUTINE ASLOAD(NN,RF,R,LP)
      IMPLICIT NONE
      REAL(8),INTENT(INOUT)::R(:)
      REAL(8),INTENT(IN)::RF(:)
      INTEGER,INTENT(INOUT)::NN(:)
      INTEGER::LP,I,L
!     下 4 行：对单元结点自由度循环，根据 NN 数组，
!     将单元荷载列阵累加到对整体等效荷载列阵 R 的对应行之中。
      DO I=1,LP
      L=NN(I)
```

```
      IF(L/=0)R(L)=R(L)+RF(I)
    END DO
    RETURN
  END SUBROUTINE ASLOAD
```

子程序 ASESK _ CSR 是通过对 L、M 都是从 1～8 的二重循环将数组 $SKE(8, 8)$ 中的元素逐个累加到整体劲度矩阵 $SK(NH)$ 的相应位置上。$SKE(8, 8)$ 中的第 L 行第 M 列的元素 $SKE(L, M)$ 应该累加在［K］的第 $NN(L)$ 行第 $NN(M)$ 列的位置上。程序中整体劲度矩阵存储在一维数组 $SK(NH)$ 中。设 $i=NN(L)$，$j=NN(M)$，对于整体劲度矩阵下三角和对角元素 $k_{ij}(i\geqslant j)$。根据 CSR 格式可知，它应该存储在 SK 数组的第 $NDPTR(i)$ 至 $NDPTR(i+1)-1$ 之间的某个位置之上，它的列号 j 相应的存储在 $NDCON$ 数组的第 $NDPTR(i)$ 至 $NDPTR(i+1)-1$ 之间的某个位置之上，如图 3-5 所示。

子程序 ASESK _ CSR 中 $NDPTR$ 和 $NDCON$ 数组分别用 AP 和 AJ 表示。

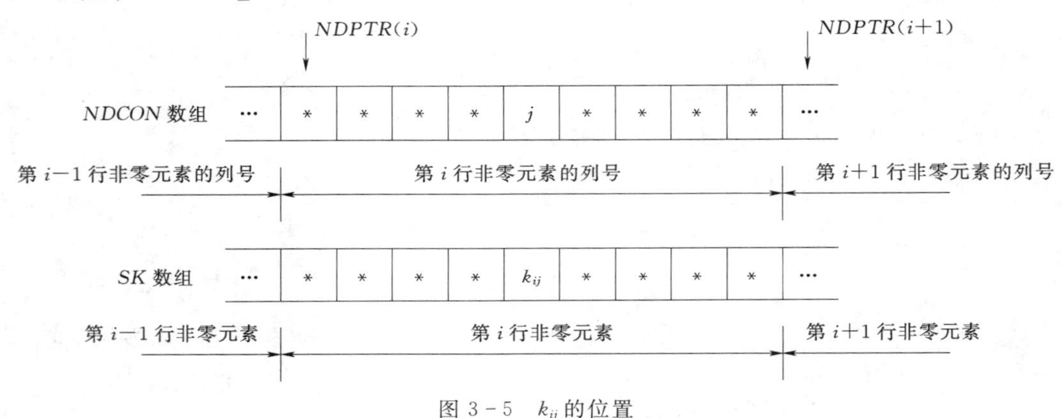

图 3-5　k_{ij} 的位置

以如图 3-4 所示网格为例，根据其 CSR 存储格式，第 8 行第 5 列的劲度矩阵元素 k_{85} 应该存储在 SK 数组的第 $NDPTR(8)=25$ 至 $NDPTR(9)-1=32$ 个位置之间，其具体位置则根据列号 5 处于数组 $NDCON$ 的第 $NDPTR(8)=25$ 至 $NDPTR(9)-1=32$ 之间的对应位置确定。由图 3-6 可知，列号 5 位于 $NDCON$ 数组第 8 行的第 5 个位置上，即第

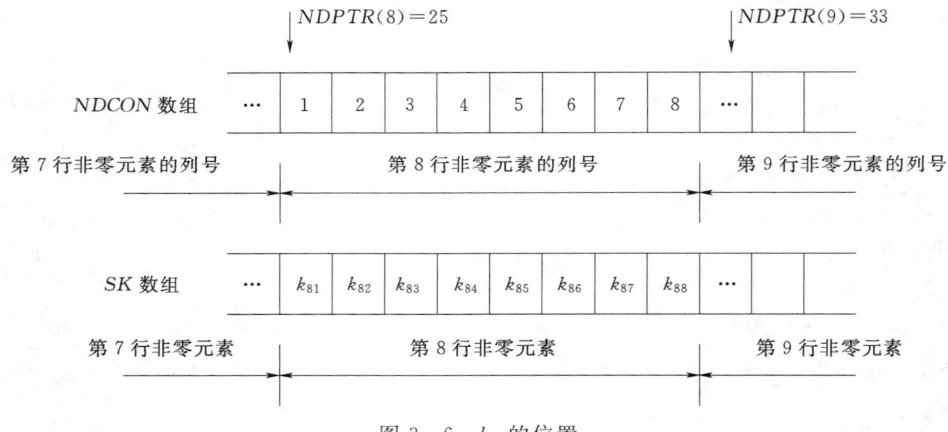

图 3-6　k_{85} 的位置

$NDPTR(8)+5-1$ 个位置上，即存于 $NDCON(29)$ 中，从而可知 k_{85} 存于 $SK(29)$ 中。但是我们需要注意的是列号 5 位于 $NDCON$ 数组第 8 行的第几个位置上，事先是不知道的，需要对 $NDCON$ 数组的第 8 行元素进行搜索，确定列号 5 处于第 8 行的第 5 个位置上。在程序中，对于每一个劲度矩阵元素，需要调用子程序 BISEARCH，采用二分法对该元素对应行的 $NDCON$ 数组进行搜索，获得其列号所在的位置。二分法查找算法可参考相关文献或教材，其子程序 BISEARCH 如下：

BISEARCH 子程序清单：

```
!      该子程序的功能为:采用二分法查找元素 K 在数组 A 的第 LOW0 个元素到第 HIGH0 个元素之间的位置
!      数组 A 中的元素从小到大排序
       SUBROUTINE BISEARCH(A,LOW0,HIGH0,K,KT)
         INTEGER,INTENT(IN)::A(:),K
         INTEGER,INTENT(IN)::LOW0,HIGH0
         INTEGER,INTENT(OUT)::KT
         INTEGER::MID,LOW,HIGH
         LOW=LOW0
         HIGH=HIGH0
!        下 13 行:二分法查找元素 K 在数组 A 的第 LOW0 个元素到第 HIGH0 个元素之间的位置,即 A(LOW:
HIGH)区间
         DO WHILE(LOW<=HIGH)
           MID=LOW+((HIGH-LOW)/2)  ! 本轮搜索区间的中间位置
           IF(A(MID)==K)THEN
             KT=MID  ! 中间位置元素等于 K,则查找完成
             RETURN
           ELSE
             IF(A(MID)>K)THEN
                 HIGH=MID-1  ! 中间位置元素大于 K,则下一轮搜索中间位置左边的区间
             ELSE
                 LOW=MID+1  ! 中间位置元素小于 K,则下一轮搜索中间位置右边的区间
             ENDIF
           ENDIF
         END DO
       END SUBROUTINE BISEARCH
```

至此，形成劲度矩阵的那部分功能已经实现，并且已经考察了单元自重荷载，还剩下结点集中荷载、单元的面力荷载以及单元结点荷载矩阵的集合将在下一节介绍。

第五节　形成整体结点荷载列阵

本节介绍形成整体结点荷载矩阵的程序设计方法。

本章介绍的程序能考虑以下几种荷载：

一、结点集中荷载

它是在子程序 LOAD4 中处理的，在该子程序中输入结点集中荷载，并累加进整体结点荷载列阵 $R(N)$ 的有关行中。

二、单元自重荷载

它是在子程序 STIF 中处理的，已累加到所考察单元的单元结点荷载列阵 $RF(8)$ 中去了；并在 ASLOAD 子程序中，将单元结点等效荷载矩阵 $RF(8)$ 组集进整体结点等效荷载列阵 $R(N)$ 中。

三、单元表面的面力荷载

它又可分为两种情况：

(1) 水荷载。给定水位及水的容重［存放在数组 $WG(2,\ NW)$ 中］，由受水压作用表面上两结点的 y 坐标确定作用在受荷面两结点上的水压集度 $\overline{q}_i$，进而由式 (3-23) 确定该表面上任意一点的水压集度 $\overline{q}$。

(2) 法向分布压力荷载。直接给出受荷面上两结点的法向分布压力集度［存放在数组 $PR(2)$ 中］，即 $\overline{q}_i = PR(I)$，亦由式 (3-23) 确定该表面上任意一点的法向分布压力集度 $\overline{q}$。

这两种面力荷载的等效结点荷载在子程序 LOAD4 中计算，并主要通过调用子程序 SURFOR 来实现，下面予以详细说明。

LOAD4 子程序清单：

```
!          该子程序的主要功能：输入结点集中荷载，输入单元分布荷载信息并进行等效结点荷载计算
      SUBROUTINE LOAD4(MEO,JR,COOR,AE,WG,R)
        USE GLOBAL_VARIABLES
        IMPLICIT NONE
        REAL(8),INTENT(INOUT)::COOR(:,:),AE(:,:),WG(:,:),R(:)
        INTEGER,INTENT(INOUT)::JR(:,:),MEO(:,:)
        REAL(8)::CR(2),PR(2),RF(8),XY(2,4)
        REAL(8)::Y0,GAMA
        INTEGER::NEE,NME,NET,NK,NSF,NST,NN(8),NOD(4),NFACE(4)
        INTEGER::IE,I,J,L,M,JW,IW,JB,JJ,JP,NNF,NNN,ND
!          下 11 行：循环输入集中力作用的结点号及该点的 x,y 坐标方向的集中荷载值并累加到 R(N)数组中
        IF(NF/=0)THEN
          WRITE(16,980)
          DO I=1,NF
            READ(15,*)NNF,CR
            WRITE(16,990)NNF,CR
            DO J=1,2
              L=JR(J,NNF)
              IF(L/=0)R(L)=R(L)+CR(J)
            END DO
          END DO
        END IF
```

```
!       下33行:如果有受分布荷载的单元,则对这些单元循环,输入分布荷载信息,
!         计算等效结点荷载,并叠加到RF(8)中
        IF(NESW/=0)THEN
        DO IE=1,NESW
          ! 下1行:输入单元序号NEE,该单元所受不同水压作用的类型数NK(0-不受水压),该单元
          ! 受法向分布压力作用的表面数NSF
          READ(15,*)NEE,NK,NSF
          ! 下2行:根据单元序号NEE,取出该单元的材料类型号NME,以及4个结点号存入数组NOD(*)
          NME=MEO(5,NEE)
          NOD(:)=MEO(1:4,NEE)
          ! 下1行:形成单元4个结点坐标数组XY(2,4)
          XY(:,:)=COOR(:,NOD(:))
          ! 下7行:形成单元结点自由度数组NN(8)
          DO I=1,4
            JB=NOD(I)
            DO M=1,2
              JJ=2*(I-1)+M
              NN(JJ)=JR(M,JB)
            END DO
          END DO
          ! 下1行:为了形成单元荷载矩阵RF(8),首先将RF的每个元素充零
          RF=0.0
          IF(NK/=0)THEN
            ! 下10行:对水压类型循环,输入水压类型NNN,该单元4个表面受此类型水压信息NFACE(4),
            ! 填0表示不受此水压,填1表示受此水压作用,4个表面顺序为:ξ=+1,ξ=-1,η=+1,η=-1
            DO IW=1,NK
              READ(15,*)NNN,NFACE
              WRITE(16,650)NNN,NFACE
              Y0=WG(1,NNN)! 水位y坐标值
              GAMA=WG(2,NNN)! 水的容重
              DO JW=1,4
                ND=NFACE(JW)
                ! 调用SURFOR子程序,计算单元受水压作用的等效结点荷载,并叠加到RF(8)中
                IF(ND/=0)CALL SURFOR(NEE,NME,JW,XY,AE,PR,Y0,GAMA,1,RF)
              END DO
            END DO
          END IF
          IF(NSF/=0)THEN
            ! 下5行:对受法向荷载表面循环,输入受法向荷载表面序号ND及此边上2个结点的法向分布荷载集度
PR(2),
            ! 各边上2个结点的顺序见SURNST子程序中DATA KFACE/2,3,1,4,3,4,1,2/
            DO IW=1,NSF
              READ(15,*)ND,PR
              WRITE(16,750)ND,PR
```

```
          ! 调用SURFOR子程序,计算单元受法向分布压力作用的等效结点荷载,并叠加到RF(8)中
          CALL SURFOR(NEE,NME,ND,XY,AE,PR,Y0,GAMA,0,RF)
        END DO
      END IF
      ! 下1行:调用ASLOAD子程序将单元荷载列阵叠加到整体荷载列阵R中
      CALL ASLOAD(NN,RF,R,8)
    END DO
    END IF
650 FORMAT(3X,' SURFACE NEWS NNN=',I3,2X,4I1)
750 FORMAT(3X,' SURFACE NEWS ND=',I3,5X,                &
             ' PR=',2F12.2)
800 FORMAT(3X,' RF=',/(1X,8F10.4))
980 FORMAT(/20X,' CONCENTRAED FORCES '/1X,              &
             ' NODE NO. ',8X,' X-DIRECTION ',8X,' Y-DIRECTION '/)
990 FORMAT(1X,I5,2F20.6)
    RETURN
  END SUBROUTINE LOAD4
```

现在再对子程序SURFOR作些说明，它的程序清单如下所示。在这个子程序的形参中，ND为所考察表面的序号，对于$\xi=+1$、$\xi=-1$、$\eta=+1$、$\eta=-1$等4个表面，其序号分别为1～4；NSI为1或0，当$NSI=1$时是用于水荷载的情况，当$NSI=0$时是用于法向分布压力荷载的情况；其余形参的意思以前已经说明。在子程序SURFOR的开头是4个DATA语句，其中数组$KFACE(2,4)$的8个数字分别是单元4个表面的2个结点的局部编码，其他3个DATA语句中数据的用途将在下面说明。

SURFOR子程序清单：

```
!   该子程序的主要功能:计算单元的水压或分布压力的等效结点荷载,并叠加到RF(8)中
    SUBROUTINE SURFOR(NEE,NME,ND,XY,AE,PR,Y0,GAMA,NSI,RF)
      USE GLOBAL_VARIABLES
      IMPLICIT NONE
      INTEGER,INTENT(IN)::ND,NSI
      REAL(8),INTENT(INOUT)::AE(:,:),PR(:),Y0,GAMA,RF(8)
      INTEGER::KCRD(4),KFACE(2,4),IPRM(2),NODES(2)
      REAL(8)::FVAL(4),FUN(4),T,FACT,Y,DET,PXY,A1,A2,Q,&
               XJR(2,2),RST(2),XY(2,4),P(2,4)
      INTEGER::NEE,I,J,ML,MM,LX,K1,K2,NME
      DATA KCRD/1,1,2,2/
      DATA KFACE/2,3,1,4,3,4,1,2/
      DATA IPRM/2,1/
      DATA FVAL/1.0,-1.0,1.0,-1./
!     下1行:取出单元厚度T
      T=AE(4,NME)
!     下1行:对变量FACT赋值。当ND=1,3时,亦即ξ=+1,η=+1的两个表面,FACT取-1;当ND=2,4时,
```

```
亦即 ξ=－1,η=－1 的两个表面,FACT 取＋1
        FACT=－FVAL(ND)
!       下 9 行:将考察边上的 2 个结点局部编码送入数组 NODES(2)中,并对水荷载的情况(NSE=1)
!       根据水位 y0 坐标及 2 个结点的 y 坐标和水容重 GAMA 计算作用在 2 个结点处的水压集度,并赋予数组 PR(2)中
        NODES(:)=KFACE(:,ND)
        DO I=1,2
          J=NODES(I)
          IF(NSI/=0)THEN
            Y=Y0－XY(2,J)
            PR(I)=0.0
            IF(Y.GT.0.0)PR(I)=Y*GAMA
          END IF
        END DO
!       下 2 行:根据所考察边的序号 ND 形成 ML 与 MM ,见表 3-5
        ML=KCRD(ND)
        MM=IPRM(ML)
!       下 1 行:获取所在边的局部坐标的一个分量,当 ND=1,3 时,亦即 ξ=＋1,η=＋1 的两个表面,取 1;
!       当 ND=2,4 时,亦即 ξ=－1,η=－1 的两个表面,取－1
        RST(ML)=FVAL(ND)
!       下 19 行:计算单元的水荷载或分布压力的等效结点荷载,并叠加到 RF(8)中
        DO LX=1,2
          RST(MM)=RSTG(LX)
          ! 下 6 行:根据式(3-23)由结点水压集度或法向分布压力集度计算考察积分点处法向分布压力集度
          CALL FPJD(NEE,RST(1),RST(2),XY,DET,FUN,P,XJR)
          PXY=0.0
          DO I=1,2
            J=NODES(I)
            PXY=PXY+FUN(J)*PR(I)
          END DO
          ! 下 2 行:计算式(3-28)中的整体坐标对局部坐标的偏导数存放在 A1,A2 中
          A1=XJR(MM,2)*(－1)**MM
          A2=－XJR(MM,1)*(－1)**MM
          ! 下 8 行:对边线上 2 个结点进行循环以便逐点计算等效结点荷载,变量 J 为考虑点的局部码,
          ! K1,K2 是该点两个方向的荷载在 RF(8)中所在的行号
          DO I=1,2
            J=NODES(I)
            K2=2*J
            K1=K2－1
            ! 下 3 行:计算式(3-28)中在积分点上的值,并累加到 RF(8)的相应行中去
            Q=PXY*FUN(J)*FACT*T
            RF(K1)=RF(K1)+Q*A1
            RF(K2)=RF(K2)+Q*A2
          END DO
        END DO
        RETURN
      END SUBROUTINE SURFOR
```

表 3-5　　由 *ND* 形成 *ML*、*MM*

ND	1	2	3	4
ML	1	1	2	2
MM	2	2	1	1

在形成整体结点荷载列阵 $R(N)$ 之后，即调用子程序 OUTPUT 把每个结点 2 个方向的荷载值输出供用户使用。

子程序 OUTPUT 是通过对结点的循环把存储在数组 $R(N)$ 中的结点位移荷载值或结点位移值输出供用户使用。L 是所考察结点的 2 个方向的自由度序号。当 L 等于零时，输出值为零；当 L 不等于零时，输出值即为该方向的荷载值或位移值。子程序 OUTPUT 的程序清单如下：

OUTPUT 子程序清单：

```
!     该子程序的主要功能:输出结点等效荷载或结点位移分量
      SUBROUTINE OUTPUT(JR,F,NS)
      USE GLOBAL_VARIABLES
      IMPLICIT NONE
      REAL(8),INTENT(IN)::F(:)
      INTEGER,INTENT(IN)::JR(:,:),NS
      INTEGER::I,J,L
      REAL(8)B(2)
      IF(NS==0)WRITE(16,300)   ! 输出结点荷载
      IF(NS==1)WRITE(16,400)   ! 输出结点位移
      WRITE(16,500)
!     下 12 行:按结点号循环输出结点荷载分量或结点位移分量
      DO I=1,NP
        B=0
        DO J=1,2
          L=JR(J,I)
          IF(L/=0)B(J)=F(L)
        END DO
        WRITE(16,550)I,B
      END DO
300   FORMAT(/28X,' LOAD OF NODES '/)
400   FORMAT(/25X,' DISPLACEMENT OF NODES '/)
500   FORMAT(10X,' NODE NO. ',8X,' X—DIRECTION ',8X,' Y—DIRECTION '/)
550   FORMAT(13X,I5,2(8X,E12.4))
650   FORMAT(3X,I4,2E12.4)
      RETURN
    END SUBROUTINE OUTPUT
```

如果有非零元素，还需要调用子程序 TREAT _ CSR 输入非零已知位移信息，并处理荷载项及对应 K 中主元素，处理方法与第二章第四节类似。子程序 TREAT _ CSR 的程

序清单如下：

TREAT _ CSR 子程序清单：

```
!      该子程序的主要功能:输入非零已知位移信息,并处理荷载项及对应K中主元素
       SUBROUTINE TREAT_CSR(SK,NDPTR,R,JR,NDI,DV)
         USE GLOBAL_VARIABLES
         IMPLICIT NONE
         INTEGER,INTENT(INOUT)::NDPTR(:),JR(:,:),NDI(:)
         REAL(8),INTENT(INOUT)::SK(:),R(:),DV(:,:)
         INTEGER::I,J,K,L,JN,JJ
         WRITE(16,500)
!        下4行:对非零已知位移的结点循环,输入非零已知位移的结点号NDI和x,y两个方向的位移分量DV
         DO I=1,NDP
           READ(15,*)NDI(I),(DV(J,I),J=1,2)
           WRITE(16,600)NDI(I),(DV(J,I),J=1,2)
         END DO
!        下11行:通过对NDP个已知位移的结点循环,在整体劲度矩阵的相应已知位移自由度的主元素位置赋予一个大数(1E30),并在荷载的相应行赋予该位移值乘以相同的大数(1E30)
         DO I=1,NDP
           JJ=NDI(I)
           DO J=1,2
             L=JR(J,JJ)
             JN=NDPTR(L+1)-1   ! 主元素在CSR存储格式中的位置
             IF(DV(J,I)/=0.0)THEN
               SK(JN)=1.0E30
               R(L)=DV(J,I)*1.0E30
             END IF
           END DO
         END DO
500      FORMAT(/1X,' KNOWN DISPLAVEMENT NODES AND(X,Y)VALUES ')
600      FORMAT(10X,I8,10X,F10.6,10X,F10.6)
         RETURN
       END SUBROUTINE TREAT_CSR
```

第六节　预条件共轭梯度法解代数方程组

一、最速下降法（梯度法）

设所要求解的线性代数方程组为

$$Ax=b \tag{3-33}$$

其中 A 为一个 $n\times n$ 的对称正定矩阵，$b\in R^n$ 为一给定向量，可以证明求式（3－33）的精确解 x^* 等价于使多元二次函数 $\varphi(x)$ 取极小值，即

$$Ax^{*}=b\Leftrightarrow\min_{x\in R^n}\varphi(x) \tag{3-34}$$

其中

$$\varphi(x)=\frac{1}{2}(Ax,x)-(b,x) \tag{3-35}$$

这个定理把求解方程组式（3-33）的问题改变为求一个多元二次函数极小值的问题，这种等价性开辟了设计解法的一个新途径。此定理称为求解线性方程组的变分原理或Ritz原理。

为了找到$\varphi(x)$的极小值点x^{*}，我们从任一x_k出发。沿着$\varphi(x)$在x_k点下降最快的方向搜索下一个近似点x_{k+1}，使得$\varphi(x_{k+1})$在该方向上达到极小值。这就是最速下降法或梯度法的基本思想。

由微积分可知，$\varphi(x)$在x_k处下降最快的方向是在这点的负梯度方向。由于$\varphi(x)$还可以写成$\varphi(x)=\frac{1}{2}x^TAx-x^Tb$，经过对$x$求导计算，可得到

$$-\mathrm{grad}\varphi(x)\big|_{x=x_k}=b-Ax_k=r_k \tag{3-36}$$

取$x_{k+1}=x_k+\alpha_k r_k$，根据使得$\varphi(x_{k+1})$取得极小值的条件，求出α_k，即令

$$\frac{\mathrm{d}}{\mathrm{d}\alpha_k}\varphi(x_k+\alpha_k r_k)=0$$

得

$$\alpha_k=\frac{(r_k,r_k)}{(Ar_k,r_k)} \tag{3-37}$$

于是得到最速下降法（梯度法）的算法：

（1）选取$x_0\in R^n$。

（2）对于$k=0$，1，2…，$r_k=b-Ax_k$

$$\alpha_k=\frac{(r_k,r_k)}{(Ar_k,r_k)}$$

$$x_{k+1}=x_k+\alpha_k r_k$$

直至$\|r_k\|<\varepsilon$，ε为收敛容差。

可以证明，此方法在理论上一定收敛，但当A的最大、最小特征值λ_1、λ_n的比值$\frac{\lambda_1}{\lambda_n}\gg1$时，收敛因子$\frac{\lambda_1-\lambda_n}{\lambda_1+\lambda_n}\approx1$，收敛非常缓慢。

二、共轭梯度（Conjugate Gradient，CG）法

为了避免最速下降法中的缺陷，共轭梯度法改进了搜索方向，即取

$$x_{k+1}=x_k+\alpha_k p_k \tag{3-38}$$

其中的搜索方向p_k取为

$$p_k=r_k+\beta_{k-1}p_{k-1} \tag{3-39}$$

且取$p_0=r_0$。

设A是n阶对称正定矩阵，若在R^n中已找到一组线性无关的A共轭（正交）的搜索方向

$$\{p_0,p_1,\cdots,p_{n-1}\}$$

它们可张成线性空间

$$S_n=\text{span}\{p_0,p_1,\cdots,p_{n-1}\}$$

其子空间 $S_k=\text{span}\{p_0,p_1,\cdots,p_{k-1}\}(k\geqslant2)$。则迭代向量 x_k 和方程组式（3-33）的精确解 x^* 可分别表示为

$$x_k=\sum_{i=0}^{k-1}\alpha_i p_i \tag{3-40}$$

$$x^*=\sum_{i=0}^{n-1}\alpha_i p_i \tag{3-41}$$

所以，从理论上讲，x^* 可由有限迭代步形成，至多 n 步就可得到真解 x^*。

现利用变分原理求 α_k，使 x_{k+1} 满足 $\varphi(x_{k+1})=\min\limits_{\alpha_k}\varphi(x_k+\alpha_k p_k)$，即由

$$\frac{\mathrm{d}}{\mathrm{d}\alpha_k}\varphi(x_{k+1})=0 \tag{3-42}$$

将式（3-35）、式（3-38）代入并对 α_k 求导后得到

$$\alpha_k=\frac{(r_k,p_k)}{(Ap_k,p_k)} \tag{3-43}$$

从而，下一个近似解和对应的剩余向量为

$$x_{k+1}=x_k+\alpha_k p_k \tag{3-44}$$

$$r_{k+1}=b-Ax_{k+1}=r_k-\alpha_k Ap_k \tag{3-45}$$

为了讨论方便，可以不失一般性地设 $x_0=0$，反复利用式（3-44），得

$$x_{k+1}=\alpha_0 p_0+\alpha_1 p_1+\cdots+\alpha_k p_k$$

开始可设 $p_0=r_0$，p_{k+1} 的选择应使

$$\varphi(x_{k+1})=\min_{x\in\text{span}(p_0,p_1,\cdots,p_k)}\varphi(x) \tag{3-46}$$

设 $y\in\text{span}(p_0,\ p_1,\ \cdots,\ p_{k-1})$，记 $x=y+\alpha_k p_k$，则有

$$\varphi(x)=\varphi(y+\alpha_k p_k)=\varphi(y)+\alpha_k(Ay,p_k)-\alpha_k(b,p_k)+\frac{\alpha_k^2}{2}(Ap_k,p_k) \tag{3-47}$$

由于向量组 $\{p_0,\ p_1,\ \cdots,\ p_{n-1}\}$ 的 A 共轭正交性，即

$$(Ap_i,p_j)=0,\quad i\neq j$$

所以式（3-47）中的 $(Ay,\ p_k)=0$，问题式（3-46）可以分离为两个极小问题

$$\min_{x\in\text{span}(p_0,p_1,\cdots,p_k)}\varphi(x)=\min_{y,\alpha_k}(y+\alpha_k p_k)=\min_{y}\varphi(y)+\min_{\alpha_k}\left[\frac{\alpha_k^2}{2}(Ap_k,p_k)-\alpha_k(b,p_k)\right]$$

其中第一个极小问题的解为 $y=x_k$，第二个极小问题的解为

$$\alpha_k=\frac{(b,p_k)}{(Ap_k,p_k)} \tag{3-48}$$

因为 $x_k\in\text{span}\{p_0,p_1,\cdots,p_{k-1}\}$，故 $(Ax_k,\ p_k)=0$，于是

$$(b,p_k)=(b-Ax_k,p_k)=(r_k,p_k)$$

可见式（3-48）与式（3-43）是等价的。

由式（3-39），利用 $(p_k,\ Ap_{k-1})=0$，可得

$$\beta_{k-1}=-\frac{(r_k,Ap_{k-1})}{(p_{k-1},Ap_{k-1})} \tag{3-49}$$

下面进行一些化简，由式（3-45）、式（3-43），得到

$$(r_{k+1},p_k)=(r_k,p_k)-\alpha_k(Ap_k,p_k)=0$$

$$(r_k,p_k)=(r_k,r_k+\beta_{k-1}p_{k-1})=(r_k,r_k)$$

再代回式（3-43），得

$$\alpha_k=\frac{(r_k,r_k)}{(Ap_k,p_k)} \tag{3-50}$$

还可以证明 $(r_i,\ r_j)=0$，$i\neq j$，于是由式（3-49）可简化 β_k 的计算：

$$\begin{aligned}\beta_k&=-\frac{(r_{k+1},Ap_k)}{(p_k,Ap_k)}=-\frac{[r_{k+1},\alpha_k^{-1}(r_k-r_{k+1})]}{(p_k,Ap_k)}\\&=\frac{\alpha_k^{-1}(r_{k+1},r_{k+1})}{(p_k,Ap_k)}=\frac{(r_{k+1},r_{k+1})}{(r_k,r_k)}\end{aligned} \tag{3-51}$$

最后可将共轭梯度法的计算公式归纳如下：

（1）任取 $x_0\in R^n$。

（2）$r_0=b-Ax_0$，$p_0=r_0$。

（3）对 $k=0$，1，…，直到收敛。

$$\alpha_k=\frac{(r_k,r_k)}{(Ap_k,p_k)}$$

$$x_{k+1}=x_k+\alpha_k p_k$$

$$r_{k+1}=r_k-\alpha_k Ap_k$$

$$\beta_k=\frac{(r_{k+1},r_{k+1})}{(r_k,r_k)}$$

$$p_{k+1}=r_{k+1}+\beta_k p_k$$

可以证明，对于对称正定矩阵 A，用 CG 法求解 $Ax=b$，有：

$$\|x_k-x^*\|_A\leqslant 2\left(\frac{\sqrt{\lambda_1}-\sqrt{\lambda_n}}{\sqrt{\lambda_1}+\sqrt{\lambda_n}}\right)^k\|x_0-x^*\|_A \tag{3-52}$$

其中，λ_1、λ_n 分别为 A 的最大、最小特征值。可见 CG 法的收敛性要优于最速下降法，但当 $\lambda_1\gg\lambda_n$ 时，CG 法的收敛也较慢。为了提高它的收敛速度和改进其数值性能，在求解方程组之前需要对原方程进行适当处理，这些处理方法称为预条件（预处理）技术（precondition technique）。

三、预条件共轭梯度法（PCG）

当前预条件共轭梯度法已经成为求解大型稀疏对称正定方程组的最有效方法。预条件技术就是寻找一个"近似于"A 的矩阵 M，它要求也是对称正定的，用 M^{-1} 左乘原方程两端得到其等价的方程

$$M^{-1}Ax=M^{-1}b \tag{3-53}$$

如果 $M^{-1}A$ 的条件数很小，则用 CG 法求解的收敛性可以得到很大的改进。

必须注意，即使 A 和 M 都是对称矩阵，但 $M^{-1}A$ 未必对称。为了保持对称性，引入 M 内积 $(\cdot,\cdot)_M$。

设 M、$A\in R^{n\times n}$ 且均为对称正定矩阵，则：

（1）$(x,y)_M=(Mx,y)=(x,My)$ 是一种内积，称为 M 内积，它是自共轭的。

（2）$(M^{-1}Ax,y)_M=(Ax,y)=(x,Ay)=(x,MM^{-1}Ay)$

$$=(Mx,M^{-1}Ay)=(x,M^{-1}Ay)_M$$

（3）$(M^{-1}Ax,x)=(Ax,x)\geqslant 0$，且仅当 $x=0$ 时，等号成立。

根据以上（2）、（3）两式，在 M 内积下 $M^{-1}A$ 是对称正定的。于是有：

设 A 和 $M\in R^{n\times n}$ 均为对称正定矩阵，$b\in R^n$，则

$$M^{-1}Ax^*=M^{-1}b\Leftrightarrow\hat{\varphi}(x^*)=\min_{x\in R^n}\hat{\varphi}(x)$$

其中

$$\hat{\varphi}(x)=\frac{1}{2}(M^{-1}Ax,x)_M-(M^{-1}b,x)_M$$

由此得到 M 内积下求解方程组式（3－53）的预条件共轭梯度法，其算法可描述如下：

（1）任取 $x_0\in R^n$。

（2）计算 $r_0=b-Ax_0$，$z_0=M^{-1}r_0$，$p_0=z_0$。

（3）对于 $k=0$，1，…，直到收敛。

$$\alpha_k=(r_k,z_k)/(Ap_k,p_k)$$
$$x_{k+1}=x_k+\alpha_k p_k$$
$$r_{k+1}=r_k-\alpha_k Ap_k$$
$$z_{k+1}=M^{-1}r_{k+1}\text{（即解方程组 }Mz_{k+1}=r_{k+1}\text{）}$$
$$\beta_k=(r_{k+1},z_{k+1})/(r_k,z_k)$$
$$p_{k+1}=z_{k+1}+\beta_k p_k$$

PCG 算法的每一步计算中都要求解方程 $Mz=r$，从中可以看出，除了要求 M 对称正定，尽可能接近 A 之外，还要求解此方程也比较容易。目前，常用的预条件矩阵有：对角预条件矩阵、SSOR 和对称 SGS 迭代预条件矩阵、不完全 Cholesky(IC) 分解预条件矩阵等。本章采用对角预条件矩阵，即

$$M=\mathrm{diag}(a_{11},a_{22},\cdots,a_{nn})=\begin{bmatrix}a_{11} & & & 0\\ & a_{22} & & \\ & & \ddots & \\ 0 & & & a_{nn}\end{bmatrix}\tag{3-54}$$

四、稀疏矩阵与向量相乘

在稀疏线性方程组的迭代解法中，稀疏矩阵与稠密向量的乘法是一个十分重要的基本运算操作。假设 s 为一个 n 维向量，而矩阵 A 是一个以某种方式存储的稀疏矩阵，现在要高效地计算 $r=As$。

如果 A 是非对称矩阵，当采用 CSR 格式，用 x，$x^{(J)}$，$x^{(R)}$ 存储 A 时

$$r_i=\sum_{k=x_i^{(R)}}^{x_{i+1}^{(R)}-1}x_k s_{x_k^{(J)}}\quad(i=1,2,\cdots,n)\tag{3-55}$$

式中：i 为矩阵 A 的行号；x 下标 k 从 $x_i^{(R)}$ 到 $x_{i+1}^{(R)}-1$，表示对存储在 x 中的第 i 行非零元素遍历；s 下标 $x_k^{(J)}$［$k=x_k^{(R)}$，$x_k^{(R)}-1$］表示与 x 中的第 i 行非零元素对应位置的 s 中的元素。

如果 A 对称，且采用 CSR 格式存储矩阵的对角元素及下三角部分中的非零元素，则完成上式运算后，还需进一步计算式（3-56）以实现上三角部分非零元素与向量 s 的相乘。

$$r_{x_k^{(J)}} \leftarrow r_{x_k^{(J)}} + x_k s_i, k = x_i^{(R)}, x_i^{(R)}+1, \cdots, x_{i+1}^{(R)}-2 \quad (i=1,2,\cdots,n) \tag{3-56}$$

式中：i 为矩阵 A 的行号或者向量 s 的第 i 个元素；k 从 $x_i^{(R)}$ 到 $x_i^{(R)}-2$，表示遍历 x 中的非对角元素（即对称上三角部分第 i 列的非零元素）；$x_k^{(J)}$ 为矩阵 A 第 i 行的第 k 个非零元素的列号。

当采用 CSR 格式存储矩阵的上三角部分中的非零元素时，也可以采用类似方法计算 r 的值。

五、预条件共轭梯度法入求解的程序设计

根据前述预条件共轭梯度算法，给出对角线预条件共轭梯度法的程序设计方法，用于求解形如 A 的线性代数方程组，其中系数矩阵 A 为一个对称正定稀疏矩阵。

程序中的系数矩阵 A 采用 CSR 格式存储，其非零元素存于一维数组 A 中，非零元素的列号存于一维数组 AJ 中，每一行中非零元素在数组 A 的起始位置存于一维数组 AP 之中。

对角线预条件共轭梯度法算法如下：

（1）任取 $x_0 \in R^n$。

（2）计算 $r_0 = b - Ax_0$，$z_0 = M^{-1} r_0$，$p_0 = z_0$。

（3）对于 $k=0$，1，…，直到收敛。

1）$\alpha_k = (r_k, z_k)/(Ap_k, p_k)$

2）$x_{k+1} = x_k + \alpha_k p_k$

3）$r_{k+1} = r_k - \alpha_k A p_k$

4）$z_{k+1} = M^{-1} r_{k+1}$

5）$\beta_k = (r_{k+1}, z_{k+1})/(r_k, z_k)$

6）$p_{k+1} = z_{k+1} + \beta_k p_k$

算法中的预条件矩阵 $M = \begin{bmatrix} a_{11} & & & 0 \\ & a_{22} & & \\ & & \ddots & \\ 0 & & & a_{nn} \end{bmatrix}$，其逆矩阵 $M^{-1} =$

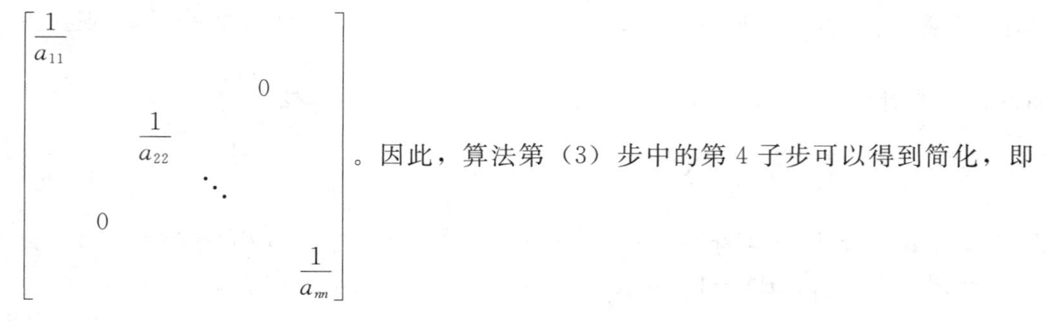

$\begin{bmatrix} \frac{1}{a_{11}} & & & 0 \\ & \frac{1}{a_{22}} & & \\ & & \ddots & \\ 0 & & & \frac{1}{a_{nn}} \end{bmatrix}$。因此，算法第（3）步中的第 4 子步可以得到简化，即

$$z_{k+1}=\begin{Bmatrix} z_1^{k+1} \\ z_2^{k+1} \\ \vdots \\ z_n^{k+1} \end{Bmatrix}=M^{-1}r_{k+1}=\begin{Bmatrix} r_1^{k+1}/M_{11} \\ r_2^{k+1}/M_{22} \\ \\ r_n^{k+1}/M_{nn} \end{Bmatrix}$$

预条件处理步骤在子程序 PRECON 中实现。算法中第（3）步中的第 1）子步中包含一个稀疏矩阵和向量相乘的步骤，这也是整个迭代步中计算量最大的一部分，这部分计算根据式（3－55）和式（3－56）在子程序 SPMD _ CSR 中实现。子程序 PRECON 和子程序 SPMD _ CSR 清单如下。

SPMD _ CSR 子程序清单：

```
!   该子程序的功能为:实现整体劲度矩阵对称 CSR 存储格式下的矩阵向量乘运算
    SUBROUTINE SPMD_CSR(N,AJ,AP,A,X,Y)
      INTEGER,INTENT(IN)::N,AJ(:),AP(:)
      REAL(8),INTENT(IN)::A(:),X(:)
      REAL(8),INTENT(INOUT)::Y(:)
      INTEGER::I,J,IST,IED
    !   下 1 行:乘积向量 Y 赋初值 0
      Y=0.0
    !   下 7 行:根据式(3-55)实现矩阵下三角部分及对角元素与向量相乘
      DO I=1,N
        IST=AP(I)
        IED=AP(I+1)-1
        DO J=IST,IED
          Y(I)=Y(I)+A(J)*X(AJ(J))
        END DO
      END DO
    !   下 7 行:利用对称性,根据式(3-56)实现矩阵上三角部分与向量相乘
      DO I=1,N
        IST=AP(I)
        IED=AP(I+1)-2
        DO J=IST,IED
          Y(AJ(J))=Y(AJ(J))+A(J)*X(I)
        END DO
      END DO
    END SUBROUTINE SPMD_CSR
```

PRECON 子程序清单：

```
!   该子程序的功能为:对向量 X 进行对角预条件处理
    SUBROUTINE PRECON(N,AJ,AP,A,X,Y)
      INTEGER,INTENT(IN)::N,AJ(:),AP(:)
      REAL(8),INTENT(IN)::A(:),X(:)
      REAL(8),INTENT(INOUT)::Y(:)
```

```
    INTEGER::I,ID
    REAL(8)::DIAG
    DO I=1,N
      ID=AP(I+1)-1  ！第I行对角元素的位置
      DIAG=A(ID)  ！第I行对角元素
      Y(I)=X(I)/DIAG
    END DO
  END SUBROUTINE PRECON
```

对角预条件共轭梯度法的求解程序 DPCG 清单如下：

DPCG 子程序清单：

```
!   该子程序的功能为:对角预条件共轭梯度法求解有限元方程
    SUBROUTINE DPCG(N,AJ,AP,A,X,B)
      INTEGER,INTENT(IN)::N,AJ(:),AP(:)
      REAL(8),INTENT(IN)::A(:),B(:)
      REAL(8),INTENT(OUT)::X(:)
      REAL(8),ALLOCATABLE::X0(:),R0(:),Z0(:),P0(:),R(:),Z(:),P(:),Y(:)
      REAL(8)::TOL,ALPHA,BETA,RES0,RES
      INTEGER::ITER
!     下1行:为数组分配存储空间
      ALLOCATE(X0(N),R0(N),Z0(N),P0(N),R(N),Z(N),P(N),Y(N))
!     下1行:迭代次数赋初值0
      ITER=0
!     下1行:设置迭代收敛相对残差值
      TOL=1.0E-20
!     下1行:初始迭代解取0向量,算法第(1)步
      X0=0.0
!     下4行:计算初始剩余向量R0,初始搜索方向P0,算法第(2)步
      CALL SPMD_CSR(N,AJ,AP,A,X0,Y)
      R0=B-Y
      CALL PRECON(N,AJ,AP,A,R0,Z0)
      P0=Z0
!     下1行:计算初始剩余向量内积
      RES=DOT_PRODUCT(R0,R0)
      WRITE(*,*)'ITER=',ITER,'RES=',RES
      DO WHILE(RES>TOL.AND.ITER<1000)
        ITER=ITER+1
!     下3行:计算本次迭代近似解X,算法第(3)步第1)、2)子步
        CALL SPMD_CSR(N,AJ,AP,A,P0,Y)
        ALPHA=DOT_PRODUCT(R0,Z0)/DOT_PRODUCT(Y,P0)
        X=X0+ALPHA*P0
!     下1行:计算本次迭代剩余向量R,算法第(3)步第3)子步
        R=R0-ALPHA*Y
```

```
!      下 3 行:计算下次迭代的搜索方向 P,算法第(3)步第 4)、5)子步
           CALL PRECON(N,AJ,AP,A,R,Z)
           BETA=DOT_PRODUCT(R,Z)/DOT_PRODUCT(R0,Z0)
           P=Z+BETA * P0
!      下 1 行:计算本次迭代剩余向量内积
           RES=DOT_PRODUCT(R,R)
!      下 1 行:更新向量,作为下次迭代起始值
           X0=X;R0=R;Z0=Z;P0=P
           WRITE( * , * )' ITER=',ITER,' RES=',RES
         END DO
!      下 1 行:释放存储空间
         DEALLOCATE(X0,R0,Z0,P0,R,Z,P,Y)
       END SUBROUTINE DPCG
```

第七节　计算应力分量与主应力、应力主向

本节是计算应力分量以及主应力、应力主向，这些功能是由子程序 STRESS 实现的。在这个子程序中调用了 PRI 子程序计算主应力与应力主向。

在子程序 STRESS 中引入了几个新的数组，它们的意义为：*SG*(6) 存储单元中心的 3 个应力分量值及 2 个主应力与应力主向，*S*(3，8) 存储应力转换矩阵，*SNOD*(6，*NP*) 存储结点处的 3 个应力分量值及 2 个主应力与应力主向。

STRESS 子程序清单：

```
!        该子程序的主要功能:求单元形心和结点处的应力分量
       SUBROUTINE STRESS(JR,MEO,COOR,AE,R,SNOD)
         USE GLOBAL_VARIABLES
         IMPLICIT NONE
         REAL(8),INTENT(INOUT)::AE(:,:),R(:),SNOD(:,:),COOR(:,:)
         INTEGER,INTENT(INOUT)::JR(:,:),MEO(:,:)
         REAL(8)::XYG(2),RJX(2,2),SG(6),S(3,8),FUN(4),XY(2,4),RSTN(2)
         INTEGER::ME(4),I,J,IE,ID,J1,J2,II,LL,K,NME,LD,JJ,L,NA,&
                    NN(8),JB,M,IS,IT,IG
         REAL(8)::D1,D2,D3,U,E,TT,SS,CI,BI,DET,B(3,8),&
                    DMAT(3,3),RE(8),SE(3)
         INTEGER,ALLOCATABLE::ND(:)
!        下 1 行:为数组分配存储空间
         ALLOCATE(ND(NP))
!        下 1 行:为了形成每个结点围绕该结点的单元数 ND( * ),首先将 ND( * )充零
         ND=0
!        下 1 行:结点应力分量及主应力和主方向首先充零
         SNOD=0.0
         WRITE(16,300)
```

```
!       下 58 行:对单元循环,计算单元中心点处的应力分量及主应力和主方向
        DO IE=1,NE
          ! 下 13 行:按单元读出计算应力时需要的有关信息和取出该单元的 E,v 计算 D1,D2,D3 及弹性矩
阵 DMAT
          NME=MEO(5,IE)
          ME(:)=MEO(1:4,IE)
          E=AE(1,NME)
          U=AE(2,NME)
          D1=E/(1.-U*U)
          D2=E*U/(1.-U*U)
          D3=E*0.5/(1.+U)
          DMAT=0.0
          DMAT(1,1)=D1
          DMAT(2,2)=D1
          DMAT(1,2)=D2
          DMAT(2,1)=D2
          DMAT(3,3)=D3
          ! 下 7 行:形成单元结点自由度数组 NN
          DO I=1,4
            JB=ME(I)
            DO M=1,2
              JJ=2*(I-1)+M
              NN(JJ)=JR(M,JB)
            END DO
          END DO
          ! 下 4 行:形成单元 4 个结点坐标数组 XY(2,4)
          DO I=1,4
            J=ME(I)
            XY(:,I)=COOR(:,J)
          END DO
          ! 下 4 行:形成 ND 数组,存储各个结点的关联单元数
          DO ID=1,4
            LD=ME(ID)
            ND(LD)=ND(LD)+1
          END DO
          ! 下 2 行:单元形心处的局部坐标
          SS=0.
          TT=0.
          ! 下 1 行:调用 RMSD 子程序,计算单元形心处应变矩阵 B(3,8)
          CALL RMSD(IE,DET,SS,TT,XY,FUN,RJX,B)
          ! 下 1 行:根据式(3-14)计算单元形心处应力矩阵 S(3,8)
          S=MATMUL(DMAT,B)
          ! 下 6 行:计算单元形心处的整体坐标
          XYG=0.
```

```
        DO J=1,2
        DO K=1,4
          XYG(J)=XYG(J)+FUN(K) * XY(J,K)
        END DO
        END DO
        ! 下1行:将存放单元形心处的3个应力分量及2个主应力和主方向的数组SG充零
        SG=0.
        ! 下7行:获取单元结点位移列阵,并存于数组RE中
        RE=0.
        DO K=1,8
          NA=NN(K)
          IF(NA/=0)THEN
            RE(K)=R(NA)
          END IF
        END DO
        ! 下2行:计算单元形心处应力分量,并存于SG数组中
        SE=MATMUL(S,RE)
        SG(1:3)=SE(:)
        ! 下行:计算单元形心处主应力和主方向
        CALL PRI(SG)
        ! 下1行:输出单元号、单元形心处的3个应力分量及2个主应力和主方向、形心处的整体坐标
        WRITE(16,500)IE,(SG(I),I=1,6),(XYG(J),J=1,2)
!       下10行:对所考察单元的4个结点循环,RR,SS是所考察结点的ξ、η局部坐标值。
        RSTN(1)=-1.0
        RSTN(2)=1.0
        DO IT=1,2
          TT=RSTN(IT)
        DO IS=1,2
          SS=RSTN(IS)
          IG=(IT-1) * 2+IS
!       下1行:调用RMSD子程序,计算出所考察积分点的应变转换矩阵B(6,24)
          CALL RMSD(IE,DET,SS,TT,XY,FUN,RJX,B)
!       下1行:形成应力转换矩阵
          S=MATMUL(DMAT,B)
!       下3行:计算结点应力
          SE=0.0
          SE=MATMUL(S,RE)
          SNOD(:,ME(IG))=SNOD(:,ME(IG))+SE(:)
        END DO
        END DO
      END DO
!     下6行:用绕结点平均法求出结点处的应力分量
      DO I=1,NP
        LL=ND(I)
```

```
        IF(LL/=0)THEN
          SNOD(:,I)=SNOD(:,I)/LL
        END IF
      END DO
      WRITE(16,700)
!     下5行:由结点应力分量求出结点处的主应力及主方向并输出。
!     它们的顺序为:sig-x,sig-y,sig-xy,sig-1,sig-2,α
      DO J=1,NP
        SG(:)=SNOD(:,J)
        CALL PRI(SG)
        WRITE(16,660)J,(SG(K),K=1,6)
      END DO
!     下1行:释放存储空间
      DEALLOCATE(ND)
300   FORMAT(/25X,' ELEMENT MID-POINT STRESS '/' ELE NO. ',              &
            ' SIG-XX ',2X,' SIG-YY ',2X,' SIG-XY ',3X,' SIG-1 ',3X,        &
            ' SIG-2 ANGLE ',3X,' X-CO. ',2X,' Y-CO. '/)
500   FORMAT(2X,I4,6F9.2,2X,2F7.2)
550   FORMAT(1X,I4,6F9.2,2X,2F7.2)
700   FORMAT(/25X,' NODES & PRINCIPAL STRESS '/2X,' NODE NO. ',          &
            4X,' SIG-XX ',5X,' SIG-YY ',5X,' SIG-XY ',6X,' SIG-1 ',6X,     &
            ' SIG-2 ',6X,' ANGLE '/)
660   FORMAT(3X,I5,1X,6F11.3)
      RETURN
    END SUBROUTINE STRESS
```

PRI 子程序清单：

```
!    该子程序的主要功能:求主应力和主方向
     SUBROUTINE PRI(A)
       IMPLICIT NONE
       REAL(8),INTENT(INOUT)::A(6)
       REAL(8)::H1,H2,H3
!      下5行:根据式(2-17)由应力分量计算主应力,并把它们放在A(4),A(5)中
       H1=A(1)+A(2)
       H2=A(1)-A(2)
       H2=SQRT(H2*H2+4.*A(3)*A(3))
       A(4)=(H1+H2)/2.! 最大主应力
       A(5)=(H1-H2)/2.! 最小主应力
!      下10行:根据式(2-17)由应力分量和主应力计算主方向,并把它们放在A(6)中,主方向单位为度。
       IF(ABS(A(3))<=1.0E-4)THEN
         IF(A(1)<=A(2))THEN
           A(6)=90.
           RETURN
```

```
      ELSE
        A(6)=0.
        RETURN
      END IF
    END IF
    A(6)=ATAN((A(4)-A(1))/A(3))*57.2958
    RETURN
  END SUBROUTINE PRI
```

第八节　源程序使用说明

本节给出弹性力学平面问题4结点四边形等参数单元的有限元PCG迭代解程序使用说明。

一、程序的功能

本程序应用有限元位移法计算弹性力学平面问题在自重、结点集中荷载以及分布面荷载（水压或法向分布压力）作用下的结点位移、单元中心以及各个结点处的应力分量、主应力与应力主向。

二、原始数据的输入与输出

本程序所需输入的原始数据已分别在以前各节中说明，为使用方便起见，列表汇总见表3-6。

表3-6　　程序的输入数据

输入次序	输入信息	意　义
1	*NP*	结点总数
	NE	单元总数
	NM	材料类型总数
	NR	受约束结点总数
	NW	水荷载的类型数
	NF	受集中荷载作用的结点总数
	NI	问题性质标识（平面应力填0，平面应变填1）
	NDP	非零已知位移结点总数
	NESW	受水压力或法向分布压力作用的单元数
2 （对全部结点循环输入）	*NN*	结点的点号
	XY(2)	该结点的2个坐标值，送入*COOR*(2，*NN*)
3 （对全部单元循环输入）	*NEE*	单元号
	MEO(6，*NEE*)	该单元的信息： *MEO*(1，*NEE*)～*MEO*(4，*NEE*)：单元的4个结点号； *MEO*(5，*NEE*)：单元的材料类型号； *MEO*(6，*NEE*)：是否计算自重（1-计算，0-不计算）

续表

输入次序	输入信息	意　　义
4 （对 *NM* 循环输入）	*AE*(4，*NM*)	材料特性常数数组，每列 4 个数依次为：弹性模量、泊松比、材料容重和单元厚度
5 （如果 *NW*>0，则输入）	*WG*(2，*NW*)	水荷载特性常数数组，每列 2 个数依次为水面 y 坐标值及水的容重
6 （对受约束结点循环输入）	*NN*	受约束结点号
	IR(2)	该点的约束信息，用 1 表示不受约束，0 表示受约束
7 （如果 *NF*>0，则对受集中荷载结点循环输入）	*NN*	受集中荷载作用的结点号
	CR(2)	该点 2 个坐标方向的集中荷载值
8 （如果 *NESW*>0，则对受分布荷载的单元循环输入）	*NEE*	受分布荷载单元的序号
	NK	该单元受水压荷载的种数
	NSF	该单元受分布压力的面数
9 （如果 *NK*>0 则对水压类型循环输入）	*NNN*	水压类型
	NFACE(4)	该单元 4 个表面受此类型水压的信息，1 受此类型水压；0 不受此类型水压。4 个表面的顺序为 $\xi=+1，-1$；$\eta=+1，-1$
10 （如果 *NSF*>0 则对受荷表面循环输入）	*ND*	受荷表面的序号
	PR(2)	此面上 2 个结点的分布压力集度。各个面上 2 个结点的顺序见 SRFOR 子程序中 DATA KFACE

三、其他主要标识符的意义

为了便于阅读完整的程序，下面将程序中其他一些主要标识符的意义说明汇总见表 3－7。

表 3－7　　主要标识符的意义

标识符	意　　义
COOR(2,*NP*)	结点坐标数组
SKE(8,8)	单元劲度矩阵
NN(8)	单元 4 个结点的 8 个自由度序号
RF(8)	单元结点荷载列阵
RSTG(2)	高斯积分点的局部坐标
B(3,8)	应变转换矩阵
XJR(2,2)	雅可比矩阵$[J]$
RJX(2,2)	雅可比矩阵的逆矩阵$[J]^{-1}$
DET	雅可比行列式
SNOD(6,*NP*)	结点处的 3 个应力分量,2 个主应力和应力主向

四、全局变量

程序在 GLOBAL _ VARIABLES 模块中定义了见表 3－8 的全局变量。

表 3-8　全局变量的意义

全局变量	意　义
NP	结点总数
NE	单元总数
NM	材料类型总数
NR	受约束结点总数
NW	水荷载的类型数
NF	受集中荷载作用的结点数
NI	问题性质标识（平面应力填 0，平面应变填 1）
NDP	非零已知位移结点总数
$NESW$	受水压力和法向分布压力作用的单元数
N	结构自由度总数
NH	按稀疏存储的整体劲度矩阵的总容量
$RSTG(2)$	高斯积分点坐标

五、程序的模块组成

本程序共有 1 个主程序 MAIN-QUAD4 和 4 个程序模块 GLOBAL _ VARIABLES、LIBRARY、CSR、PCG，分布在 5 个程序文件中：主程序文件 MAIN-QUAD4、全局变量模块文件 GLOBALVARIABLES-QUAD4、稀疏存储模块文件 CSR-QUAD4、预条件共轭梯度求解模块文件 PCG-QUAD4 和通用子程序库模块文件 LIBRARY-QUAD4。每个程序模块的组成见表 3-9。

表 3-9　程序模块的组成

程序单位名	功　能
主程序 MAIN-QUAD4	调用子程序 CONTROL、INPUT、REST、CSRNZS、CSRSTRUC、STDK4 _ CSR、LOAD4、OUTPUT、TREAT _ CSR、DPCG、STRESS
通用子程序模块 LIBRARY	包含子程序 CONTROL、INPUT、REST、STDK4 _ CSR、STIF、RMSD、FPJD、LOAD4、SURFOR、ASLOAD、OUTPUT、TREAT _ CSR、STRESS、PRI
全局变量模块 GLOBAL _ VARIABLES	定义全局变量，见表 3-8
稀疏存储模块 CSR	包含子程序 CSRNZS、CSRSTRUC、BISEARCH、BUBBLE、ASESK _ CSR
预条件共轭梯度求解模块 PCG	包含子程序 DPCG、SPMD _ CSR、PRECON

六、各程序单位的调用关系

各程序单位的调用关系如图 3-7 所示。

七、算例

悬臂梁长 8m、高 2m，左端固定，所受荷载如图 3-8 所示，不考虑自重。材料弹性模量 $E=2000000\text{kN/m}^2$，泊松比 $\mu=0.3$。有限元结点和单元编号如图 3-9 所示。所需输入数据清单及运行本章程序后的输出成果清单见电子文档。部分位移与应力成果见表 3-10～表 3-12。

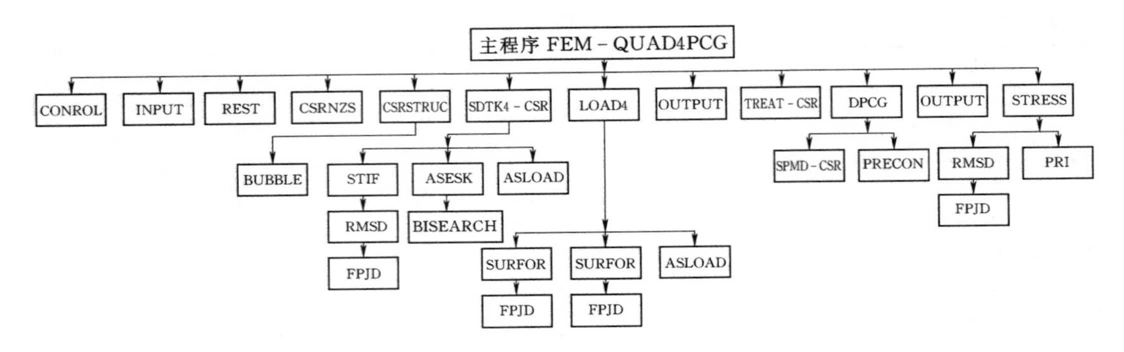

图 3 - 7　各程序单位的调用关系图

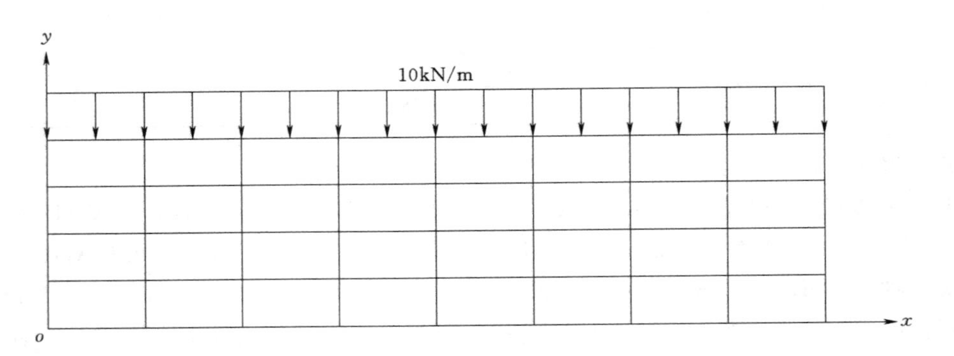

图 3 - 8　悬臂梁受荷载图

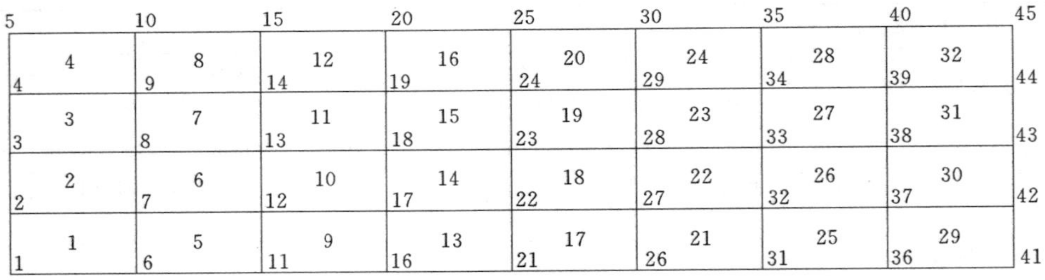

图 3 - 9　单元与结点的编号

表 3 - 10　　　**结 点 y 向 位 移**　　　单位：10^{-3}m

结点号	y 向位移	结点号	y 向位移
25	－1.39	45	－3.69
24	－1.38	44	－3.69
23	－1.38	43	－3.69
22	－1.38	42	－3.69
21	－1.38	41	－3.69

表 3-11 **单元中点应力 σ_x** 单位：kN/m²

单元号	中点 σ_x	材料力学结果	单元号	中点 σ_x	材料力学结果
12	155.6	170.2	16	104.4	113.9
11	51.7	56.7	15	35.5	38.0
10	−51.7	−56.7	14	−35.5	−38.0
9	−155.6	−170.2	13	−104.4	−113.9

表 3-12 **结点应力 σ_x** 单位：kN/m²

结点号	σ_x	材料力学结果	结点号	σ_x	材料力学结果
20	177.1	187.5	25	113.5	120
19	87.3	93.8	24	57.6	60
18	0.4	0	23	0	0
17	−87.8	−93.8	22	−57.2	−60
16	−176.9	−187.5	21	−114.1	−120

这里 8×4 网格的结果已经与 3 结点三角形单元的 16×8 网格的结果很接近了。需要指出的是，这里与材料力学的应力结果作比较，并不表明它就是精确解，因为此梁的长高比为 4，已经不是传统意义上的梁了。

第四章　空间问题的有限元程序设计

本章介绍弹性力学空间问题中8结点六面体等参数单元的有限元直接解程序。在第一节给出有关计算公式后，着重讨论形成单元劲度矩阵和单元等效结点荷载列阵，进而集合为整体整劲度矩阵和荷载列阵的程序设计方法，最后给出完整的源程序及其使用说明，并通过例题说明此程序的使用方法。

第一节　8结点六面体等参数单元的计算公式

一、位移模式与坐标变换式

对于如图4-1所示的8结点等参数单元，其位移模式与坐标变换式分别为

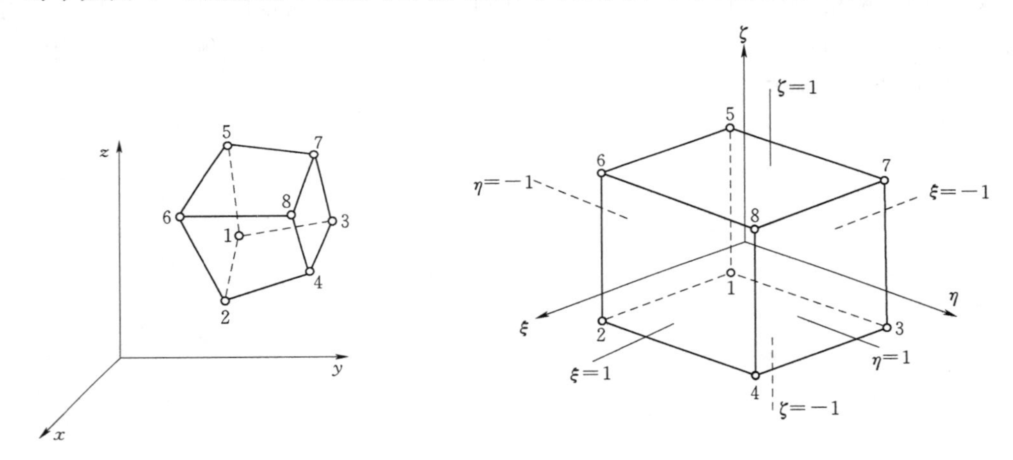

图4-1　8结点六面体等参数单元

$$u=\sum_{i=1}^{8}N_iu_i,\quad v=\sum_{i=1}^{8}N_iv_i,\quad w=\sum_{i=1}^{8}N_iw_i \tag{4-1}$$

以及

$$x=\sum_{i=1}^{8}N_ix_i,\quad y=\sum_{i=1}^{8}N_iy_i,\quad z=\sum_{i=1}^{8}N_iz_i \tag{4-2}$$

式中：u_i、v_i、w_i、x_i、y_i、z_i 分别为8个结点的结点位移分量与结点整体坐标分量，$i=1，2，\cdots，8$；N_i 为形函数，它们可以用单元的局部坐标 ξ、η、ζ 表示为

$$N_i=\frac{1}{8}(1+\xi_i\xi)(1+\eta_i\eta)(1+\zeta_i\zeta)\quad(i=1,2,\cdots,8) \tag{4-3}$$

其中 ξ_i、η_i、$\zeta_i(i=1，2，\cdots，8)$ 是8个结点的局部坐标值。

式（4-1）可以改写为式（1-1）的形式，即

$$\begin{Bmatrix} u \\ v \\ w \end{Bmatrix}=\left[\begin{array}{ccc|ccc|c|ccc} N_1 & 0 & 0 & N_2 & 0 & 0 & \cdots & N_8 & 0 & 0 \\ 0 & N_1 & 0 & 0 & N_2 & 0 & \cdots & 0 & N_8 & 0 \\ 0 & 0 & N_1 & 0 & 0 & N_2 & \cdots & 0 & 0 & N_8 \end{array}\right]\begin{Bmatrix} u_1 \\ v_1 \\ w_1 \\ u_2 \\ v_2 \\ w_2 \\ \vdots \\ u_8 \\ v_8 \\ w_8 \end{Bmatrix} \tag{4-4}$$

式（4-4）表明，8结点等参数单元的形函数矩阵［N］为

$$[N]=\left[\begin{array}{ccc|ccc|c|ccc} N_1 & 0 & 0 & N_2 & 0 & 0 & \cdots & N_8 & 0 & 0 \\ 0 & N_1 & 0 & 0 & N_2 & 0 & \cdots & 0 & N_8 & 0 \\ 0 & 0 & N_1 & 0 & 0 & N_2 & \cdots & 0 & 0 & N_8 \end{array}\right]_{3\times 24} \tag{4-5}$$

二、应变转换矩阵［$\boldsymbol{B}$］

将式（4-5）代入式（1-3），得

$$[B]=[B_1 \quad B_2 \quad \cdots \quad B_8]_{6\times 24} \tag{4-6}$$

其中

$$[B_i]=\begin{bmatrix} \frac{\partial N_i}{\partial x} & 0 & 0 \\ 0 & \frac{\partial N_i}{\partial y} & 0 \\ 0 & 0 & \frac{\partial N_i}{\partial z} \\ \frac{\partial N_i}{\partial y} & \frac{\partial N_i}{\partial x} & 0 \\ 0 & \frac{\partial N_i}{\partial z} & \frac{\partial N_i}{\partial y} \\ \frac{\partial N_i}{\partial z} & 0 & \frac{\partial N_i}{\partial x} \end{bmatrix}_{6\times 3} \quad (i=1,2,\cdots,8) \tag{4-7}$$

由于式（4-3）所示的形函数 N_i 是局部坐标 ξ、η、ζ 的函数，而 ξ、η、ζ 与 x、y、z 的关系就是坐标变换式（4-2）。因此，为了求出式（4-7）中的形函数 N_i 对整体坐标的偏导数，还须作下列运算。

根据复合函数的求导规则，有

$$\begin{Bmatrix} \frac{\partial N_i}{\partial \xi} \\ \frac{\partial N_i}{\partial \eta} \\ \frac{\partial N_i}{\partial \zeta} \end{Bmatrix}=\begin{bmatrix} \frac{\partial x}{\partial \xi} & \frac{\partial y}{\partial \xi} & \frac{\partial z}{\partial \xi} \\ \frac{\partial x}{\partial \eta} & \frac{\partial y}{\partial \eta} & \frac{\partial z}{\partial \eta} \\ \frac{\partial x}{\partial \zeta} & \frac{\partial y}{\partial \zeta} & \frac{\partial z}{\partial \zeta} \end{bmatrix}\begin{Bmatrix} \frac{\partial N_i}{\partial x} \\ \frac{\partial N_i}{\partial y} \\ \frac{\partial N_i}{\partial z} \end{Bmatrix}=[J]\begin{Bmatrix} \frac{\partial N_i}{\partial x} \\ \frac{\partial N_i}{\partial y} \\ \frac{\partial N_i}{\partial z} \end{Bmatrix} \tag{4-8}$$

从而有

$$\begin{Bmatrix} \dfrac{\partial N_i}{\partial x} \\ \dfrac{\partial N_i}{\partial y} \\ \dfrac{\partial N_i}{\partial z} \end{Bmatrix} = [J]^{-1} \begin{Bmatrix} \dfrac{\partial N_i}{\partial \xi} \\ \dfrac{\partial N_i}{\partial \eta} \\ \dfrac{\partial N_i}{\partial \zeta} \end{Bmatrix} \tag{4-9}$$

其中

$$[J] = \begin{bmatrix} \dfrac{\partial x}{\partial \xi} & \dfrac{\partial y}{\partial \xi} & \dfrac{\partial z}{\partial \xi} \\ \dfrac{\partial x}{\partial \eta} & \dfrac{\partial y}{\partial \eta} & \dfrac{\partial z}{\partial \eta} \\ \dfrac{\partial x}{\partial \zeta} & \dfrac{\partial y}{\partial \zeta} & \dfrac{\partial z}{\partial \zeta} \end{bmatrix}_{3\times 3} \tag{4-10}$$

称为雅克比矩阵。为了能计算这个矩阵，只需将式（4－2）代入式（4－10），得

$$[J] = \begin{bmatrix} \sum\limits_{i=1}^{8} \dfrac{\partial N_i}{\partial \xi} x_i & \sum\limits_{i=1}^{8} \dfrac{\partial N_i}{\partial \xi} y_i & \sum\limits_{i=1}^{8} \dfrac{\partial N_i}{\partial \xi} z_i \\ \sum\limits_{i=1}^{8} \dfrac{\partial N_i}{\partial \eta} x_i & \sum\limits_{i=1}^{8} \dfrac{\partial N_i}{\partial \eta} y_i & \sum\limits_{i=1}^{8} \dfrac{\partial N_i}{\partial \eta} z_i \\ \sum\limits_{i=1}^{8} \dfrac{\partial N_i}{\partial \zeta} x_i & \sum\limits_{i=1}^{8} \dfrac{\partial N_i}{\partial \zeta} y_i & \sum\limits_{i=1}^{8} \dfrac{\partial N_i}{\partial \zeta} z_i \end{bmatrix}$$

$$= \begin{bmatrix} \dfrac{\partial N_1}{\partial \xi} & \dfrac{\partial N_2}{\partial \xi} & \cdots & \dfrac{\partial N_8}{\partial \xi} \\ \dfrac{\partial N_1}{\partial \eta} & \dfrac{\partial N_2}{\partial \eta} & \cdots & \dfrac{\partial N_8}{\partial \eta} \\ \dfrac{\partial N_1}{\partial \zeta} & \dfrac{\partial N_2}{\partial \zeta} & \cdots & \dfrac{\partial N_8}{\partial \zeta} \end{bmatrix}_{3\times 8} \begin{bmatrix} x_1 & y_1 & z_1 \\ x_2 & y_2 & z_2 \\ \vdots & \vdots & \vdots \\ \vdots & \vdots & \vdots \\ x_8 & y_8 & z_8 \end{bmatrix}_{8\times 3} \tag{4-11}$$

由式（4－9）、式（4－11）可见，必须计算出形函数对局部坐标的偏导数，才能计算形函数对整体坐标的偏导数。为此，由式（4－3）求得

$$\begin{cases} \dfrac{\partial N_i}{\partial \xi} = \dfrac{1}{8}\xi_i(1+\eta_i\eta)(1+\zeta_i\zeta) \\ \dfrac{\partial N_i}{\partial \eta} = \dfrac{1}{8}\eta_i(1+\xi_i\xi)(1+\zeta_i\zeta) \quad (i=1,2,\cdots,8) \\ \dfrac{\partial N_i}{\partial \zeta} = \dfrac{1}{8}\zeta_i(1+\xi_i\xi)(1+\eta_i\eta) \end{cases} \tag{4-12}$$

由式（4－9）～式（4－12）可见，为了计算单元内某一点的形函数对整体坐标的偏导数值，只需先将该点的局部坐标值代入式（4－12）各式中的 ξ、η、ζ，算得该点的形函数对局部坐标的偏导数值；再由式（4－11）算得该点的雅可比矩阵；接着根据矩阵求逆公式

$$[J]^{-1} = \frac{[J]^*}{|J|} \tag{4-13}$$

算得该点的雅可比矩阵的逆矩阵，式中$|J|$是雅可比矩阵的行列式，$[J]^*$是雅可比矩阵的伴随矩阵，它的9个元素就是雅可比矩阵9个元素的代数余子式，但行、列要转置；最后，便可由式（4-9）算得所考察点的形函数对整体坐标的偏导数值。

三、应力转换矩阵$[S]$

将式（4-6）代入式（1-5），得

$$[S]_{6\times 24}=[D]_{6\times 6}[B]_{6\times 24} \tag{4-14}$$

将式（4-14）代入式（1-4）便可求得空间问题的应力分量

$$\begin{Bmatrix}\sigma_x\\ \sigma_y\\ \sigma_z\\ \tau_{xy}\\ \tau_{yz}\\ \tau_{zx}\end{Bmatrix}=[S]_{6\times 24}\{\delta\}^e_{24\times 1} \tag{4-15}$$

四、单元劲度矩阵$[k]^e$

将式（4-6）代入式（1-8），得

$$[k]^e_{24\times 24}=\iiint_{V^e}[B]^T_{24\times 6}[D]_{6\times 6}[B]_{6\times 24}\mathrm{d}x\mathrm{d}y\mathrm{d}z=\int_{-1}^{1}\int_{-1}^{1}\int_{-1}^{1}[B]^T[D][B]|J|\mathrm{d}\xi\mathrm{d}\eta\mathrm{d}\zeta \tag{4-16}$$

现在用8个积分点的高斯积分公式（即相当于一维高斯积分公式中$n=2$的情形）计算上述积分，得到

$$[k]^e_{24\times 24}=\sum_{t=1}^{2}\sum_{s=1}^{2}\sum_{r=1}^{2}([B]^T[D][B]|J|)_{\xi_r,\eta_s,\zeta_t}H_rH_sH_t \tag{4-17}$$

其中ξ_r、η_s、ζ_t是积分点的局部坐标值，H_r、H_s、H_t是相应的加权系数，它们的数值如下：

$$\begin{cases}\xi_1=\eta_1=\zeta_1=-0.577350269189626\\ \xi_2=\eta_2=\zeta_2=0.577350269189626\\ H_1=1\\ H_2=1\end{cases} \tag{4-18}$$

五、单元结点荷载列阵$\{r\}^e$

8结点等参数单元的$\{r\}^e$可由式（1-12）计算，即

$$\{r\}^e_{24\times 1}=[N]^T_{24\times 3}\{P\}_{3\times 1}+\iiint_{V^e}[N]^T_{24\times 3}\{p\}_{3\times 1}\mathrm{d}x\mathrm{d}y\mathrm{d}z+\iint_{s^e}[N]^T_{24\times 3}\{\overline{p}\}_{3\times 1}\mathrm{d}s \tag{4-19}$$

由于集中力的作用点通常总是取为结点，从而可以直接给出结点荷载，因此式（4-19）中关于集中力列阵$\{P\}$的项可以不必考虑。

关于分布体力列阵$\{p\}$的项，只考虑单元自重的情况。设单元的密度为ρ，并取z轴铅直向上，则

$$\{p\}=\begin{Bmatrix}0\\0\\-\rho g\end{Bmatrix} \tag{a}$$

式中：g 为重力加速度；ρg 为单元的容重。

将式（4-5）以及上述式（a）代入式（4-20）的右端第 2 项，即可求得等效于单元自重的单元结点荷载列阵为

$$\{r\}^e=\begin{Bmatrix}X_1\\Y_1\\Z_1\\X_2\\Y_2\\Z_2\\\vdots\\X_8\\Y_8\\Z_8\end{Bmatrix}_{24\times1}=\iiint\limits_{V^e}\begin{bmatrix}N_1&0&0\\0&N_1&0\\0&0&N_1\\N_2&0&0\\0&N_2&0\\0&0&N_2\\\vdots&\vdots&\vdots\\N_8&0&0\\0&N_8&0\\0&0&N_8\end{bmatrix}\begin{Bmatrix}0\\0\\-\rho g\end{Bmatrix}_{3\times1}\mathrm{d}x\mathrm{d}y\mathrm{d}z \tag{b}$$

由式（b）可得 8 个结点中任意一个结点 i 上的结点荷载列阵为

$$\begin{Bmatrix}X_i\\Y_i\\Z_i\end{Bmatrix}=\iiint\limits_{V^e}\begin{bmatrix}N_i&0&0\\0&N_i&0\\0&0&N_i\end{bmatrix}\begin{Bmatrix}0\\0\\-\rho g\end{Bmatrix}\mathrm{d}x\mathrm{d}y\mathrm{d}z=\iiint\limits_{V^e}\begin{Bmatrix}0\\0\\-\rho gN_i\end{Bmatrix}\mathrm{d}x\mathrm{d}y\mathrm{d}z\quad(i=1,2,\cdots,8) \tag{c}$$

亦即 $X_i=Y_i=0$ 而只有 Z_i 不等于零，即

$$Z_i=\iiint\limits_{V^e}-\rho gN_i\mathrm{d}x\mathrm{d}y\mathrm{d}z=-\rho g\int_{-1}^{1}\int_{-1}^{1}\int_{-1}^{1}N_i\,|J|\,\mathrm{d}\xi\mathrm{d}\eta\mathrm{d}\zeta\quad(i=1,2,\cdots,8) \tag{4-20}$$

仍用 8 个积分点的高斯积分公式计算上述积分，便得

$$Z_i=\sum_{t=1}^{2}\sum_{s=1}^{2}\sum_{r=1}^{2}-\rho g(N_i\,|J|)_{\xi_r,\eta_s,\zeta_t}H_rH_sH_t \tag{4-21}$$

其中积分点的局部坐标值以及加权系数如式（4-18）所示。

关于分布面力列阵 $\{\overline{p}\}$ 的项，只考察单元的 $\xi=\pm1$ 两个表面受法向分布压力作用的情况。若是其他 4 个表面（即 $\eta=\pm1$ 及 $\zeta=\pm1$）受法向分布压力作用，只需将下面有关公式中的 ξ、η、ζ 进行轮换即可。

设在 $\xi=1$ 或 $\xi=-1$ 的面上，4 个结点处的法向分布压力集度为 $\overline{q}_i(i=1,2,3,4)$，那么该面上任意一点的法向分布压力集度 $\overline{q}$ 为

$$\overline{q}=\sum_{i=1}^{4}N_i\overline{q}_i \tag{4-22}$$

其中 N_i 是 $\xi=1$ 或 $\xi=-1$ 时的受荷面上 4 个结点的形函数。

设受荷表面上任意一点正 ξ 方向的方向余弦为 l、m、n，则式（4-20）右端第 3 项中的分布面力列阵 $\{\overline{p}\}$ 成为

$$\{\overline{p}\}=\mp\begin{Bmatrix}\overline{q}l\\\overline{q}m\\\overline{q}n\end{Bmatrix}_{\xi=\pm1}\tag{d}$$

将式（d）代入式（4-20）右端第3项，并将在$\xi=\pm1$面内的面积分改用对局部坐标η、ζ的积分来表示，便可求得单元的等效结点荷载列阵为

$$\{r\}^e=\begin{Bmatrix}X_1\\Y_1\\Z_1\\X_2\\Y_2\\Z_2\\\vdots\\X_8\\Y_8\\Z_8\end{Bmatrix}=\mp\int_{-1}^{1}\int_{-1}^{1}\begin{bmatrix}N_1&0&0\\0&N_1&0\\0&0&N_1\\N_2&0&0\\0&N_2&0\\0&0&N_2\\\vdots&\vdots&\vdots\\N_8&0&0\\0&N_8&0\\0&0&N_8\end{bmatrix}_{\xi=\pm1}(\overline{q})_{\xi=\pm1}\begin{Bmatrix}\dfrac{\partial y}{\partial\eta}\dfrac{\partial z}{\partial\zeta}-\dfrac{\partial z}{\partial\eta}\dfrac{\partial y}{\partial\zeta}\\\dfrac{\partial z}{\partial\eta}\dfrac{\partial x}{\partial\zeta}-\dfrac{\partial x}{\partial\eta}\dfrac{\partial z}{\partial\zeta}\\\dfrac{\partial x}{\partial\eta}\dfrac{\partial y}{\partial\zeta}-\dfrac{\partial y}{\partial\eta}\dfrac{\partial x}{\partial\zeta}\end{Bmatrix}_{\xi=\pm1}\mathrm{d}\eta\mathrm{d}\zeta\tag{e}$$

由于除了受荷面上4个结点的形函数之外，其他4个结点的形函数在$\xi=1$或$\xi=-1$时均为零，因此，只有受荷面上的4个结点上有不为零的等效结点荷载

$$\begin{Bmatrix}X_i\\Y_i\\Z_i\end{Bmatrix}=\mp\int_{-1}^{1}\int_{-1}^{1}\begin{bmatrix}N_i&0&0\\0&N_i&0\\0&0&N_i\end{bmatrix}_{\xi=\pm1}(\overline{q})_{\xi=\pm1}\begin{Bmatrix}\dfrac{\partial y}{\partial\eta}\dfrac{\partial z}{\partial\zeta}-\dfrac{\partial z}{\partial\eta}\dfrac{\partial y}{\partial\zeta}\\\dfrac{\partial z}{\partial\eta}\dfrac{\partial x}{\partial\zeta}-\dfrac{\partial x}{\partial\eta}\dfrac{\partial z}{\partial\zeta}\\\dfrac{\partial x}{\partial\eta}\dfrac{\partial y}{\partial\zeta}-\dfrac{\partial y}{\partial\eta}\dfrac{\partial x}{\partial\zeta}\end{Bmatrix}_{\xi=\pm1}\mathrm{d}\eta\mathrm{d}\zeta$$

$$=\mp\int_{-1}^{1}\int_{-1}^{1}[(N_i\overline{q})_{\xi=\pm1}]\begin{Bmatrix}\dfrac{\partial y}{\partial\eta}\dfrac{\partial z}{\partial\zeta}-\dfrac{\partial z}{\partial\eta}\dfrac{\partial y}{\partial\zeta}\\\dfrac{\partial z}{\partial\eta}\dfrac{\partial x}{\partial\zeta}-\dfrac{\partial x}{\partial\eta}\dfrac{\partial z}{\partial\zeta}\\\dfrac{\partial x}{\partial\eta}\dfrac{\partial y}{\partial\zeta}-\dfrac{\partial y}{\partial\eta}\dfrac{\partial x}{\partial\zeta}\end{Bmatrix}_{\xi=\pm1}\mathrm{d}\eta\mathrm{d}\zeta\quad(i=1,2,3,4)\tag{4-23}$$

现在用4个积分点的高斯积分公式计算式（4-23）的面积分，得

$$\begin{cases}X_i=\mp\sum\limits_{t=1}^{2}\sum\limits_{s=1}^{2}\left[N_i\overline{q}\left(\dfrac{\partial y}{\partial\eta}\dfrac{\partial z}{\partial\zeta}-\dfrac{\partial z}{\partial\eta}\dfrac{\partial y}{\partial\zeta}\right)\right]_{\xi=\pm1,\eta_s,\zeta_t}H_sH_t\\Y_i=\mp\sum\limits_{t=1}^{2}\sum\limits_{s=1}^{2}\left[N_i\overline{q}\left(\dfrac{\partial z}{\partial\eta}\dfrac{\partial x}{\partial\zeta}-\dfrac{\partial x}{\partial\eta}\dfrac{\partial z}{\partial\zeta}\right)\right]_{\xi=\pm1,\eta_s,\zeta_t}H_sH_t\\Z_i=\mp\sum\limits_{t=1}^{2}\sum\limits_{s=1}^{2}\left[N_i\overline{q}\left(\dfrac{\partial x}{\partial\eta}\dfrac{\partial y}{\partial\zeta}-\dfrac{\partial y}{\partial\eta}\dfrac{\partial x}{\partial\zeta}\right)\right]_{\xi=\pm1,\eta_s,\zeta_t}H_sH_t\end{cases}\tag{4-24}$$

其中积分点的局部坐标值η_s、ζ_t以及加权系数H_s、H_t仍如式（4-18）所示。

六、主应力与应力主向

在由式（4－15）计算出单元内任意一点的6个应力分量后，便可求解三次方程

$$\sigma^3+B\sigma^2+C\sigma+D=0 \tag{4-25}$$

其中

$$\begin{cases}B=-(\sigma_x+\sigma_y+\sigma_z)\\C=\sigma_x\sigma_y+\sigma_y\sigma_z+\sigma_z\sigma_x-\tau_{xy}^2-\tau_{yz}^2-\tau_{zx}^2\\D=\sigma_x\tau_{yz}^2+\sigma_y\tau_{zx}^2+\sigma_z\tau_{xy}^2-2\tau_{xy}\tau_{yz}\tau_{zx}-\sigma_x\sigma_y\sigma_z\end{cases} \tag{4-26}$$

它的3个根即为所考察点的3个主应力。

根据3次代数方程的理论，式（4－26）的3个根由以下各式给出：

令

$$\begin{cases}P=C-\dfrac{B^2}{3}\\Q=\dfrac{2}{27}B^3-\dfrac{BC}{3}+D\end{cases} \tag{4-27}$$

以及

$$R=\left(\frac{Q}{2}\right)^2+\left(\frac{P}{3}\right)^3 \tag{4-28}$$

若$R=0$时，方程式（4－25）有3个实根，其中2个根相等，它们分别为

$$\begin{cases}\sigma_1=2\sqrt[3]{-\dfrac{Q}{2}}-\dfrac{B}{3}\\\sigma_2=\sigma_3=-\sqrt[3]{-\dfrac{Q}{2}}-\dfrac{B}{3}\end{cases} \tag{4-29}$$

若$R<0$时，方程式（4－25）有3个不等实根，它们分别为

$$\begin{cases}\sigma_1=2S\cos\dfrac{T}{3}-\dfrac{B}{3}\\\sigma_2=2S\cos\left(\dfrac{T+2\pi}{3}\right)-\dfrac{B}{3}\\\sigma_3=2S\cos\left(\dfrac{T+4\pi}{3}\right)-\dfrac{B}{3}\end{cases} \tag{4-30}$$

其中

$$\begin{cases}S=\sqrt{-\dfrac{P}{3}}\\T=\dfrac{\pi}{2}-\arcsin\dfrac{-Q}{2S^3}\end{cases} \tag{4-31}$$

若$R>0$时，方程式（4－25）有1个实根和1对共轭复根。由于主应力均应是实数，所以这种情况不会发生。

在求得3个主应力后，即可由以下3式中的任意两式

$$\begin{cases}l(\sigma_x-\sigma)+m\tau_{xy}+n\tau_{zx}=0\\l\tau_{xy}+m(\sigma_y-\sigma)+n\tau_{yz}=0\\l\tau_{zx}+m\tau_{yz}+n(\sigma_z-\sigma)=0\end{cases} \tag{4-32}$$

以及第3式

$$l^2+m^2+n^2=1 \tag{4-33}$$

求得每个应力主向的方向余弦 l、m、n。现取式（4-32）中的前两式与式（4-33）联立求解，得

$$\begin{cases} l_i=\dfrac{1}{\sqrt{1+R_4^2+R_5^2}} \\ m_i=\dfrac{R_4}{\sqrt{1+R_4^2+R_5^2}} \\ n_i=\dfrac{R_5}{\sqrt{1+R_4^2+R_5^2}} \end{cases} \tag{4-34}$$

式中

$$\begin{cases} R_4=\dfrac{(\sigma_i-\sigma_x)\tau_{yz}+\tau_{xy}\tau_{zx}}{\tau_{xy}\tau_{yz}+(\sigma_i-\sigma_y)\tau_{zx}} \\ R_5=\dfrac{(\sigma_i-\sigma_x)(\sigma_i-\sigma_y)-\tau_{xy}^2}{\tau_{xy}\tau_{yz}+(\sigma_i-\sigma_y)\tau_{zx}} \end{cases} \tag{4-35}$$

以上两式中的 $i=1$、2、3，代表3个应力主向。

在利用以上两式计算应力主向的方向余弦时，对于式（4-35）两式中的分母为零的情况，即

$$\tau_{xy}\tau_{yz}+(\sigma_i-\sigma_y)\tau_{zx}=0 \tag{4-36}$$

的情况，必须另行考察。

在式（4-36）成立的条件下，可分下列两种情况讨论：

（1）$|\tau_{xy}|+|\tau_{yz}|+|\tau_{zx}|=0$。此时必有3个剪应力分量均为零，即 $\tau_{xy}=\tau_{yz}=\tau_{zx}=0$。于是3个正应力分量就是3个主应力，整体坐标方向也就是应力方向。当所考察的主应力 σ 等于 σ_x 时，$l=1$，$m=n=0$；等于 σ_y 时，$m=1$，$l=n=0$；等于 σ_z 时，$n=1$，$l=m=0$。

（2）$|\tau_{xy}|+|\tau_{yz}|+|\tau_{zx}|\neq0$。此时3个剪应力分量不全为零，又可分以下3种情况：

1）$\tau_{xy}\neq0$：由式（4-34）～式（4-36）各式，可得 $l=0$。再利用式（4-32）的第1式以及式（4-33）

$$\begin{cases} m\tau_{xy}+n\tau_{zx}=0 \\ m^2+n^2=1 \end{cases}$$

解得

$$n=\frac{1}{\sqrt{1+\left(\dfrac{\tau_{zx}}{\tau_{xy}}\right)^2}},\quad m=\sqrt{1-n^2} \tag{4-37}$$

2）$\tau_{yz}\neq0$：同理得 $l=0$。再利用式（4-32）的第3式以及式（4-33）

$$\begin{cases} m\tau_{yz}+n(\sigma_z-\sigma)=0 \\ m^2+n^2=1 \end{cases}$$

解得

$$n=\frac{1}{\sqrt{1+\left(\dfrac{\sigma_z-\sigma}{\tau_{yz}}\right)^2}},\quad m=\sqrt{1-n^2} \tag{4-38}$$

3）$\tau_{zx}\neq 0$：同理得 $l=0$。再利用式（4-33）的第1式以及式（4-34）

$$\begin{cases} m\tau_{xy}+n\tau_{zx}=0 \\ m^2+n^2=1 \end{cases}$$

解得

$$m=\frac{1}{\sqrt{1+\left(\frac{\tau_{xy}}{\tau_{zx}}\right)^2}},\quad n=\sqrt{1-m^2} \tag{4-39}$$

第二节　程序流程图及输入原始数据

本节首先给出8结点六面体等参数单元程序的流程图，使读者对程序的整体结构有一个大概的了解，接着介绍输入原始数据的子程序。本章介绍的程序能考虑单元自重，结点集中荷载与受荷面分布压力或水压力，用直接法求解线性代数方程组。程序的流程图如图4-2所示。

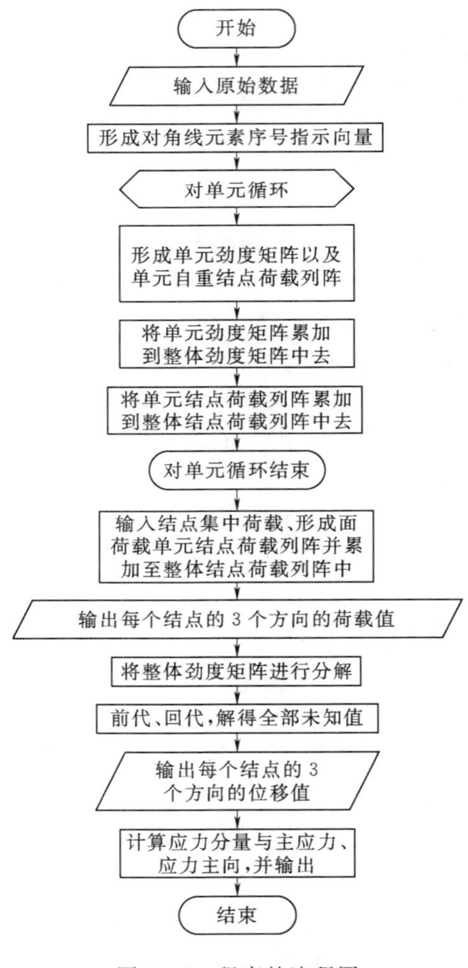

图4-2　程序的流程图

主程序 FEM－HEX8 就是按照上述流程编写而成的，它的程序清单给出如下。

主程序 FEM－HEX8 清单：

```
      PROGRAM FEM_HEX8
        USE LIBRARY
        USE GLOBAL_VARIABLES
        IMPLICIT NONE
        INTEGER,ALLOCATABLE::MA(:),JR(:,:),MEO(:,:)
        REAL(8),ALLOCATABLE::COOR(:,:),AE(:,:),WG(:,:),&
                            R(:),SGI(:,:),SK(:)
        INTEGER::IE
        CHARACTER*12 AR,BR
!     屏幕提示:PLEASE INPUT FILE NAME OF DATA
        WRITE(0,250)
  250   FORMAT(//'  PLEASE INPUT FILE NAME OF DATA='  )
        READ(*,*)AR
        OPEN(5,FILE=AR,STATUS='OLD')
!     屏幕提示: PLEASE INPUT FILE NAME OF RESULTS
        WRITE(0,350)
  350   FORMAT(//'  PLEASE INPUT FILE NAME OF RESULTS=')
        READ(*,*)BR
        OPEN(6,FILE=BR,STATUS='UNKNOWN')
!     输入并打印控制数据
        CALL CONTROL
!     为数组分配存储空间
        ALLOCATE(JR(3,NP),MEO(12,NE),COOR(3,NP),&
                AE(3,NM),WG(2,NW),SGI(6,NE))
!     调用输入结点坐标,单元信息,材料特性常数,水荷载特性常数以及集中荷载信息的子程序
        CALL INPUT(COOR,MEO,AE,WG)
!     输入约束信息并形成 JR
        CALL REST(JR)
!     为数组分配存储空间
        ALLOCATE(MA(N),R(N))
!     形成主元素指示矩阵 MA
        CALL CBAND(MEO,JR,MA)
!     为数组分配存储空间
        ALLOCATE(SK(NH))
!     整体劲度矩阵与等效结点荷载列阵赋零
        SK=0.0; R=0.0
!     下 3 行:形成整体劲度矩阵
        DO IE=1,NE
          CALL SDTK8(IE,MEO,JR,COOR,MA,AE,SK,R)
        END DO
```

```
!       形成整体等效结点荷载列阵
          CALL LOAD8(MEO,JR,COOR,WG,R)
!       下3行:输出结点等效荷载
          WRITE(6,100)
100       FORMAT(///15x,' LOADS OF NODES ')
          CALL OUTPUT(JR,R)
!       整体劲度矩阵分解
          CALL DECOMP(SK,MA)
!       前代、回代求解结点位移
          CALL FOBA(SK,MA,R)
!       下3行:输出结点位移
          WRITE(6,200)
200       FORMAT(///10x,' DISPLACEMENTS OF NODES ')
          CALL OUTPUT(JR,R)
!       调用STRESS子程序求结点处和单元形心的应力分量及主应力
          CALL STRESS(JR,MEO,COOR,AE,R,SGI)
          CLOSE(5)
          CLOSE(6)
          STOP
        END PROGRAM FEM_HEX8
```

现在开始对如图4-2所示的程序逐框予以详细介绍，首先介绍第一框“输入原始数据”。由主程序FEM-HEX8的程序清单可见，第1框调用3个子程序，分别是CONTROL、INPUT和REST。CONTROL是输入并打印控制数据的子程序，REST是输入约束信息的子程序，INPUT是输入结点坐标、单元信息、材料特性常数、水荷载特性常数的子程序，它们的程序清单在下面分别给出。这些输入的原始数据所用的标识符及其意义见表4-1～表4-3。

除了在表4-1～表4-3中的那些原始数据之外，还有集中荷载以及一些与单元有关的原始数据，例如分布面力荷载信息等，将在别的子程序中输入。

除了输入原始数据之外，在子程序REST中，还形成了离散结构的自由度总数N、结点自由度序号指示矩阵$JR(3,NP)$。

表4-1　　CONTROL中输入的控制数据

变量（或数组）名	意　　义
NP	结点总数
NE	单元总数
NM	材料类型总数
NR	受约束结点总数
NW	水荷载的类型数
NF	受集中荷载作用的结点总数
$NESW$	受水压力或法向分布压力作用的单元数
$IBASE(4)$	荷载组合情况信息。4个数分别表示自重、集中力、水荷载与分布压力的作用情况。1表示受该种荷载作用，0表示不受该种荷载作用

子程序CONTROL清单：

```
      SUBROUTINE CONTROL
        USE GLOBAL_VARIABLES
        IMPLICIT NONE
        INTEGER::J
!     输入结点总数NP、单元总数NE、材料类型总数NM、受约束结点总数NR、水荷载类型数NW、
!     受集中力作用的结点总数NF和荷载组合情况信息IBASE(*)
!     IBASE(1)-填1表示受自重,填0表示不受自重
!     IBASE(2)-填1表示受集中力,填0表示不受集中力
!     IBASE(3)-填1表示受水荷载,填0表示不受水荷载
!     IBASE(4)-填1表示受分布压力,填0表示不受分布压力
        READ(5,*)NP,NE,NM,NR,NW,NF,NESW,(IBASE(J),J=1,4)
        WRITE(6,600)NP,NE,NM,NR,NW,NF,NESW,(IBASE(J),J=1,4)
600     FORMAT(//1X,'NUMBER OF NODE ----------------------------------------- NP=',I5/     &
              1X,'NUMBER OF ELEMENT -------------------------------------- NE=',I5/     &
              1X,'NUMBER OF MATERIAL ------------------------------------- NM=',I5/     &
              1X,'NUMBER OF CONSTRAINT ----------------------------------- NR=',I5/     &
              1X,'NUMBER OF WATER PRESS KIND ----------------------------- NW=',I5/     &
              1X,'NUMBER OF CONCENTRATE LOAD ----------------------------- NF=',I5/     &
              1X,'NUMBER OF ELEMENT WITH DISTRIBUTING FORCE OR HYDROPRESSURE           &
---------------------------------------------------------------------- NESW=',I5/ &
              1X,'LOAD NEWS ------------------------------------------ IBASE=',4I5/)
        RETURN
      END SUBROUTINE CONTROL
```

表4-2　　INPUT中输入的数据

变量（或数组）名	意　　义
（对全部结点循环输入） *NN* *COOR*(3，*NN*)	结点的点号 该点的3个坐标值
（对全部单元循环输入） *NEE* *MEO*(12，*NEE*)	单元号 该单元的信息： *MEO*(1，*NEE*)：单元的材料类型号； *MEO*(2，*NEE*)：是否计算自重（1-计算，0-不计算）； *MEO*(3，*NEE*)：该单元所受不同水压类型数（0-不受水压）； *MEO*(4，*NEE*)：该单元受法向压力作用的表面数； *MEO*(5，*NEE*)～*MEO*(12，*NEE*)：单元的8个结点号
（对*NM*种材料循环输入） *AE*(3，*NM*)	材料特性常数数组。每一列的3个数依次为弹性模量、泊松比与容重
（如果*NW*>0则对*NW*种水荷载循环输入） *WG*(2，*NW*)	水荷载特性常数数组。每一列的2个数依次为水面*Z*坐标值及水的容重
（对受集中荷载作用的结点循环输入） *NN* *XYZ*(3)	受集中荷载作用的结点号 该点3个坐标方向的集中荷载值

子程序 INPUT 清单：

```
      SUBROUTINE INPUT(COOR,MEO,AE,WG)
        USE GLOBAL_VARIABLES
        IMPLICIT NONE
        REAL(8),INTENT(INOUT)::COOR(:,:),AE(:,:),WG(:,:)
        INTEGER,INTENT(INOUT)::MEO(:,:)
        INTEGER::IR(3),I,J,NN,L,II,NEE,IE
        REAL(8)::XYZ(3)
!     下1行:循环输入结点号NN及该点的3个坐标值,并将坐标值送入COOR(3,NP)的有关行和列
        READ(5,*)(NN,(COOR(J,NN),J=1,3),I=1,NP)
!     下1行:打印数组COOR(3,NP)
        WRITE(6,850)(NN,(COOR(J,NN),J=1,3),NN=1,NP)
!     下4行:输入单元信息,共NE条
!     输入单元序号NEE,该单元的材料类型号NME,是否计算自重信息NET(1-计算,0-不计算),该单元所受不同水压作用的类型数NK(0-不受水压),该单元受法向分布压力作用的表面数NSF,单元的8个结点号,并送入MEO(12,NE)的有关行、列,MEO(12,NE)的第NEE列各元素的意义见表4-2
        DO IE=1,NE
          READ(5,*)NEE,(MEO(J,NEE),J=1,12)
          WRITE(6,860)NEE,(MEO(J,NEE),J=1,12)
        END DO
!     下2行:输入和打印材料特性常数数组AE(3,NM),每列3个元素依次为:弹性模量E,泊松比μ以及容重GAMMA
        READ(5,*)((AE(I,J),I=1,3),J=1,NM)
        WRITE(6,910)(J,(AE(I,J),I=1,3),J=1,NM)
!     下4行:输入和打印水荷载特性常数数组WG(2,NW),每列2个元素依次为:水面z坐标值及水的容重
        IF(NW/=0)THEN
          READ(5,*)((WG(I,J),I=1,2),J=1,NW)
          WRITE(6,960)(J,(WG(I,J),I=1,2),J=1,NW)
        END IF
  850   FORMAT(' NODE NO. ',1X,' X-COORDINAT ',1X,' Y-COORDINAT ',1X,      &
        ' Z-COORDINAT ',/(1X,I5,1X,3F12.4))
  860   FORMAT(3X,' NEE= NME= NET= NK= NSF= NOD='/       &
             3X,5I5,8I5)
  910   FORMAT(/20X,' MATERIAL PROPERTIES ',/2X,' N. M. ',5X,' E=',5X,      &
        ' U=',5X,' GAMA='/(1X,I5,1x,3e12.4))
  960   FORMAT(/5X,' PARAMETERES OF WATER AND SILT PRESSURE '/2X,' N. P. ',&
        2X,' ZERO-PRESSURE SURFACE ',8X,' UNIT WEIGHT '/(1X,I5,2F15.5))
        RETURN
      END SUBROUTINE INPUT
```

表 4-3　**REST 中输入的数据**

变量(或数组)名	意　义
(对受约束结点循环输入)	
NN	受约束结点的点号
IR(3)	该点 3 个坐标方向的约束信息，用 1 表示不受约束，用 0 表示受约束

子程序 REST 清单：

```
    SUBROUTINE REST(JR)
      USE GLOBAL_VARIABLES
      IMPLICIT NONE
      INTEGER,INTENT(INOUT)::JR(:,:)
      INTEGER::IR(3),IE,I,J,NN
!     首先将数组 JR 全部充 1
      JR=1
      WRITE(6,500)
!     下 9 行:循环输入并打印输出受约束结点的点号 NN 及该点的约束信息 IR(3),并将约束信息送入 JR(3,NP)的第 NN 列
      DO I=1,NR
        READ(5,*)NN,IR   ! IR(1-不受约束,0-受约束)
        DO J=1,3
            IF(JR(J,NN)/=0)THEN
              JR(J,NN)=IR(J)
              END IF
          END DO
          WRITE(6,600)NN,IR
      END DO
!     下 9 行:形成结点自由度序号指示矩阵 JR(3,NP)及自由度总数 N
      N=0
      DO I=1,NP
      DO J=1,3
        IF(JR(J,I)>0)THEN
          N=N+1
          JR(J,I)=N
        END IF
      END DO
      END DO
500   FORMAT(/25X,' NODAL INFORMATION '/10X,              &
                ' CONSTRAINED MESSAGE   NODE NO. STATE '/)
600   FORMAT(6X,8(I5,2X,2I1))
      RETURN
    END SUBROUTINE REST
```

第三节　形成整体劲度矩阵

本节介绍先形成整体劲度矩阵的主对角线元素序号指示向量 $MA(N)$，接着对单元循环，形成单元劲度矩阵，进而形成整体劲度矩阵的程序设计方法。

形成 $MA(N)$ 是由子程序 CBAND 实现的，其程序清单如下。

CBAND 子程序清单：

```
  SUBROUTINE CBAND(MEO,JR,MA)
    USE GLOBAL_VARIABLES
    IMPLICIT NONE
    INTEGER,INTENT(IN)::MEO(:,:),JR(:,:)
    INTEGER,INTENT(OUT)::MA(:)
    INTEGER::IE,I,NOD(8),JB,JJ,M,L,NN(24),JP
!   下1行:为了形成主元素矩阵 MA,首先充零
    MA=0
    DO IE=1,NE
!   下8行:根据考察单元的8个结点的点号以及已形成的结点自由度序号指示矩阵 JR(3,NP)
!   形成单元自由度序号指示数组 NN(24)
      NOD(:)=MEO(5:12,IE)
      DO I=1,8
        JB=NOD(I)
        DO M=1,3
        JJ=3*(I-1)+M
        NN(JJ)=JR(M,JB)
        END DO
    END DO
!   下6行:在所考察单元的数组 NN(24)中,求出该单元自由度序号的最小值 L
      L=N
      DO I=1,24
        IF(NN(I)/=0)THEN
          IF(NN(I)<L)L=NN(I)
        END IF
      END DO
!   下6行:计算各自由度对应行的半带宽。通过对所考察单元的 24 个自由度的循环,计算相应于该单元的这 24
个自由度的半带宽 JP-L+1,其中 JP 是自由度序号,亦即是方程序号。若 JP-L+1 大于已存放在 MA(JP)中的值,则
将它赋值给 MA(JP)。对单元的循环结束,则数组 MA(N)中存储了各个方程的半带宽
      DO M=1,24
        JP=NN(M)
        IF(JP/=0)THEN
          IF(JP-L+1>MA(JP))MA(JP)=JP-L+1
        END IF
      END DO
```

```
      END DO
!     MX准备存储最大半带宽,数组MA(N)准备存储各个方程的主对角线元素在一维数组中的序号,故MA(1)先送1
      MX=0
      MA(1)=1
!     下7行:通过对结构的全部自由度的循环(第1个自由度除外),找出其中的最大半带宽,并将各个方程的半带宽逐个累加获得主对角线元素序号指示向量MA(N);最后一个方程(即第N个方程)的主对角线元素的序号就是需存储的元素总数NH。打印输出N、NH和MX。
      DO I=2,N
        IF(MA(I)>MX)MX=MA(I)
        MA(I)=MA(I)+MA(I-1)
      END DO
      NH=MA(N)
      WRITE(6,500)N,MX,NH ! 输出总自由度、最大半带宽和[K]的总容量
500   FORMAT(/4X,' TOTAL DEGREES OF FREEDOM ······ N=',I6       &
             /4X,' MAX-SEMI-BANDWIDTH ·········· MX=',I6      &
             /4X,' TOTAL-STORAGE ····················· NH=',I6)
    RETURN
    END SUBROUTINE CBAND
```

由式（4-6）、式（4-7）和式（4-16）可见，为了计算单元劲度矩阵$[k]^e_{24\times24}$，必须先计算8个高斯积分点上雅可比矩阵的行列式$|J|$的值以及形函数对整体坐标的偏导数$\frac{\partial N_i}{\partial x}$、$\frac{\partial N_i}{\partial y}$、$\frac{\partial N_i}{\partial z}$（$i$=1，2，…，8）的值。又由式（4-9）、式（4-11）可见，为了计算积分点上$\frac{\partial N_i}{\partial x}$、$\frac{\partial N_i}{\partial y}$、$\frac{\partial N_i}{\partial z}$（$i$=1，2，…，8）的值，必须先计算积分点上形函数对局部坐标的偏导数$\frac{\partial N_i}{\partial \xi}$、$\frac{\partial N_i}{\partial \eta}$、$\frac{\partial N_i}{\partial \zeta}$（$i$=1，2，…，8）的值。在下面列出的FPJD子程序中，计算积分点上的形函数值及其对局部坐标的偏导数值，以及雅可比矩阵及其行列式。在RMSD子程序中，计算雅克比矩阵的逆矩阵以及应变转换矩阵$\boldsymbol{B}$。在FPJD子程序中，形参R、S、T分别为积分点的局部坐标值，DET是积分点的$|J|$值，XYZ(3，8)是先前已经形成的存放所考察单元的8个结点的整体坐标值的数组，XI(8)、ETA(8)、$ZETA$(8)存放8个结点的局部坐标。

FPJD子程序清单：

```
    SUBROUTINE FPJD(NEE,R,S,T,XYZ,DET,FUN,P,XJR)
      IMPLICIT NONE
      INTEGER,INTENT(IN)::NEE
      REAL(8),INTENT(IN)::R,S,T,XYZ(3,8)
      REAL(8),INTENT(OUT)::DET,FUN(8),P(3,8),XJR(3,3)
      INTEGER::I,J,K
      REAL(8)::XI(8),ETA(8),ZETA(8),REC
```

```
    DATA XI/-1.0,1.0,-1.0,1.0,-1.0,1.0,-1.0,1.0/
    DATA ETA/-1.0,-1.0,1.0,1.0,-1.0,-1.0,1.0,1.0/
    DATA ZETA/-1.0,-1.0,-1.0,-1.0,1.0,1.0,1.0,1.0/
!   下3行:由式(4-3)计算积分点上8个形函数的值,存放在数组FUN(8)之中
    DO I=1,8
      FUN(I)=0.125*(1.0+XI(I)*R)*(1.0+ETA(I)*S)*(1.0+ZETA(I)*T)
    END DO
!   下5行:由式(4-12),计算积分点上8个形函数对局部坐标的偏导数值,存放在数组P(3,8)之中
    DO I=1,8
      P(1,I)=0.125*XI(I)*(1.0+ETA(I)*S)*(1.0+ZETA(I)*T)
      P(2,I)=0.125*ETA(I)*(1.0+XI(I)*R)*(1.0+ZETA(I)*T)
      P(3,I)=0.125*ZETA(I)*(1.0+XI(I)*R)*(1.0+ETA(I)*S)
    END DO
!   下1行:由式(4-11),计算积分点上[J]的9个元素的值,存放在数组XJR(3,3)中
    XJR=MATMUL(P,TRANSPOSE(XYZ))
!   下7行:根据行列式的展开法则,计算积分点上雅可比矩阵行列式|J|的值,存放在DET中,当DET<1E-10
时,即打印错误信息以及单元号与积分点,以便用户检查|J|接近于0甚至是负值的原因
    DET=XJR(1,1)*XJR(2,2)*XJR(3,3)+XJR(2,1)*XJR(3,2)*XJR(1,3)   &
      +XJR(1,2)*XJR(2,3)*XJR(3,1)-XJR(1,3)*XJR(2,2)*XJR(3,1)   &
      -XJR(3,2)*XJR(2,3)*XJR(1,1)-XJR(1,2)*XJR(2,1)*XJR(3,3)
    IF(DET.LT.1.0D-10)THEN
      WRITE(6,600)NEE,R,S,T,DET
600   FORMAT(1X,'ERROR*** NEGTIVE OR ZERO JACOBIAN DETERMINANT',   &
      'COMPUTED FOR ELEMENT(',I5,')'/5X,'R=S=T=DET=',4F10.5)
      RETURN
    END IF
    RETURN
  END SUBROUTINE FPJD
```

RMSD子程序清单:

```
  SUBROUTINE RMSD(NEE,DET,R,S,T,XYZ,FUN,B,RJX)
    IMPLICIT NONE
    INTEGER,INTENT(IN)::NEE
    INTEGER::K,K1,K2,K3,L,I
    REAL(8),INTENT(IN)::R,S,T,XYZ(:,:)
    REAL(8),INTENT(OUT)::RJX(3,3),B(6,24),FUN(8),DET
    REAL(8)::XJR(3,3),P(3,8),REC
!   下1行:首先调用FPJD,计算积分点上的FUN(8),P(3,8),XJR(3,3)以及DET
    CALL FPJD(NEE,R,S,T,XYZ,DET,FUN,P,XJR)
!   下10行:由式(4-13)计算雅可比矩阵的逆矩阵中的9个元素在积分点上的值,并存放在数组RJX(3,3)中
    REC=1.0/DET
```

```
      RJX(1,1)=REC*(XJR(2,2)*XJR(3,3)-XJR(2,3)*XJR(3,2))
      RJX(2,1)=REC*(-XJR(2,1)*XJR(3,3)+XJR(2,3)*XJR(3,1))
      RJX(3,1)=REC*(XJR(2,1)*XJR(3,2)-XJR(2,2)*XJR(3,1))
      RJX(1,2)=REC*(-XJR(1,2)*XJR(3,3)+XJR(1,3)*XJR(3,2))
      RJX(2,2)=REC*(XJR(1,1)*XJR(3,3)-XJR(1,3)*XJR(3,1))
      RJX(3,2)=REC*(-XJR(1,1)*XJR(3,2)+XJR(1,2)*XJR(3,1))
      RJX(1,3)=REC*(XJR(1,2)*XJR(2,3)-XJR(1,3)*XJR(2,2))
      RJX(2,3)=REC*(-XJR(1,1)*XJR(2,3)+XJR(1,3)*XJR(2,1))
      RJX(3,3)=REC*(XJR(1,1)*XJR(2,2)-XJR(1,2)*XJR(2,1))
!     下25行:由式(4-9)计算积分点上形函数对整体坐标的偏导数值,并由式(4-6)、式(4-7)两式计算应变转换矩阵B(6,24)。
      K3=0
      DO K=1,8
      K3=K3+3
      K2=K3-1
      K1=K2-1
      DO L=1,3
        B(L,K1)=0.0
        B(L,K2)=0.0
        B(L,K3)=0.0
      END DO
      DO I=1,3
        B(1,K1)=B(1,K1)+RJX(1,I)*P(I,K)
        B(2,K2)=B(2,K2)+RJX(2,I)*P(I,K)
        B(3,K3)=B(3,K3)+RJX(3,I)*P(I,K)
      END DO
      B(4,K1)=B(2,K2)
      B(4,K2)=B(1,K1)
      B(4,K3)=0.0
      B(5,K1)=0.0
      B(5,K2)=B(3,K3)
      B(5,K3)=B(2,K2)
      B(6,K1)=B(3,K3)
      B(6,K2)=0.0
      B(6,K3)=B(1,K1)
    END DO
    RETURN
  END SUBROUTINE RMSD
```

有了以上两个子程序的准备工作，就可以由STIF子程序来形成单元劲度矩阵，它的程序清单在下面列出。

子程序STIF清单：

```
      SUBROUTINE STIF(NEE,NME,NET,XYZ,AE,RF,SKE)
        USE GLOBAL_VARIABLES
        IMPLICIT NONE
        INTEGER,INTENT(IN)::NEE,NME,NET
        REAL(8),INTENT(IN)::AE(:,:),XYZ(:,:)
        REAL(8),INTENT(OUT)::SKE(24,24),RF(24)
        INTEGER::NN(24),I,J,IT,IS,IR,II
        REAL(8)::RJX(3,3),B(6,24),FUN(8),P(3,8),XJR(3,3),DMAT(6,6)
        REAL(8)::E,U,GAMMA,D1,D2,D3,T,S,R,DET
!     下10行:根据所考察单元的材料类型号NME,取出单元的弹性模量E,泊松比μ以及容重GAMMA,进而计算弹性矩阵[D]中的元素D1,D2,D3,形成弹性矩阵[D]
        E=AE(1,NME)
        U=AE(2,NME)
        GAMMA=AE(3,NME)
        D1=E*(1.0-U)/((1.0+U)*(1.0-2.0*U))
        D2=E*U/((1.0+U)*(1.0-2.0*U))
        D3=E*0.5/(1.0+U)
        DMAT=0.0
        DMAT(1,1)=D1;DMAT(2,2)=D1;DMAT(3,3)=D1
        DMAT(1,2)=D2;DMAT(1,3)=D2;DMAT(2,1)=D2;DMAT(2,3)=D2;DMAT(3,1)=D2;DMAT(3,2)
=D2
        DMAT(4,4)=D3;DMAT(5,5)=D3;DMAT(6,6)=D3
!     下6行:根据式(4-17),对8个积分点循环,式中所用的循环变量r、s、t,在程序中用IR、IS、IT来代替,并用R、S、T表示积分点的局部坐标值;
        DO IT=1,2
          T=RSTG(IT)
        DO IS=1,2
          S=RSTG(IS)
        DO IR=1,2
          R=RSTG(IR)
!     下1行:调用RMSD子程序,计算所考察积分点上的形函数值FUN(8)、形函数对局部坐标的偏导数值P(3,8)、雅可比矩阵的9个元素的值XJR(3,3)、雅可比矩阵的行列式的值DET、雅可比矩阵的逆矩阵中9个元素的值RJX(3,3)以及应变转换矩阵B(6,24)
          CALL RMSD(NEE,DET,R,S,T,XYZ,FUN,B,RJX)
!     下7行:在需要考虑自重荷载情况(即单元的自重信息NET≠0),根据荷载组合情况的信息,将由式(4-21)给出的单元自重的等效结点荷载累加到单元结点荷载矩阵RF(24)的相应行中,这里的RF(24)在调用子程序前已经全部充零
          II=IBASE(1)
          IF(NET/=0.AND.II/=0)THEN
            DO I=1,8
              J=3*I
              RF(J)=RF(J)-FUN(I)*DET*GAMMA
```

```
        END DO
      END IF
!     下1行:根据式(4-17),采用高斯数值积分形成所考察单元的单元劲度矩阵SKE(24,24)
      SKE=SKE+MATMUL(MATMUL(TRANSPOSE(B),DMAT),B)*DET
    END DO
    END DO
    END DO
    RETURN
  END SUBROUTINE STIF
```

由以上介绍可见，为了能由STIF子程序形成单元劲度矩阵，还必须在执行STIF之前做好若干准备工作，例如：取出与所考察单元有关的一些信息（单元的材料类型信息NME、自重荷载信息NET、……），将$RF(24)$、$SKE(24，24)$全部充零，等等。这些准备工作是在STDK8子程序中调用STIF之前完成的。在调用STIF子程序形成单元劲度矩阵和单元结点荷载列阵后，还需将它们分别集合到整体劲度矩阵和整体结点荷载列阵中去，这是在ASESK和ASLOAD两个子程序中实现的。SDTK8子程序的程序清单如下：

SDTK8子程序清单：

```
    SUBROUTINE SDTK8(NEE,MEO,JR,COOR,MA,AE,SK,R)
      USE GLOBAL_VARIABLES
      IMPLICIT NONE
      INTEGER,INTENT(IN)::NEE,JR(:,:),MEO(:,:),MA(:)
      REAL(8),INTENT(IN)::AE(:,:),COOR(:,:)
      REAL(8),INTENT(INOUT)::SK(:),R(:)
      INTEGER::NME,NET,NK,NSF,NOD(8),NN(24),I,J,JB,M,II,JJ
      REAL(8)::XYZ(3,8),SKE(24,24),RF(24)
!     下2行:将式(4-18)所示的积分点局部坐标值存放在数组RSTG(2)中,加权系数为1,所以无需存储
      RSTG(1)=-0.5773503
      RSTG(2)=-RSTG(1)
!     下5行:取出每个单元的材料类型号NME,是否计算自重信息NET,该单元所受不同水压作用的类型数NK,该
单元受法向分布压力作用的表面数NSF和单元的8个结点号,见表3-5
      NME=MEO(1,NEE)
      NET=MEO(2,NEE)
      NK=MEO(3,NEE)
      NSF=MEO(4,NEE)
      NOD(:)=MEO(5:12,NEE)
!     下1行:将所考察单元的8个结点的整体坐标值送入数组XYZ(3,8)中
      XYZ(:,:)=COOR(:,NOD(:))
!     下2行:将单元结点荷载矩阵RF(24)以及单元劲度矩阵SKE(24,24)全部充零
      RF=0.0
      SKE=0.0
!     下7行:根据所考察单元的8个结点的点号以及已经形成的结点自由度序号指示矩阵JR(3,NP),形成数组NN
(24),它存放所考察单元的8个结点的24个自由度序号。注意到,数组NN(24)中的24个
```

```
!      数就是SKE(24,24)的局部编码1至24所对应的整体编码,在形成主对角线元素序号指示向量MA(N)时以及
由单元劲度矩阵集合成整体劲度矩阵时都要用到数组NN(24)
      DO I=1,8
        JB=NOD(I)
        DO M=1,3
          JJ=3*(I-1)+M
          NN(JJ)=JR(M,JB)
        END DO
      END DO
!      下1行:调用STIF子程序,形成单元劲度矩阵SKE(24,24),并将单元自重的等效结点荷载根据荷载组合情况送
入单元结点荷载列阵RF(24)
      CALL STIF(NEE,NME,NET,XYZ,AE,RF,SKE)
!      调用ASESK子程序,将单元劲度矩阵SKE(24,24)组集进整体劲度矩阵SK(NH)中
      CALL ASESK(NN,SKE,SK,MA)
!      调用ASLOAD子程序,将单元结点等效荷载矩阵RF(24)组集进整体结点荷载矩阵R(N)中
      CALL ASLOAD(NN,RF,R)
      RETURN
    END SUBROUTINE SDTK8
```

ASESK和ASLOAD两个子程序的清单如下：

ASESK子程序清单：

```
    SUBROUTINE ASESK(NN,SKE,SK,MA)
      USE GLOBAL_VARIABLES
      IMPLICIT NONE
      REAL(8),INTENT(OUT)::SK(:)
      REAL(8),INTENT(IN)::SKE(:,:)
      INTEGER,INTENT(IN)::MA(:),NN(:)
      INTEGER::I,IE,JJ,L,MJK,J3,JK,M,I2
!      下10行:把单元劲度矩阵SKE的元素叠加到整体劲度矩阵SK的相应位置中去
      DO L=1,24
      DO M=1,24
        JJ=NN(L)
        JK=NN(M)
        IF(JJ>=JK.AND.JK>0.AND.JJ>0.AND.JJ<=N)THEN
          J3=MA(JJ)-JJ+JK
          SK(J3)=SK(J3)+SKE(L,M)
        END IF
      END DO
      END DO
      RETURN
    END SUBROUTINE ASESK
```

ASLOAD子程序清单：

```
      SUBROUTINE ASLOAD(NN,RF,R)
        IMPLICIT NONE
        INTEGER,INTENT(IN)::NN(:)
        INTEGER::I,L
        REAL(8),INTENT(IN)::RF(:)
        REAL(8),INTENT(INOUT)::R(:)
!     下6行:把单元荷载矩阵RF的元素叠加到整体整体等效荷载矩阵R的相应位置中去
        DO I=1,24
          L=NN(I)
          IF(L/=0)THEN
            R(L)=R(L)+RF(I)
          END IF
        END DO
        RETURN
      END SUBROUTINE ASLOAD
```

子程序 ASESK 是通过对 L、M 都是从 1～24 的二重循环将将数组 $SKE(24, 24)$ 中的元素逐个累加到整体劲度矩阵 $SK(NH)$ 的相应位置上。在第二章中已说明，$SKE(24, 24)$ 中的第 L 行第 M 列的元素 $SKE(L, M)$ 应该累加在 $[K]$ 的第 $NN(L)$ 行第 $NN(M)$ 列的位置上，亦即在 $SK(NH)$ 的 $MA[NN(L)]-[NN(L)-NN(M)]$ 个位置上。这里的 $MA(N)$ 是整体劲度矩阵的主对角线元素序号指示向量，它由子程序 CBAND 形成。对所有单元循环结束，即形成了一维变带宽存储的整体劲度矩阵 $SK(NH)$。

至此，形成整体劲度矩阵的那部分功能已经实现，并且已经考察了单元自重荷载，还剩下结点集中荷载与单元的面力荷载将在下一节介绍。

第四节　形成整体结点荷载列阵

本节介绍形成整体结点荷载列阵的程序设计方法。

本章介绍的程序能考虑以下几种荷载：

一、结点集中荷载

结点集中荷载是在子程序 LOAD8 中处理的，在该子程序中输入结点集中荷载，并根据荷载组合情况信息累加进整体结点荷载列阵 $R(N)$ 的有关列之中。

二、单元自重荷载

单元自重荷载是在子程序 STIF 中处理的，将单元自重化为单元结点荷载列阵 $RF(24)$ 中；并在 ASLOAD 子程序中，将单元结点等效荷载列阵 $RF(24)$ 组集进整体结点等效荷载列阵 $R(N)$ 中。

三、单元表面的面力荷载

单元表面的面力荷载又可分为两种情况：

(1) 水荷载。给定水位及水的容重［存放在数组 $WG(2, NW)$ 中］，由受水压作用表面上各结点的 Z 坐标确定作用在各结点上的水压集度 $\bar{q}_i$，进而由式（4－22）确定该表面上任意一点的水压集度 $\overline{q}$。

（2）法向分布压力荷载。直接给出受荷面上各结点的法向分布压力集度［存放在数组 $PR(4)$ 中］，即 $\overline{q}_i=PR(I)$，亦由式（4－22）确定该表面上任意一点的法向分布压力集度 $\overline{q}$。

这两种面力荷载的等效结点荷载在子程序 LOAD8 中计算，并主要通过调用子程序 SURFOR 来实现，下面予以详细说明。

LOAD8 子程序清单：

```
      SUBROUTINE LOAD8(MEO,JR,COOR,WG,R)
        USE GLOBAL_VARIABLES
        IMPLICIT NONE
        INTEGER,INTENT(IN)::JR(:,:),MEO(:,:)
        REAL(8),INTENT(IN)::WG(:,:),COOR(:,:)
        REAL(8),INTENT(INOUT)::R(:)
        INTEGER::NEE,NK,NSF,NOD(8),NFACE(6),NN(24),&
                    IE,I,J,M,JB,JW,II,JJ,L,IW,NNN,ND,NNF
        REAL(8)::CR(3),PR(4),XYZ(3,8),Z0,GAMA,RF(24)
!     下14行:循环输入并打印受集中荷载作用的结点号及该点3个坐标方向的集中荷载值CR(3),并将CR(3)累加进R(N)的有关行列之中
        IF(NF/=0)THEN
          WRITE(6,980)
          DO I=1,NF
            READ(5,*)NNF,CR
            WRITE(6,990)NNF,CR
            DO J=1,3
              L=JR(J,NNF)
              II=IBASE(2)  ! 判断是否参与荷载组合
              IF(L/=0 .AND. II/=0)THEN
                R(L)=R(L)+CR(J)
              END IF
            END DO
          END DO
        END IF
        IF(NESW/=0)THEN
        DO IE=1,NESW
!     下1行:输入受分布荷载单元的单元序号NEE,以及该单元所受水压荷载类型数NK和受分布压力的面数NSF
          READ(5,*)NEE,NK,NSF
          IF(NK/=0.OR.NSF/=0)THEN
            NOD(:)=MEO(5:12,NEE)
!     下1行:将所考察单元的8个结点的整体坐标值送入数组XYZ(3,8)中
            XYZ(:,:)=COOR(:,NOD(:))
!     下1行:将单元结点荷载矩阵RF(24)全部充零
            RF=0.0
```

```
!        下7行:根据考察单元8个结点的点号及已形成结点自由度序号指示矩阵JR(3,NP),形成NN(24),用于存放该单元8个结点的24个自由度序号
      DO I=1,8
        JB=NOD(I)
        DO M=1,3
          JJ=3*(I-1)+M
          NN(JJ)=JR(M,JB)
        END DO
      END DO
!        下6行:在所考察单元的表面受水荷载作用的情况下(NK不等于零),对所受的NK种水压类型循环,输入并打印水荷载的类型NNN以及受此类型水荷载作用的表面信息数NFACE(6),填1,0表示ξ=+1,ξ=-1,η=+1,η=-1,ζ=+1,ζ=-1的6个面受到或不受到该类型水荷载作用,然后取出该类水荷载的水位送入Z0,容重送入GAMA
      IF(NK/=0)THEN
        DO IW=1,NK
          READ(5,*)NNN,NFACE ! NNN为水压类型,NFACE为单元6个表面受此类型水压信息
          WRITE(6,650)NNN,NFACE
          Z0=WG(1,NNN)         ! 水位
          GAMA=WG(2,NNN)   ! 水的容重
!        下9行:在所考察单元6个表面循环,凡受该类型水荷载作用的表面通过调用子程序SURFOR来计算该表面上水压的等效结点荷载,并累加到RF(24)中
          II=IBASE(3)
          IF(II/=0)THEN
            DO JW=1,6
              ND=NFACE(JW)
              IF(ND/=0)THEN
                CALL SURFOR(NEE,NOD,XYZ,Z0,GAMA,JW,PR,RF,1)! 其中实元1表示受水荷载
              END IF
            END DO
          END IF
        END DO
      END IF
!        下10行:在所考察单元的表面受法向分布压力荷载作用的情况下(即NSF≠0),对这些受荷表面循环实现下列功能:输入并打印受荷表面的序号ND以及此面4个结点上的法向分布压力荷载集度数组PR(4),4个结点的顺序是从局部编码最小的结点开始并逆时针方向往下排列;调用子程序SURFOR计算此表面上法向分布压力的等效结点荷载,并累加到RF(24)中
      IF(NSF/=0)THEN
        DO IW=1,NSF
          READ(5,*)ND,PR ! ND为受荷载的表面序号,PR为结点的分布压力集度
          WRITE(6,750)ND,PR
          II=IBASE(4)
          IF(II/=0)THEN
            CALL SURFOR(NEE,NOD,XYZ,Z0,GAMA,ND,PR,RF,0)   ! 其中实元0是表示考虑法向分布压力荷载
```

```
            END IF
          END DO
        END IF
!    下1行:调用子程序ASLOAD将单元等效荷载列阵RF(24)累加到整体结点荷载列阵R(N)中
        CALL ASLOAD(NN,RF,R)
      END IF
    END DO
    END IF
650 FORMAT(1X,'SURFACE NEWS***NNN=',I3,5X,'NFACE=',6I1)
750 FORMAT(1X,'SURFACE NEWS***ND=',I3,5X,'PR=',4F12.2)
980 FORMAT(/20X,'CONCENTRAED FORCES'/1X,'NODE NO. ',8X, &
    'X-DIRECTION',8X,'Y-DIRECTION',8X,'Z-DIRECTION'/)
990 FORMAT(1X,I5,3F20.6)
    RETURN
  END SUBROUTINE LOAD8
```

现在再对子程序SURFOR作些说明，它的程序清单如下所示。在这个子程序的形参中，ND为所考察表面的序号，对于$\xi=+1$、$\xi=-1$、$\eta=+1$、$\eta=-1$、$\zeta=+1$、$\zeta=-1$等6个表面，其序号分别为1～6；NSI为1或0，当$NSI=1$时是用于水荷载的情况，当$NSI=0$时是用于法向分布压力荷载的情况；其余形参的意思以前已经说明。在子程序SURFOR的开头是4个DATA语句，其中数组$KFACE(4,6)$的24个数字分别是单元6个表面的4个结点的局部编码，其他3个DATA语句中数据的用途将在下面说明。

SURFOR子程序清单：

```
  SUBROUTINE SURFOR(NEE,NOD,XYZ,Z0,GAMA,ND,PR,RF,NSI)
    USE GLOBAL_VARIABLES
    IMPLICIT NONE
    INTEGER,INTENT(IN)::NEE,ND,NSI,NOD(:)
    REAL(8),INTENT(IN)::XYZ(:,:)
    REAL(8),INTENT(INOUT)::RF(24),PR(4)
    INTEGER::KCRD(6),KFACE(4,6),IPRM(3),NODES(4)
    REAL(8)::RST(3),FVAL(6),DET,P(3,8),FUN(8),XJR(3,3)
    INTEGER::I,J,ML,MM,MN,LX,LY,K1,K2,K3,II
    REAL(8)::Z0,GAMA,FACT,Z,PXYZ,Q,A1,A2,A3,AN
    DATA KCRD/1,1,2,2,3,3/
    DATA KFACE/2,4,8,6,  &
               1,3,7,5,  &
               3,7,8,4,  &
               1,5,6,2,  &
               5,6,8,7,  &
               1,2,4,3/
    DATA IPRM/2,3,1/
    DATA FVAL/1.0,-1.0,1.0,-1.0,1.0,-1.0/
```

```
!      下 1 行：对变量 FACT 赋值。当 ND=1、3、5，亦即所考察的表面是 ξ、η、ζ=+1 时，FACT 为-1；
!      当 ND=2、4、6，亦即所考察的表面是 ξ、η、ζ=-1 时，FACT 为+1。FACT 是法向分布压力的等效结点荷载式(4-23)中等号右边表达式前面的正负号
    FACT=-FVAL(ND)
!      下 9 行：将考察表面的 4 个结点的局部编码送入数组 NODES(4)中，并对水荷载的情况(NSI=1)，根据水位 Z0、4 个结点的 Z 坐标和水容重 GAMA，计算作用在 4 个结点上的水压集度，并送入数组 PR(4)中
    DO I=1,4
      J=KFACE(I,ND)
      NODES(I)=J
      IF(NSI/=0)THEN
        Z=Z0-XYZ(3,J)
        PR(I)=0.0
        IF(Z>0.0)PR(I)=Z*GAMA
      END IF
    END DO
!      下 3 行：根据所考察表面的序号 ND，形成 ML，MM 与 MN 的值，它们的值见表 4-4，MM 与 MN 所取的值 1、2、3 对应于局部坐标 ξ、η、ζ，它们对应于存放[J]的数组 XJR(3,3)的第 1 个下标，表示对哪个坐标求偏导数
    ML=KCRD(ND)
    MM=IPRM(ML)
    MN=IPRM(MM)
!      下 5 行：将所考察表面的 4 个积分点循环，并将积分点的局部坐标记入数组 RST(3)中
    RST(ML)=FVAL(ND)
    DO LX=1,2
      RST(MM)=RSTG(LX)
    DO LY=1,2
      RST(MN)=RSTG(LY)
!      下 1 行：调用子程序 FPJD，计算所考察积分点上 8 个形函数的值 FUN(8)及[J]中 9 个元素的值 XJR(3,3)
      CALL FPJD(NEE,RST(1),RST(2),RST(3),XYZ,DET,FUN,P,XJR)
!      下 5 行：由式(4-22)计算所考察积分点上的水压集度或法向分布压力集度，存放在 PXYZ 中
      PXYZ=0.0
      DO I=1,4
        J=NODES(I)
        PXYZ=PXYZ+FUN(J)*PR(I)
      END DO
!      下 3 行：计算式(4-24)等号右边圆括号内的表达式在所考察积分点上的值，存放在 A1、A2、A3 中。对于 ND=1 或 2，亦即所考察的表面是 ξ=+1 或 ξ=-1 的情况，MM 与 MN 分别为 2 与 3，而数组 XJR(3,3)中第 2 行与第 3 行的元素分别是整体坐标 x、y、z 对于 η 与 ζ 的偏导数[式(4-10)]，也就是式(4-24)中圆括号内的表达式所用到元素。当 ND=3 或 4 以及 ND=5 或 6 时，亦即所考察的表面为 η=±1 以及 ζ=±1，此时式(4-24)中的 ξ、η、ζ 应轮回替换，这在程序中体现在 MM 与 MN 分别由 2 与 3 轮回替换为 3 与 1 以及 1 与 2
      A1=XJR(MM,2)*XJR(MN,3)-XJR(MM,3)*XJR(MN,2)
      A2=XJR(MM,3)*XJR(MN,1)-XJR(MM,1)*XJR(MN,3)
      A3=XJR(MM,1)*XJR(MN,2)-XJR(MM,2)*XJR(MN,1)
```

```
!    下5行:计算A1,A2,A3的平方和的平方根值AM,若AM<1E-8,则打印错误信息并停机,用户检查所考察积分点上的A1,A2,A3都几乎为零的原因
          AN=SQRT(A1*A1+A2*A2+A3*A3)
          IF(AN<1.0E-8)THEN
            WRITE(6,600)ND,NEE
            STOP
          END IF
!    下5行:对4个结点循环,以便逐点计算等效结点荷载。J为考虑结点的局部编码,K1,K2,K3,是该结点的3个方向的结点荷载在RF(24)中所在的行号。
          DO I=1,4
            J=NODES(I)
            K3=3*J
            K2=K3-1
            K1=K2-1
!    下1行:计算(4-24)式等号右边除圆括号之外的其他因子的乘积在积分点上的值,如式(4-40)所示
            Q=PXYZ*FUN(J)*FACT
!    下15行:若考虑的荷载组合包含水压或法向分布压力的作用(II/=0),则由式(4-24)将Q*A1,Q*A2,Q*A3分别累加到RF(24)的相应行中去。对4个结点循环结束,进而对4个积分点循环结束,所考察表面上的面力等效结点荷载已累加到单元结点荷载矩阵RF(24)中
            IF(NSI/=0)THEN
              II=IBASE(3)
              IF(II/=0)THEN
                RF(K1)=RF(K1)+Q*A1
                RF(K2)=RF(K2)+Q*A2
                RF(K3)=RF(K3)+Q*A3
              ENDIF
            ELSE
              II=IBASE(4)
              IF(II/=0)THEN
                RF(K1)=RF(K1)+Q*A1
                RF(K2)=RF(K2)+Q*A2
                RF(K3)=RF(K3)+Q*A3
              ENDIF
            END IF
          END DO
        END DO
        END DO
  600   FORMAT(20X,'***FATAL ERROR***'/1X,' UNDEFINED NODE IN FACE(',&
        I5,')FOR ELEMENT(',I5,')')
        RETURN
      END SUBROUTINE SURFOR
```

表 4-4　由 *ND* 形成 *ML*、*MM*、*MN*

ND	1	2	3	4	5	6
ML	1	1	2	2	3	3
MM	2	2	3	3	1	1
MN	3	3	1	1	2	2

$$Q = \mp (N_i \bar{q})_{\xi=\pm 1, \eta_s, \zeta_t} H_s H_t \tag{4-40}$$

在形成整体结点荷载矩阵 $R(N)$ 之后，调用子程序 OUTPUT 把每个结点 3 个方向的荷载值输出供用户使用。此子程序亦用来输出解得的结点位移值，将在本章第五节中予以介绍。

第五节　直接法解线性代数方程组

整体劲度矩阵的形成已经在子程序 SDTK8 中实现。对整体劲度矩阵分解是通过子程序 DECOMP 实现的，该子程序同第二章。整体劲度矩阵分解后，通过前代回代求解整体结点位移列阵是在子程序 FOBA 中实现的，FOBA 子程序同第二章。

子程序 OUTPUT 是通过对结点的循环把存储在数组 $R(N)$ 中的结点位移荷载值或结点位移值输出供用户使用。程序中 *S*、*SS*、*SSS* 存储所考察结点 3 个坐标方向的荷载值或位移值，*L* 是所考察结点的 3 个方向的自由度序号。当 *L* 等于零时，输出值为零；当 *L* 不等于零时，输出值即为该方向的荷载值或位移值。

OUTPUT 子程序清单：

```
      SUBROUTINE OUTPUT(JR,F)
        USE GLOBAL_VARIABLES
        IMPLICIT NONE
        INTEGER,INTENT(IN)::JR(:,:)
        REAL(8),INTENT(IN)::F(:)
        INTEGER::I,L
        REAL(8)::S,SS,SSS
        WRITE(6,500)
!     下 21 行:通过对结点的循环,把存储在数组 R(N)中的结点荷载或结点位移值输出供用户使用。
!     L 为所考察结点的 3 个方向的自由度序号;S,SS,SSS 为 3 个方向的荷载值或位移值
        DO I=1,NP
          L=JR(1,I)
          IF(L>0)THEN
            S=F(L)
          ELSE
            S=0.0
          END IF
          L=JR(2,I)
```

```
      IF(L>0)THEN
        SS=F(L)
      ELSE
        SS=0.0
      END IF
      L=JR(3,I)
      IF(L>0)THEN
        SSS=F(L)
      ELSE
        SSS=0.0
      END IF
      WRITE(6,550)I,S,SS,SSS
    END DO
500 FORMAT(' NODE NO. ',3X,' X—DIRECTION ',3X,' Y—DIRECTION ',3X,  &
    ' Z—DIRECTION '/)
550 FORMAT(2X,I5,3X,E12.4,3X,E12.4,3X,E12.4)
    RETURN
  END SUBROUTINE OUTPUT
```

第六节　计算应力分量与主应力、应力主向

图 4-2 中的最后一框是计算应力分量以及主应力、应力主向，此框的这些功能是由子程序 STRESS 实现的。在这个子程序中调用了 ROT3、RMSD 等子程序，在 ROT3 子程序中又调用了 ANGLE 子程序。这些子程序能提供单元中心点（即相当于局部坐标系原点的位置）和单元 8 个结点处的 6 个应力分量值，以及主应力与应力主向。

在子程序 STRESS 中引入了几个新的数组，它们的意义为：*SE*(6，1) 存储单元中心的 6 个应力分量值，*SMAT*(6，24) 存储应力转换矩阵，*SNOD*(6，*NP*) 存储结点的 6 个应力分量值，*ND*(*NP*) 存储每个结点关联单元的个数，用于绕结点平均计算结点应力的值。

STRESS 子程序清单：

```
  SUBROUTINE STRESS(JR,MEO,COOR,AE,RT,SGI)
    USE GLOBAL_VARIABLES
    IMPLICIT NONE
    INTEGER,INTENT(IN)::MEO(:,:),JR(:,:)
    INTEGER,ALLOCATABLE::ND(:)
    REAL(8),INTENT(IN)::COOR(:,:),RT(:),AE(:,:)
    REAL(8),INTENT(OUT)::SGI(:,:)
    REAL(8),ALLOCATABLE::SNOD(:,:)
    INTEGER::IE,IP,NME,NOD(8),NN(24),IT,IS,IR,  &
             IGI,I,J,JJ,NA,IA,IG,M,JB
```

```
      REAL(8)::RJX(3,3),B(6,24),FUN(8),XYZ(3,8),DMAT(6,6),   &
               SMAT(6,24),RE(24,1),SE(6,1),SIG(6),E,U,D1,D2,D3,   &
               RSTN(2),RR,SS,TT,DET
      ALLOCATE(SNOD(6,NP),ND(NP))
!     下1行:SNOD、ND赋初值零
      SNOD=0.0
      ND=0
!     下12行:对单元循环,读出所考察单元的有关信息,读出所考察单元的有关信息,取出该单元的E,ν及计算D1,D2,D3、形成弹性矩阵[D]
      DO IE=1,NE
        NME=MEO(1,IE)
        E=AE(1,NME)
        U=AE(2,NME)
        D1=E*(1.-U)/((1.+U)*(1.-2.*U))
        D2=E*U/((1.+U)*(1.-2.*U))
        D3=.5*E/(1.+U)
        DMAT=0.0
        DMAT(1,1)=D1;DMAT(2,2)=D1;DMAT(3,3)=D1
        DMAT(1,2)=D2;DMAT(1,3)=D2;DMAT(2,1)=D2
        DMAT(2,3)=D2;DMAT(3,1)=D2;DMAT(3,2)=D2
        DMAT(4,4)=D3;DMAT(5,5)=D3;DMAT(6,6)=D3
        NOD(:)=MEO(5:12,IE)
!     下1行:将所考察单元的8个结点的整体坐标值送入数组XYZ(3,8)中
        XYZ(:,:)=COOR(:,NOD(:))
!     下1行:通过单元循环,形成每个结点的关联单元数,存入数组ND(NP),用于结点应力的绕结点平均
        ND(NOD(:))=ND(NOD(:))+1
!     下7行:根据考察单元8个结点的点号及已形成结点自由度序号指示矩阵JR(3,NP),形成NN(24),它存放该单元8个结点的24个自由度序号
        DO I=1,8
          JB=NOD(I)
          DO M=1,3
            JJ=3*(I-1)+M
            NN(JJ)=JR(M,JB)
          END DO
        END DO
!     下7行:形成单元结点位移矩阵RE(24,1)
        RE=0.0
        DO I=1,24
          NA=NN(I)
          IF(NA/=0)THEN
            RE(I,1)=RT(NA)
          END IF
        END DO
!     下10行:对所考察单元的8个结点循环,RR,SS,TT是所考察结点的ξ、η、ζ局部坐标值。
```

```
        RSTN(1)=-1.0
        RSTN(2)=1.0
        DO IT=1,2
          TT=RSTN(IT)
        DO IS=1,2
          SS=RSTN(IS)
        DO IR=1,2
          RR=RSTN(IR)
          IG=(IT-1)*2*2+(IS-1)*2+IR
!     下1行:调用RMSD子程序,计算结点处的应变转换矩阵B(6,24)
          CALL RMSD(IE,DET,RR,SS,TT,XYZ,FUN,B,RJX)
!     下1行:根据式(4-14)计算结点的应力转换矩阵SMAT(6,24)
          SMAT=MATMUL(DMAT,B)
!     下3行:由式(4-15)计算所考察单元8个结点处的应力分量值。并将其累加进数组
!     SNOD(6,NP),用于后续的绕结点平均
          SE=0.0
          SE=MATMUL(SMAT,RE)
          SNOD(:,NOD(IG))=SNOD(:,NOD(IG))+SE(:,1)
        END DO
        END DO
        END DO
!     下3行:单元中心点的3个局部坐标值
        TT=0.
        SS=0.
        RR=0.
!     下1行:调用RMSD子程序,计算单元中心点应变矩阵B(6,24)
        CALL RMSD(IE,DET,RR,SS,TT,XYZ,FUN,B,RJX)
!     下1行:形成应力转换矩阵
        SMAT=MATMUL(DMAT,B)
!     下3行:计算单元中心应力
        SE=0.0
        SE=MATMUL(SMAT,RE)
        SGI(:,IE)=SE(:,1)
      END DO
!     下5行:绕结点平均计算结点应力
      DO IP=1,NP
        IF(ND(IP)/=0)THEN
          SNOD(:,IP)=SNOD(:,IP)/ND(IP)
        END IF
      END DO
!     下6行:输出单元中心应力
      WRITE(6,*)
      WRITE(6,*)'                      ELEMENT MID-POINT STRESS'
      WRITE(6,902)
```

```
        DO IE=1,NE
          WRITE(6,901)IE,(SGI(I,IE),I=1,6)
        END DO
!       下 6 行:输出结点应力
        WRITE(6,*)
        WRITE(6,*)'                       NODAL STRESS'
        WRITE(6,903)
        DO IP=1,NP
          WRITE(6,901)IP,(SNOD(I,IP),I=1,6)
        END DO
!       下 7 行:对单元循环,并调用子程序 ROT3,计算并输出单元中心的主应力以及应力主向
        WRITE(6,*)
        WRITE(6,*)'                       ELEMENT MID-POINT PRINCIPAL STRESS AND ANGLE     '
        WRITE(6,904)
        DO IE=1,NE
          SIG(:)=SGI(:,IE)
          CALL ROT3(SIG,IE)
        END DO
!       下 7 行:对结点循环,并调用子程序 ROT3,计算并输出结点处的主应力以及应力主向
        WRITE(6,*)
        WRITE(6,*)'                       NODAL PRINCIPAL STRESS AND ANGLE     '
        WRITE(6,905)
        DO IP=1,NP
          SIG(:)=SNOD(:,IP)
          CALL ROT3(SIG,IP)
        END DO
901     FORMAT(I5,1X,6E12.4)
902     FORMAT('ELEMENT',1X,'SINGMAR-X','   SINGMAR-Y',  &
        '   SINGMAR-Z','   SINGMAR-XY','   SINGMAR-YZ','   SINGMAR-XZ')
903     FORMAT('   NODE',1X,'SINGMAR-X','   SINGMAR-Y',  &
        '   SINGMAR-Z','   SINGMAR-XY','   SINGMAR-YZ','   SINGMAR-XZ')
904     FORMAT('   ELEMENT NO','   PRINCIPAL STRESS','   ALPHA-X',&
        '   ALPHA-Y','   ALPHA-Z')
905     FORMAT('   NODE NO','   PRINCIPAL STRESS','   ALPHA-X',&
        '   ALPHA-Y','   ALPHA-Z')
        RETURN
      END SUBROUTINE STRESS
```

子程序 ROT3 是用来计算主应力并通过调用子程序 ANGLE 计算应力主向。

ROT3 子程序清单：

```
      SUBROUTINE ROT3(SIG,ND)
        IMPLICIT NONE
        REAL(8),INTENT(IN)::SIG(6)
        REAL(8)::ROT(3),AL(9)
        REAL(8)::B,C,D,P,Q,R,Y,S,T
        INTEGER,INTENT(IN)::ND
        INTEGER::I,J,K
!     下7行:计算式(4-26)、式(4-27)、式(4-28)诸式给出的B、C、D、P、Q、R等量
        B=-SIG(1)-SIG(2)-SIG(3)
        C=SIG(1)*SIG(2)+SIG(2)*SIG(3)+SIG(3)*SIG(1)-SIG(4)*SIG(4)- &
            SIG(5)*SIG(5)-SIG(6)*SIG(6)
        D=SIG(1)*SIG(5)*SIG(5)+SIG(2)*SIG(6)*SIG(6)+SIG(3)*SIG(4)* &
            SIG(4)-2.0*SIG(4)*SIG(5)*SIG(6)-SIG(1)*SIG(2)*SIG(3)
        P=C-B*B/3.0
        Q=2.0*B*B*B/27.0-B*C/3.0+D
        R=0.25*Q*Q+P*P*P/27.0
```

! 下22行:根据R的绝对值来判别是用式(4-29)还是用式(4-30)计算主应力。若$|R|\leqslant 10^{-10}$,可将它视为零,用式(4-29)计算主应力。程序中$Y=\sqrt[3]{-\frac{Q}{2}}$,数组ROT(3)存储3个主应力值

! 若$|R|>10^{-10}$,则用式(4-30)计算主应力。程序中S、T的计算式为式(4-31)。当由于计算误差而引起T的表达式中的$\frac{-Q}{2S^3}$的绝对值大于1时,T就取+1或-1

```
      IF(ABS(R)<=1.0E-10)THEN
        Y=(-Q/2.0)**(1.0/3.0)
        ROT(1)=2.0*Y-B/3.0
        ROT(2)=-Y-B/3.0
        ROT(3)=ROT(2)
      ELSE
        S=SQRT(-P/3.0)
        T=-Q/S/S/S/2.0
        IF(ABS(T)>1.0)T=SIGN(1.0,-Q)
        T=1.5707963267949-ASIN(T)
        Y=2.0*S*COS(T/3.0)
        ROT(1)=Y-B/3.0
        Y=2.0*S*COS((T+6.2831853071796)/3.0)
        ROT(2)=Y-B/3.0
        Y=2.0*S*COS((T+12.5663706143592)/3.0)
        ROT(3)=Y-B/3.0
!     下5行:如果ROT(3)大于ROT(2),则交换次序,使3个主应力按大小次序存储在数组ROT内
        IF(ROT(3)>ROT(2))THEN
          S=ROT(2)
          ROT(2)=ROT(3)
          ROT(3)=S
        END IF
```

```
      END IF
!     下9行:调用子程序ANGLE,计算每个主应力方向的3个方向余弦。当σ2≠σ3时,通过对3个主应力的循环,计算与各个主应力相应的应力主向的方向余弦,并存储在数组AL(9)内,它的
!     前3个、中间3个与后3个下标变量分别是相应于σ1、σ2、σ3的l、m、n;当σ2=σ3时,在σ2、σ3所在的平面内式各项均匀受拉(压)状态,该平面内的任意方向均为应力主向,只需计算相应于σ1的3个方向余弦,存储在数组AL(9)的前3个位置上,AL(9)的其他6个值均送零
        IF(ROT(3)==ROT(2))THEN
          AL(4:9)=0.0
          CALL ANGLE(SIG,AL(1),ROT(1))
        ELSE
        DO K=1,3
          J=3*K-2
          CALL ANGLE(SIG,AL(J),ROT(K))
        END DO
      END IF
!     下3行:根据l、m、n计算主应力方向与3个坐标面的夹角(弧度),并转换成角度
        DO I=1,9
            AL(I)=(1.5707963267949-ASIN(AL(I)))*57.29577951
        END DO
!     下4行:打印输出3个主应力以及相应的应力主向
        WRITE(6,600)ND,'-sig1',ROT(1),(AL(I),I=1,3)
        WRITE(6,600)ND,'-sig2',ROT(2),(AL(I),I=4,6)
        WRITE(6,600)ND,'-sig3',ROT(3),(AL(I),I=7,9)
600     FORMAT(I9,A6,F15.3,3(6X,F7.2))
        RETURN
      END SUBROUTINE ROT3
```

子程序ANGLE的功能是根据6个应力分量值$SIG(6)$以及主应力值S来计算该主应力方向的3个方向余弦。

ANGLE子程序清单:

```
      SUBROUTINE ANGLE(SIG,AL,S)
        IMPLICIT NONE
        REAL(8),INTENT(IN)::SIG(6),S
        REAL(8),INTENT(OUT)::AL(3)
        REAL(8)::R,R4,R5,RR
        INTEGER::I
!     下2行:计算式(4-35)等号右边分式中的分母,即R=τxyτyz+(σi-σy)τzx。若|R|>0(程序中是大于10e-6),则按式(4-34)、式(4-35)两式计算主应力方向的方向余弦;若|R|≤10^-6,则可以认为R近似为零,执行下一段程序
        R=SIG(4)*SIG(5)+(S-SIG(2))*SIG(6)
        IF(ABS(R)<1.0E-6)THEN
!     下1行:进一步计算3个剪应力的绝对值之和,即R=|τxy|+|τyz|+|τzx|。若R≤10e-6,可以认为近似为零,则3个剪应力均为零;若R>10e-6,则三个剪应力不全为零。对于这两种情况,应按不同的公式计算主应力方向的方向余弦
```

```
      RR=ABS(SIG(4))+ABS(SIG(5))+ABS(SIG(6))
!     下19行:对于3个剪应力均为零的情况,整体坐标方向就是应力主向。若所考察的主应力就是σx,则l=1,m=n=0;若所考察的主应力就是σy或σz,则m=1,l=n=0或n=1,l=m=0
      IF(RR<1.0E-6)THEN
        IF(ABS(S-SIG(1))<1.0E-5)THEN
          AL(1)=1.0
          AL(2)=0.0
          AL(3)=0.0
          RETURN
        ENDIF
        IF(ABS(S-SIG(2))<1.0E-5)THEN
          AL(1)=0.0
          AL(2)=1.0
          AL(3)=0.0
          RETURN
        ENDIF
        IF(ABS(S-SIG(3))<1.0E-5)THEN
          AL(1)=0.0
          AL(2)=0.0
          AL(3)=1.0
          RETURN
        ENDIF
      ELSE
!     下18行:对于3个剪应力不全为零的情况,若τxy或τyz或τzx不全为零,则分别按式(4-37)或式(4-38)或式(4-39)计算l、m、n
        IF(ABS(SIG(4))>1.0E-5)THEN
          AL(3)=1.0/SQRT(1.0+SIG(6)*SIG(6)/SIG(4)/SIG(4))
          AL(1)=0.0
          AL(2)=SQRT(1.0-AL(3)*AL(3))
          RETURN
        ENDIF
        IF(ABS(SIG(5))>1.0E-5)THEN
          AL(3)=1.0/SQRT(1.0+(SIG(3)-S)*(SIG(3)-S)/SIG(5)/SIG(5))
          AL(1)=0.0
          AL(2)=SQRT(1.0-AL(3)*AL(3))
          RETURN
        ENDIF
        IF(ABS(SIG(6))>1.0E-5)THEN
          AL(1)=0.0
          AL(3)=0.0
          AL(2)=1.0
        ENDIF
      ENDIF
    ELSE
```

```
!      下5行:在一般情况下,即式(4-35)等号右边分式中的分母不为零的情况,按式(4-34)、式(4-35)两式计算l、m、n
           R4=((S-SIG(1))*SIG(5)+SIG(4)*SIG(6))/(SIG(4)*SIG(5)+ &
              (S-SIG(2))*SIG(6))
           R5=((S-SIG(1))*(S-SIG(2))-SIG(4)*SIG(4))/ &
              (SIG(4)*SIG(5)+(S-SIG(2))*SIG(6))
           AL(1)=1.0/SQRT(1.0+R4*R4+R5*R5)
           AL(2)=R4*AL(1)
           AL(3)=R5*AL(1)
        END IF
        RETURN
      END SUBROUTINE ANGLE
```

第七节　源程序使用说明

本节给出弹性力学空间问题六面体8结点等参数单元的有限元直接解程序使用说明。

一、程序的功能

本程序应用有限元位移法计算弹性力学空间问题在自重、结点集中荷载以及分布面荷载（水压或法向分布压力）作用下的结点位移、单元中心以及各个结点处的应力分量、主应力与应力主向。

二、原始数据的输入与输出

本程序所需输入的原始数据已分别在前面各节中说明，为使用方便起见，列表汇总见表4-5。

表4-5　　程序的输入数据

输入次序	输入信息	意　义
1	*NP*	结点总数
	NE	单元总数
	NM	材料类型总数
	NR	受约束结点总数
	NW	水荷载的类型数
	NF	受集中荷载作用的结点总数
	NESW	受水压力或法向分布压力作用的单元数
	IBASE(4)	荷载组合情况信息。每行4个数分别表示自重、集中力、水荷载与分布压力的作用情况。1表示有，0表示无
2 （对全部结点循环输入）	*NN*	结点的点号
	COOR(3，*NN*)	结点的3个坐标值

续表

输入次序	输入信息	意　　义
3 （对单元循环输入）	*NEE*	单元号
	MEO(12，*NEE*)	该单元的信息： *MEO*(1，*NEE*)：单元的材料类型号； *MEO*(2，*NEE*)：是否计算自重（1—计算，0—不计算）； *MEO*(3，*NEE*)：该单元所受不同水压类型数（0—不受水压）； *MEO*(4，*NEE*)：该单元受法向压力作用的表面数； *MEO*(5，*NEE*)～*MEO*(12，*NEE*)：单元的 8 个结点号
4 （对 *NW* 循环输入）	*AE*(3，*NM*)	材料特性常数数组，每列 3 个数依次为 E、μ、ρg
5 （如果 *NW*>0，则输入）	*WG*(2，*NW*)	水荷载特性常数数组，每列 2 个数依次为水面 z 坐标值及水的容重
6 （对受约束结点循环输入）	*NN*	受约束结点的序号
	IR(3)	该点的约束信息，用 1 表示不受约束，0 表示受约束
7 （如果 *NF*>0，则对受集中荷载结点循环输入）	*NN*	受集中荷载作用的结点号
	XYZ(3)	该点 3 个坐标方向的集中荷载值
8 （如果 *NESW*>0，则对受分布荷载的单元循环输入）	*NEE*	受分布荷载单元的序号
	NK	该单元受水压荷载的种数
	NSF	该单元受分布压力的面数
9 （如果 *NK*>0，则对水压类型循环输入）	*NNN*	水压类型
	NFACE(6)	该单元 6 个表面受此类型水压的信息，1 受此类型水压；0 不受此类型水压。6 个表面的顺序为 $\xi=+1$，-1；$\eta=+1$，-1；$\zeta=+1$，-1
10 （如果 *NSF*>0，则对受荷表面循环输入）	*ND*	受荷表面的序号
	PR(4)	此面上 4 个结点的分布压力集度。各个面上 4 个结点的顺序见 SRFOR 子程序中 DATA KFACE

三、其他主要标识符的意义

为了便于阅读完整的程序，下面将程序中其他一些主要标识符的意义说明见表 4-6，若与平面问题程序中同一标识符的意义一样，则从略。

表 4-6　　主 要 标 识 符 的 意 义

标识符	意　　义
COOR(3,*NP*)	结点坐标数组
SKE(24,24)	单元劲度矩阵
NN(24)	单元 8 个结点的 24 个自由度序号
RF(24)	单元结点荷载列阵

续表

标识符	意　　义
RSTG(2)	高斯积分点的局部坐标
B(6,24)	应变转换矩阵
XJR(3,3)	雅可比矩阵[*J*]
RJX(3,3)	雅可比矩阵的逆矩阵$[J]^{-1}$
DET	雅可比行列式
SNOD(6,*NP*)	结点处的 6 个应力分量
SGI(6,*NE*)	单元中心处的 6 个应力分量
ROT(3)	3 个主应力
AL(9)	3 个主应力方向的方向余弦

四、全局变量

程序在 GLOBAL _ VARIABLES 模块中定义了见表 4-7 的全部变量。

表 4-7　　全局变量的意义

全局变量	意　　义
NP	结点总数
NE	单元总数
NM	材料类型总数
NR	受约束结点总数
NW	不同荷载组合的组数
NF	水荷载的类型数
NESW	受集中荷载作用的结点总数
IBASE(4)	荷载组合情况信息。每行 4 个数分别表示自重、集中力、水荷载与分布压力的作用情况。1 表示有，0 表示无
N	结构自由度总数
MX	最大半带宽
NH	按一维存储的整体劲度矩阵的总容量
RSTG(2)	高斯积分点坐标

五、程序的模块组成

本程序共有 1 个主程序和 2 个程序模块 GLOBAL _ VARIABLES、LIBRARY，分布在 3 个程序文件中：主程序文件 MAIN-HEX8、全局变量模块文件 GLOBALVARIABLES-HEX8 和通用子程序库模块文件 LIBRARY-HEX8。每个程序模块的组成见表 4-8。

表 4-8　**程序模块的组成**

程序单位名	功　　能
主程序 MAIN-HEX8	调用子程序 CONTROL、INPUT、REST、CBAND、STDK8、LOAD8、DECOMP、FOBA、OUTPUT、STRESS
通用子程序模块 LIBRARY	包含子程序 CONTROL、INPUT、REST、CBAND、STDK8、STIF、RMSD、FPJD、LOAD8、SURFOR、ASESK、ASLOAD、OUTPUT、STRESS、ROT3、ANGLE、DECOMP、FOBA
全局变量模块 GLOBAL _ VARIABLES	定义全局变量，见表 4-7

六、各程序单位的调用关系

各程序单位的调用关系如图 4-3 所示。

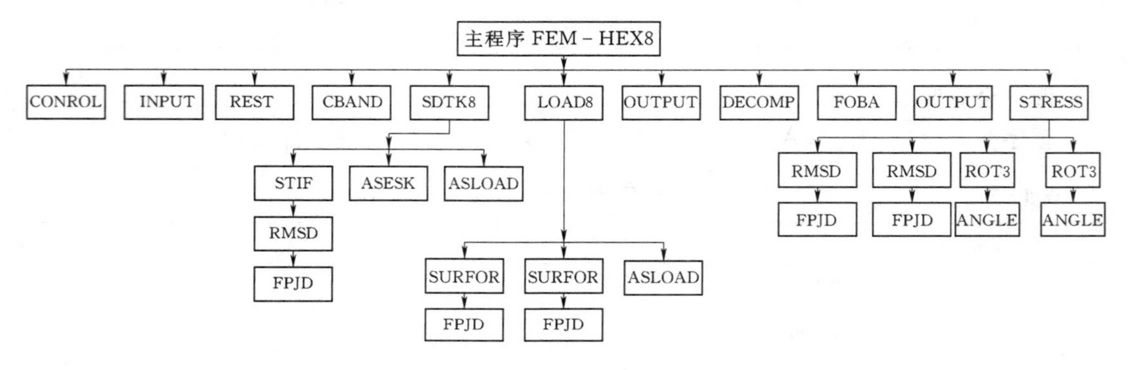

图 4-3　各程序单位的调用关系图

七、算例

悬臂梁长 8m、高 2m，左端固定，所受荷载如图 4-4 所示，不考虑自重。材料弹性模量 $E=2000000\text{kN/m}^2$，泊松比 $\mu=0.3$。有限元结点和单元编号如图 4-5 所示。所需输入数据清单及运行本章程序后的输出成果清单见电子文档。部分位移与应力成果见表 4-9～表 4-11。

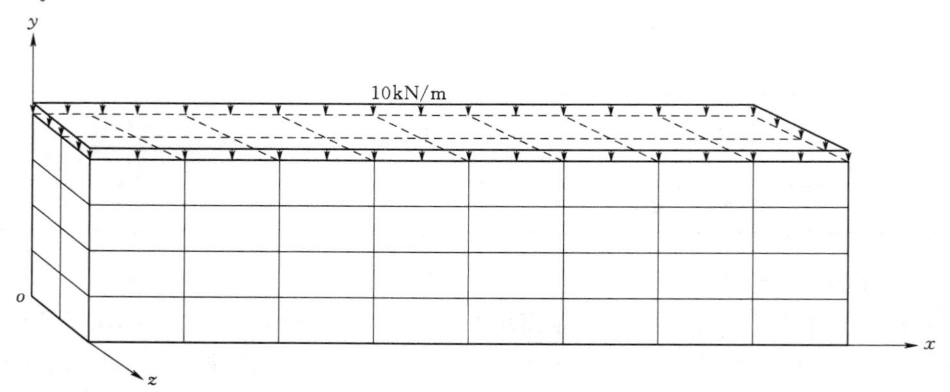

图 4-4　悬臂梁受荷载图

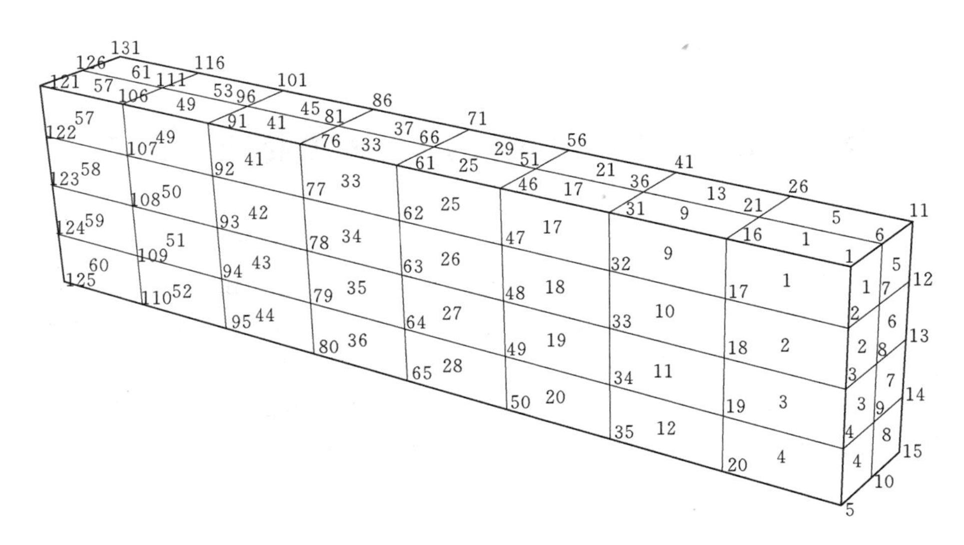

图 4-5 单元与结点的编号

表 4-9 结点 y 向位移 单位：10^{-3}m

结点号	y 向位移	结点号	y 向位移
6	−3.59	66	−1.34
7	−3.59	67	−1.33
8	−3.59	68	−1.33
9	−3.59	69	−1.33
10	−3.59	70	−1.34

表 4-10 单元中点应力 σ_x 单位：kN/m²

单元号	中点 σ_x	中点 σ_x	单元号	中点 σ_x	中点 σ_x
41-45	155	155	33-37	104	104
42-46	51.4	51.4	34-38	35.4	35.4
43-47	−51.4	−51.4	35-39	−35.4	−35.4
44-48	−155	−155	36-40	−104	−104

表 4-11 结点应力 σ_x 单位：kN/m²

结点号	σ_x	结点号	σ_x
81	178	66	116
82	87.4	67	57.8
83	0.09	68	−0.0
84	−87.4	69	−57.8
85	−178	70	−116

以上结果与第三章算例的结果是一致的。

第五章　动力问题的有限元程序设计

本章在第二章的基础上介绍动力问题的有限元程序设计。采用的单元为平面3结点三角形单元。关于结构整体劲度矩阵［K］的形成、存储以及线性代数方程组的直接解法等内容，已经在前面章节中进行过介绍，本章不再赘述。在引用前面章节相关程序时所采用的变量标识符及其含义不变，所用到的子程序或直接加以引用或结合具体情况稍作修改。本章重点介绍求解结构动力反应的Newmark直接积分法和求解结构自振特性的子空间迭代法的程序设计及有关子程序。

第一节　基本理论和计算方法

一、动力平衡方程

对于有限元离散的线弹性体系，其动力平衡方程为

$$[M]\{\ddot{\delta}(t)\}+[C]\{\dot{\delta}(t)\}+[K]\{\delta(t)\}=\{F(t)\} \tag{5-1}$$

式中：$[M]$、$[C]$、$[K]$ 都是 n 阶方阵（n 为有限元系统的自由度数），分别为体系的整体质量矩阵、阻尼矩阵、劲度矩阵；$\{\ddot{\delta}(t)\}$、$\{\dot{\delta}(t)\}$、$\{\delta(t)\}$、$\{F(t)\}$ 分别为整体的结点加速度列阵、速度列阵、位移列阵和等效荷载列阵，它们都是时间 t 的函数。

整体质量矩阵 $[M]$、整体阻尼矩阵 $[C]$、整体劲度矩阵 $[K]$ 和等效荷载列阵 $\{F(t)\}$ 分别由单元质量矩阵 $[m]^e$、单元阻尼矩阵 $[c]^e$、单元劲度矩阵 $[k]^e$ 和单元等效荷载列阵 $\{f\}^e$ 集合而成。它们的计算公式如下：

$$[k]^e=\int_{V^e}[B]^T[D][B]\mathrm{d}v \tag{5-2}$$

$$[m]^e=\int_{V^e}\rho[N]^T[N]\mathrm{d}v \tag{5-3}$$

$$[c]^e=\int_{V^e}\nu[N]^T[N]\mathrm{d}v \tag{5-4}$$

$$\{f\}^e=\int_{V^e}[N]^T\{p\}\mathrm{d}v+\int_{S_\sigma^e}[N]^T\{\bar{p}\}\mathrm{d}s \tag{5-5}$$

式中：ρ 为单元的质量密度；ν 为单元的阻尼系数，此处假定为黏滞阻尼。

如果结构只受地震荷载作用，则式（5－1）成为

$$[M]\{\ddot{\delta}(t)\}+[C]\{\dot{\delta}(t)\}+[K]\{\delta(t)\}=-[M]\{\ddot{\delta}_g(t)\} \tag{5-6}$$

即相当于式（5－1）中的 $\{F(t)\}=-[M]\{\ddot{\delta}_g(t)\}$，$\{\ddot{\delta}_g(t)\}$ 为地震加速度列阵。

对于3结点三角形单元，整体劲度矩阵 $[K]$ 和等效荷载列阵 $\{F(t)\}$ 与静力问题类

似，其计算可参见第二章的相关内容。由式（5－3）导出的单元质量矩阵称为一致质量矩阵，在导出该矩阵时采用与导出劲度矩阵时一致的位移插值函数。对于3结点三角形单元，其形函数及形函数矩阵如式（2－2）和式（2－6）所示。由式（5－3）得单元一致质量矩阵为

$$[m]^e=\frac{\rho At}{3}\begin{bmatrix}\frac{1}{2} & 0 & \frac{1}{4} & 0 & \frac{1}{4} & 0\\ 0 & \frac{1}{2} & 0 & \frac{1}{4} & 0 & \frac{1}{4}\\ \frac{1}{4} & 0 & \frac{1}{2} & 0 & \frac{1}{4} & 0\\ 0 & \frac{1}{4} & 0 & \frac{1}{2} & 0 & \frac{1}{4}\\ \frac{1}{4} & 0 & \frac{1}{4} & 0 & \frac{1}{2} & 0\\ 0 & \frac{1}{4} & 0 & \frac{1}{4} & 0 & \frac{1}{2}\end{bmatrix} \tag{5-7}$$

式中：ρ为材料密度；A为单元面积；t为单元厚度；ρAt为单元质量。

在有限元法中还经常使用集中质量矩阵，它假定单元质量集中在结点上，这样得到的质量矩阵是对角矩阵，对于3结点三角形单元，集中质量矩阵为

$$[m]^e=\frac{\rho At}{3}\begin{bmatrix}1 & 0 & 0 & 0 & 0 & 0\\ 0 & 1 & 0 & 0 & 0 & 0\\ 0 & 0 & 1 & 0 & 0 & 0\\ 0 & 0 & 0 & 1 & 0 & 0\\ 0 & 0 & 0 & 0 & 1 & 0\\ 0 & 0 & 0 & 0 & 0 & 1\end{bmatrix} \tag{5-8}$$

阻尼的机理非常复杂，在实际分析中要精确地确定阻尼非常困难，通常将实际结构的阻尼矩阵简化为质量矩阵和劲度矩阵的线性组合，即

$$[c]^e=\alpha[m]^e+\beta[k]^e \tag{5-9}$$

其中，α和β由实验确定，这种阻尼称为瑞利比例阻尼。

二、Newmark直接积分法

求解结构动力平衡方程式（5－1）最常用的方法就是进行直接数值积分。假定已求得t时刻的位移、速度和加速度，设法利用动力平衡方程推求得$t+\Delta t$时刻的位移、速度和加速度，则由初始条件开始，可以逐步计算各离散时刻的位移、速度和加速度。Newmark方法是工程结构动力分析中最常用的数值积分法，它属于单步的、隐式的、无条件稳定的算法，特别适合于实际结构的逐步（step－by－step）地震反应分析。

将系统的位移$\{\delta(t)\}$和速度$\{\dot{\delta}(t)\}$在$t+\Delta t$时刻作泰勒级数展开，则有

$$\{\delta(t+\Delta t)\}=\{\delta(t)\}+\Delta t\{\dot{\delta}(t)\}+\frac{1}{2}\Delta t^2\{\ddot{\delta}(t)\}+\frac{1}{6}\Delta t^3\{\dddot{\delta}(t)\}+\cdots \tag{5-10a}$$

$$\{\dot{\delta}(t+\Delta t)\}=\{\dot{\delta}(t)\}+\Delta t\{\ddot{\delta}(t)\}+\frac{1}{2}\Delta t^2\{\dddot{\delta}(t)\}+\cdots \tag{5-10b}$$

Newmark 法只保留位移的 3 阶导数项，并表示为

$$\{\delta(t+\Delta t)\}=\{\delta(t)\}+\Delta t\{\dot{\delta}(t)\}+\frac{1}{2}\Delta t^2\{\ddot{\delta}(t)\}+\beta\Delta t^3\{\dddot{\delta}(t)\} \tag{5-11a}$$

$$\{\dot{\delta}(t+\Delta t)\}=\{\dot{\delta}(t)\}+\Delta t\{\ddot{\delta}(t)\}+\gamma\Delta t^2\{\dddot{\delta}(t)\} \tag{5-11b}$$

式中：β、γ 为两个参数，由积分精度和稳定性要求确定。

假定在 $[t,\ t+\Delta t]$ 区间内加速度是线性的，则有

$$\{\dddot{\delta}(t)\}=\frac{\{\ddot{\delta}(t+\Delta t)\}-\{\ddot{\delta}(t)\}}{\Delta t} \tag{5-12}$$

将式（5－12）代入式（5－11a）和式（5－11b）后，可得到标准形式的 Newmark 方程

$$\{\delta(t+\Delta t)\}=\{\delta(t)\}+\Delta t\{\dot{\delta}(t)\}+\left(\frac{1}{2}-\beta\right)\Delta t^2\{\ddot{\delta}(t)\}+\beta\Delta t^2\{\ddot{\delta}(t+\Delta t)\} \tag{5-13a}$$

$$\{\dot{\delta}(t+\Delta t)\}=\{\dot{\delta}(t)\}+(1-\gamma)\Delta t\{\ddot{\delta}(t)\}+\gamma\Delta t\{\ddot{\delta}(t+\Delta t)\} \tag{5-13b}$$

由式（5－13）可以把 $t+\Delta t$ 时刻的速度 $\{\dot{\delta}(t+\Delta t)\}$ 和加速度 $\{\ddot{\delta}(t+\Delta t)\}$ 用 t 时刻的位移 $\{\delta(t)\}$、速度 $\{\dot{\delta}(t)\}$、加速度 $\{\ddot{\delta}(t)\}$ 和 $t+\Delta t$ 时刻的位移 $\{\delta(t+\Delta t)\}$ 表示为

$$\{\dot{\delta}(t+\Delta t)\}=\frac{\gamma}{\beta\Delta t}\{\delta(t+\Delta t)\}-\frac{\gamma}{\beta\Delta t}\{\delta(t)\}-\left(\frac{\gamma}{\beta}-1\right)\{\dot{\delta}(t)\}-\left(\frac{\gamma}{2\beta}-1\right)\Delta t\{\ddot{\delta}(t)\} \tag{5-14a}$$

$$\{\ddot{\delta}(t+\Delta t)\}=\frac{1}{\beta\Delta t^2}\{\delta(t+\Delta t)\}-\frac{1}{\beta\Delta t^2}\{\delta(t)\}-\frac{1}{\beta\Delta t}\{\dot{\delta}(t)\}-\left(\frac{1}{2\beta}-1\right)\{\ddot{\delta}(t)\} \tag{5-14b}$$

将式（5－14）两式代入式（5－1），可以得到 $t+\Delta t$ 时刻的动力平衡方程

$$[\hat{K}]\{\delta(t+\Delta t)\}=\{\hat{F}(t+\Delta t)\} \tag{5-15}$$

其中

$$[\hat{K}]=[K]+\frac{1}{\beta\Delta t^2}[M]+\frac{\gamma}{\beta\Delta t}[C] \tag{5-16}$$

可称为等效劲度矩阵，对线弹性系统，它与时间无关。

$\{\hat{F}(t+\Delta t)\}$ 可称为等效荷载向量

$$\begin{aligned}\{\hat{F}(t+\Delta t)\}=&\{F(t+\Delta t)\}+\left[\frac{1}{\beta\Delta t^2}\{\delta(t)\}+\frac{1}{\beta\Delta t}\{\dot{\delta}(t)\}+\left(\frac{1}{2\beta}-1\right)\{\ddot{\delta}(t)\}\right][M]\\&+\left[\frac{\gamma}{\beta\Delta t}\{\delta(t)\}+\left(\frac{\gamma}{\beta}-1\right)\{\dot{\delta}(t)\}+\left(\frac{\gamma}{2\beta}-1\right)\Delta t\{\ddot{\delta}(t)\}\right][C]\end{aligned} \tag{5-17}$$

求解式（5－15）可以得到 $t+\Delta t$ 时刻的位移 $\{\delta(t+\Delta t)\}$，再由式（5－14）计算 $t+\Delta t$ 时刻的速度 $\{\dot{\delta}(t+\Delta t)\}$ 和加速度 $\{\ddot{\delta}(t+\Delta t)\}$。

三、无阻尼自由振动

有限元动力平衡方程式（5－1）是一个非齐次常微分方程组，在不考虑阻尼、无外荷载作用的情况下，变为无阻尼自由振动方程

$$[M]\{\ddot{\delta}(t)\}+[K]\{\delta(t)\}=\{0\} \tag{5-18}$$

它是一个齐次常微分方程组，其通解可以表示为 $\{\delta(t)\}=\{\phi\}e^{i\omega t}$，代入式（5-18），有

$$([K]-\omega^2[M])\{\phi\}e^{i\omega t}=\{0\} \tag{5-19}$$

由于 $e^{i\omega t}$ 不可能恒等于 0，故必有

$$([K]-\omega^2[M])\{\phi\}=\{0\} \tag{5-20}$$

也可表示为

$$[K]\{\phi\}=\lambda[M]\{\phi\} \tag{5-21}$$

式（5-21）为 n 阶广义特征值方程，特征解 λ_i 和 $\{\phi\}_i(i=1,2,\cdots,n)$ 为特征值和特征向量。

当 $[K]$、$[M]$ 为正定矩阵时，$0<\lambda_1\leqslant\lambda_2\leqslant\cdots\leqslant\lambda_n$ 为正实数，$\omega_i=\sqrt{\lambda_i}$ $(i=1,2,\cdots,n)$ 称为系统的 n 个自振频率，对应的 n 个特征向量 $\{\phi\}_i$ $(i=1,2,\cdots,n)$ 称为系统的 n 个振型。

四、子空间迭代法

求解广义特征值方程式（5-21），可以得到结构体系的自振频率和振型。子空间迭代法是公认的求解大型广义特征值方程的高效方法，已被许多著名的商用有限元软件系统所采用。

该方法的基本目的是解出最小的 q 个特征值和相对应的特征向量，它们满足

$$[K][\Phi]=[M][\Phi][\Lambda] \tag{5-22}$$

其中 $[\Phi]=[\{\phi\}_1\{\phi\}_2\cdots\{\phi\}_q]$，$[\Lambda]=\mathrm{diag}[\lambda_i]$，$i=1,\ 2,\ \cdots,\ q$。

该方法的基本思路是选择 q 个线性无关的初始向量，相继使用“同时反迭代”与“Rayleigh-Ritz 法”进行迭代，求得系统的前 q 阶特征解的近似值。

子空间迭代法的迭代过程如下：

（1）选取 q 个线性无关的初始向量，组成的矩阵为

$$[\Psi]^{(1)}=[\{\psi\}_1^{(1)},\{\psi\}_2^{(1)},\cdots,\{\psi\}_q^{(1)}] \tag{5-23}$$

（2）对 q 个向量采用同时反迭代，即对 $k=1,2,\cdots$，进行下列计算。

$$[K][\overline{\Psi}]^{(k+1)}=[M][\Psi]^{(k)} \tag{5-24}$$

$$[\overline{\Psi}]^{(k+1)}=[K]^{-1}[M][\Psi]^{(k)} \tag{5-25}$$

（3）将 $[\overline{\Psi}]^{(k+1)}$ 的 q 个列向量作为 Ritz 基向量，构成 n 维空间 V_n 的一个 q 维子空间 E_{k+1}，计算 $[K]$、$[M]$ 在子空间 E_{k+1} 的投影。

$$[\overline{K}]^{(k+1)}=([\overline{\Psi}]^{(k+1)})^T[K][\overline{\Psi}]^{(k+1)} \tag{5-26}$$

$$[\overline{M}]^{(k+1)}=([\overline{\Psi}]^{(k+1)})^T[M][\overline{\Psi}]^{(k+1)} \tag{5-27}$$

（4）由 Rayleigh-Ritz 法，构成缩减后的 q 阶广义特征值问题。

$$[\overline{K}]^{(k+1)}\{x\}^{(k+1)}=\rho[\overline{M}]^{(k+1)}\{x\}^{(k+1)} \tag{5-28}$$

（5）用广义 Jacobi 法求解 q 阶广义特征值问题的全部解。

$$[X]^{(k+1)}=[\{x\}_1^{(k+1)}\{x\}_2^{(k+1)}\cdots\{x\}_q^{(k+1)}] \tag{5-29}$$

$$[\Lambda]^{(k+1)}=\mathrm{diag}[\lambda_i^{(k+1)}]=\mathrm{diag}[\rho_i]\quad(i=1,2,\cdots,q) \tag{5-30}$$

（6）求得原 n 阶特征值问题的改进近似解。

$$[\Phi]\approx[\Psi]^{(k+1)}=[\overline{\Psi}]^{(k+1)}[X]^{(k+1)} \tag{5-31}$$

$$[\Lambda]\approx[\Lambda]^{(k+1)} \tag{5-32}$$

（7）检查近似解精度。

$$\left|\frac{\lambda_i^{(k+1)}-\lambda_i^{(k)}}{\lambda_i^{(k+1)}}\right| \quad (i=1,2\cdots,q) \tag{5-33}$$

如果精度不满足要求时，将 $[\Psi]^{(k+1)}$ 作为新的向量，重复（2）～（6）的过程，直到满足精度要求。

可以证明，初始向量的个数越多，也即 q 越大，迭代的次数就越少，但是每一次迭代的计算量就越大。因此，根据经验，q 的个数按照下面的公式取值。

$$q=\min(2p,p+8) \tag{5-34}$$

式中：p 为实际欲求的阶数。

为了确保 q 个初始向量的线性无关，可按下述方法选取 $[\Psi]^{(1)}$：

$$\{\psi\}_1^{(1)}=(1,1,\cdots,1)^T$$

$$\{\psi\}_2^{(1)}=\begin{bmatrix}0\\ \vdots\\ 1\\ \vdots\\ 0\end{bmatrix}\leftarrow \quad i_1\ \text{位置} \tag{5-35}$$

$$\{\psi\}_q^{(1)}=\begin{bmatrix}0\\ \vdots\\ 1\\ \vdots\\ 0\end{bmatrix}\leftarrow \quad i_{q-1}\ \text{位置}$$

其中 i_1，i_2，…，i_{q-1} 由式（5-36）确定

$$\frac{k_{i_1i_1}}{m_{i_1i_1}}<\frac{k_{i_2i_2}}{m_{i_2i_2}}<\cdots<\frac{k_{i_{q-1}i_{q-1}}}{m_{i_{q-1}i_{q-1}}} \tag{5-36}$$

式中的 $k_{i_ji_j}$、$m_{i_ji_j}$ 为式（5-22）中 $[K]$、$[M]$ 中的元素。

五、广义 Jacobi 法

广义 Jacobi 法的基本思路是用一系列的简单旋转变换（即逐次左乘 $[P]_k^T$ 和右乘 $[P]_k$），将 $[K]$ 和 $[M]$ 化为对角矩阵。

设 $[K]_1=[K]$，$[M]_1=[M]$ 可以建立

$$[K]_2=[P]_1^T[K]_1[P]_1 \qquad [M]_2=[P]_1^T[M]_1[P]_1$$

$$[K]_3=[P]_2^T[K]_2[P]_2 \qquad [M]_3=[P]_2^T[M]_2[P]_2$$

$$\vdots \qquad\qquad \vdots$$

$$[K]_{k+1}=[P]_k^T[K]_k[P]_k \qquad [M]_{k+1}=[P]_k^T[M]_k[P]_k$$

当 $k\to\infty$ 时

$$[K]_{k+1}\to\mathrm{diag}(\hat{K}_{ii})=[\hat{K}],[M]_{k+1}\to\mathrm{diag}(\hat{M}_{ii})=[\hat{M}] \quad (i=1,2,\cdots,n)$$

从而得到特征值和特征向量的近似解

$$[\Lambda]=\text{diag}\left(\frac{\hat{K}_{11}}{\hat{M}_{11}},\frac{\hat{K}_{22}}{\hat{M}_{22}},\cdots,\frac{\hat{K}_{kk}}{\hat{M}_{kk}}\right) \tag{5-37}$$

$$[\Phi]=[P]_1[P]_2\cdots[P]_k[\hat{M}]^{-\frac{1}{2}} \tag{5-38}$$

其中

$$[P]_k=\begin{bmatrix}1 & & & & & \\ & \ddots & & & & \\ & & 1 & & \alpha & \\ & & & \ddots & & \\ & & \beta & & 1 & \\ & & & & & \ddots & \\ & & & & & & 1\end{bmatrix}\begin{matrix}\\ \\ \leftarrow 第\,i\,行\\ \\ \leftarrow 第\,j\,行\\ \\ \\ \end{matrix} \tag{5-39}$$

（α 位于第 j 列，β 位于第 i 列：↑第 i 列　↑第 j 列）

式中 α 和 β 为常数，必须同时将 $[K]_k$ 和 $[M]_k$ 中（i，j）位置上的元素化为零。因此，α 和 β 必定是 $K_{ij}^{(k)}$、$K_{ii}^{(k)}$、$K_{jj}^{(k)}$、$M_{ij}^{(k)}$、$M_{ii}^{(k)}$ 和 $M_{jj}^{(k)}$ 的函数［上标（k）表示第 k 次旋转变换］。

第 k 次旋转变换：

$$[K]_{k+1}=[P]_k^T[K]_k[P]_k \tag{5-40a}$$

$$[M]_{k+1}=[P]_k^T[M]_k[P]_k \tag{5-40b}$$

其控制条件：

$$K_{ij}^{(k+1)}=0,\quad M_{ij}^{(k+1)}=0$$

所以可以得出关于 α 和 β 的方程：

$$\alpha K_{ii}^{(k)}+(1+\alpha\beta)K_{ij}^{(k)}+\beta K_{jj}^{(k)}=0 \tag{5-41a}$$

$$\alpha M_{ii}^{(k)}+(1+\alpha\beta)M_{ij}^{(k)}+\beta M_{jj}^{(k)}=0 \tag{5-41b}$$

解之得

$$\alpha=\frac{\overline{K}_{jj}^{(k)}}{x},\quad \beta=-\frac{\overline{K}_{ii}^{(k)}}{x} \tag{5-42}$$

其中

$$x=\frac{\overline{K}^{(k)}}{2}+\text{sign}(\overline{K}^{(k)})\sqrt{\left(\frac{\overline{K}^{(k)}}{2}\right)^2+\overline{K}_{ii}^{(k)}\overline{K}_{jj}^{(k)}} \tag{5-43}$$

$$\overline{K}_{ii}^{(k)}=K_{ii}^{(k)}M_{ij}^{(k)}-M_{ii}^{(k)}K_{ij}^{(k)} \tag{5-44}$$

$$\overline{K}_{jj}^{(k)}=K_{jj}^{(k)}M_{ij}^{(k)}-M_{jj}^{(k)}K_{ij}^{(k)} \tag{5-45}$$

$$\overline{K}^{(k)}=K_{ii}^{(k)}M_{jj}^{(k)}-M_{ii}^{(k)}K_{jj}^{(k)} \tag{5-46}$$

$$\text{sign}(\overline{K}^{(k)})=\begin{cases}1 & \overline{K}^{(k)}>0\\ 0 & \overline{K}^{(k)}=0\\ -1 & \overline{K}^{(k)}<0\end{cases}$$

如果式（5-41a）和式（5-41b）线性相关，即 $K_{ii}^{(k)}/M_{ii}^{(k)}=K_{ij}^{(k)}/M_{ij}^{(k)}=K_{jj}^{(k)}/M_{jj}^{(k)}$，可以取 $\alpha=0$，$\beta=-K_{ij}^{(k)}/K_{jj}^{(k)}$。

广义 Jacobi 法收敛条件为

$$\left|\frac{\lambda_i^{(k+1)}-\lambda_i^{(k)}}{\lambda_i^{(k+1)}}\right|\leqslant 10^{-s}\quad i=1,2,\cdots,q \tag{5-47}$$

$$\left[\frac{(K_{ij}^{(k+1)})^2}{K_{ii}^{(k+1)}K_{jj}^{(k+1)}}\right]^{\frac{1}{2}}\leqslant 10^{-s},\ \left[\frac{(M_{ij}^{(k+1)})^2}{M_{ii}^{(k+1)}M_{jj}^{(k+1)}}\right]^{\frac{1}{2}}\leqslant 10^{-s}\quad (i<j,j=1,2,\cdots,q) \tag{5-48}$$

其中

$$\lambda_i^{(k)}=\frac{K_{ii}^{(k)}}{M_{ii}^{(k)}},\lambda_i^{(k+1)}=\frac{K_{ii}^{(k+1)}}{M_{ii}^{(k+1)}} \tag{5-49}$$

第二节　Newmark 法程序设计

本节介绍结构受地震荷载作用时，计算动力响应的有限元程序设计方法，稍加修改也能用于受其他动荷载作用时的动力响应计算。结构采用 3 结点三角形单元离散，采用 Newmark直接积分法求解动力平衡方程。

一、程序流程图及数据输入

这部分首先给出程序的流程图，使读者对程序的整体结构有一个大概的了解，接着介绍输入数据的子程序。程序的流程图如图 5-1 所示。

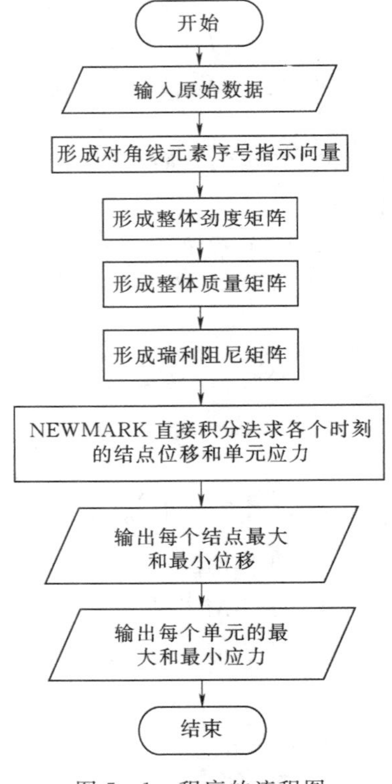

图 5-1　程序的流程图

主程序 FEM_TRI3_NEWMARK 就是按照如图 5-1 所示流程图编写而成的。本程序可以单独或组合考虑水平向和竖直向的地震，以 $NA(1)$ 和 $NA(2)$ 分别表示两个方向的地震信息。若 $NA(1)=1$，$NA(2)=0$，表示只考虑水平地震；$NA(1)=1$，$NA(2)=1$，表示要考虑水平、竖直 2 个方向的地震。

主程序 FEM_TRI3_NEWMARK 清单：

```
   PROGRAM FEM_TRI3_NEWMARK
!     使用程序模块 LIBRARY、GLOBAL_VARIABLES 和 INTEGRATION
      USE LIBRARY
      USE GLOBAL_VARIABLES
      USE INTEGRATION
      IMPLICIT NONE
!     AR:输入文件名(最长 12 个字符);OK:输出文件名(最长 12 个字符)
      CHARACTER(LEN=12)::AR,OK
!     X、Y:结点坐标  AE:材料参数  SK:整体劲度矩阵  DM:集中质量矩阵
!     AG:地面加速度时程数组  CC:阻尼矩阵  UMAX:最大动位移  UMIN:最小动位移
!     SMAX:最大动应力  SMIN:最小动应力
      REAL(8),ALLOCATABLE::X(:),Y(:),AE(:,:),SK(:),DM(:),&
                           UMAX(:),UMIN(:),AG(:,:),CC(:),&
                           SMAX(:,:),SMIN(:,:)
!     DT:时间步长  FM:质量矩阵的瑞利阻尼系数  FK:劲度矩阵的瑞利阻尼系数
!     BETA、GAMA:NEWMARK 法参数
      REAL(8)::DT,FM,FK,BETA,GAMA
!     MEO:单元结点信息  JR:结点自由度序号  MA:指示矩阵
      INTEGER,ALLOCATABLE::MEO(:,:),JR(:,:),MA(:)
      INTEGER::IE,I,J,K
!     屏幕提示:PLEASE INPUT FILE NAME OF DATA
      WRITE(*,"(///A)")'PLEASE INPUT FILE NAME OF DATA='
      READ(*,"(A12)")AR
!     屏幕提示:PLEASE INPUT FILE NAME OF RESULTS
      WRITE(*,"(///A)")'PLEASE INPUT FILE NAME OF RESULTS='
      READ(*,"(A12)")OK
      OPEN(5,FILE=AR,STATUS='OLD')
      OPEN(7,FILE=OK,STATUS='UNKNOWN')
!     输入 8 个控制参数
!     NP—结点总数  NE—单元总数  NM—材料类型总数  NR—约束结点总数
!     NI—问题类型标识,0 为平面应力问题,1 为平面应变问题
      READ(5,*)NP,NE,NM,NR,NI
      WRITE(*,"(/1X,5(A,I3,2X))")&
           'NP=',NP,'NE=',NE,'NM=',NM,'NR=',NR,'NI=',NI
      WRITE(7,"(/1X,5(A,I3,2X))")&
           'NP=',NP,'NE=',NE,'NM=',NM,'NR=',NR,'NI=',NI
```

```
!    NT—时刻数，即时间步数+1，地震加速度记录总数=NT
!    NA—是否考虑 x 方向的地震 NA(1)、y 方向的地震 NA(2)，填 1 表示考虑，填 0 表示不考虑
     READ(5,*)NT,NA
     WRITE(*,"(/1X,(A,I3,2X),A,2I3)")'NT=',NT,'NA=',NA
     WRITE(7,"(/1X,(A,I3,2X),A,2I3)")'NT=',NT,'NA=',NA
!    为数组分配存储空间
     ALLOCATE(X(NP),Y(NP),MEO(4,NE),AE(4,NM),JR(2,NP),AG(2,NT))
!    调用 INPUT 子程序输入结点坐标，单元信息和材料参数
     CALL INPUT(X,Y,MEO,AE)
!    调用 MR 子程序形成结点自由度序号矩阵
     CALL MR(JR)
!    输入动力分析参数、地面加速度
     CALL INPUT_DYN(FM,FK,BETA,GAMA,DT,AG)
!    为数组 MA 分配存储空间
     ALLOCATE(MA(N))
!    调用 FORMMA 子程序形成指示矩阵 MA(N)并调用其他功能子程序
     CALL FORMMA(MEO,JR,MA)
!    为劲度矩阵数组 SK 和集中质量数组 DM 分配存储空间
     ALLOCATE(SK(NH),DM(N))
!    调用子程序 MGK，形成整体劲度矩阵，并按一维存储在 SK 中
     CALL MGK(AE,X,Y,MEO,JR,MA,SK)
!    调用子程序 FORMDM，形成集中质量矩阵，并存储在 DM 中
     CALL FORMDM(AE,X,Y,MEO,JR,DM)
!    为动位移数组，阻尼矩阵数组和动应力数组分配存储空间
     ALLOCATE(UMAX(N),UMIN(N),CC(NH),SMAX(5,NE),SMIN(5,NE))
!    下 3 行：形成瑞利阻尼矩阵 CC
     CC=0.0
     CC(MA(:))=CC(MA(:))+FM*DM(:)
     CC=CC+FK*SK
!    调用 NEWMARK 法子程序计算动力响应
     CALL NEWMARK(JR,MEO,AE,X,Y,MA,SK,DM,CC,DT,BETA,&
                  GAMA,AG,UMAX,UMIN,SMAX,SMIN)
!    下 4 行：输出结点最大和最小动位移
     WRITE(7,300)
     CALL OUTPUT(JR,UMAX)
     WRITE(7,400)
     CALL OUTPUT(JR,UMIN)
!    下 8 行：输出各单元最大和最小动应力
     WRITE(7,500)
     DO IE=1,NE
       WRITE(7,700)IE,SMAX(:,IE)
     END DO
     WRITE(7,600)
     DO IE=1,NE
```

```
      WRITE(7,700)IE,SMIN(:,IE)
    END DO
300 FORMAT(' MAXIMUM DISPLASEMENT ' &
          ,/,5X,' NODE ',10X,' COMP - X ',10X,' COMP - Y ')
400 FORMAT(' MINIMUM DISPLASEMENT ' &
          ,/,5X,' NODE ',10X,' COMP - X ',10X,' COMP - Y ')
500 FORMAT(' MAXIMUM STRESS ' &
          ,/,2X,' ELE ',10X,' SIG - X ',10X,' SIG - Y ',10X,' SIG - XY ',10X,&
          ' SIG - 1 ',10X,' SIG - 2 ')
600 FORMAT(' MINIMUM STRESS ' &
          ,/,2X,' ELE ',10X,' SIG - X ',10X,' SIG - Y ',10X,' SIG - XY ',10X,&
          ' SIG - 1 ',10X,' SIG - 2 ')
700 FORMAT(I5,5F15.3)
    END PROGRAM FEM_TRI3_NEWMARK
```

原始数据的输入是在主程序 FEM _ TRI3 _ NEWMARK 和子程序 INPUT、MR、INPUT _ DYN 中实现的。在主程序中输入的控制数据，见表 5－1。

表 5－1　　主程序中输入的控制数据

变量（或数组）名	意　　义
NP	结点总数
NE	单元总数
NM	材料类型总数
NR	受约束结点总数
NI	问题类型标识，0 为平面应力问题，1 为平面应变问题
NT	计算时刻数，即时间步数＋1
$NA(2)$	$NA(1)$ 和 $NA(2)$ 分别表示是否考虑 x、y 方向的地震，填 1 表示考虑，填 0 表示不考虑

子程序 INPUT 输入结点、单元和材料信息，见表 5－2。子程序 INPUT _ DYN 输入动力分析所需数据，包括瑞利阻尼矩阵比例系数、积分时间步长、地震加速度，见表 5－3。子程序 MR 输入约束信息，见表 5－4。除了输入原始数据之外，在子程序 MR 中，还形成了离散结构的自由度总数 N、结点自由度序号指示矩阵 $JR(2, NP)$。子程序 INPUT _ DYN 中以 $BB(1)$、$BB(2)$ 表示 x、y 方向的地震加速度值的比例因子，以便考虑实际地震加速度记录中最大加速度值与求结构反应需要的加速度最大值的差异，比如某条地震加速度记录的最大峰值为 30m/s^2，但结构物所在地区的地震加速度最大峰值为 1.962m/s^2，故须在加速度记录上乘一个比例因子 0.0654。程序中假设地震加速度记录的时间间隔和直接积分法的时间步长相同，如果不同则需要在程序输入前转化成相同时间间隔后再行输入。

子程序 INPUT 清单：

```
  SUBROUTINE INPUT(X,Y,MEO,AE)
    USE GLOBAL_VARIABLES
    IMPLICIT NONE
    REAL(8),INTENT(INOUT)::X(:),Y(:),AE(:,:)
    INTEGER,INTENT(INOUT)::MEO(:,:)
    INTEGER::I,J,IELEM,IP,IE
!   输入材料信息,共 NM 条
!   每条依次输入:EO -弹性模量,VO -泊松比,W -材料重力集度,T -单元厚度
    READ(5,*)((AE(I,J),I=1,4),J=1,NM)
!   输入坐标信息,共 NP 条
!   每条依次输入:结点号,该结点的 x 坐标和 y 坐标
    READ(5,*)(IP,X(IP),Y(IP),I=1,NP)
!   输入单元信息,共 NE 条
    DO IELEM=1,NE
!   每条依次输入:单元号,该单元的 3 个结点 i、j、m 的整体编码及该单元的材料类型号
      READ(5,*)IE,(MEO(J,IE),J=1,4)
    END DO
    WRITE(*,500)((AE(I,J),I=1,4),J=1,NM)
    WRITE(7,500)((AE(I,J),I=1,4),J=1,NM)
    WRITE(*,550)
    WRITE(7,550)
    WRITE(*,600)(X(I),Y(I),I=1,NP)
    WRITE(7,600)(X(I),Y(I),I=1,NP)
    WRITE(*,*)' ELEMENT——DATA '
    WRITE(*,650)(IELEM,(MEO(I,IELEM),I=1,4),IELEM=1,NE)
    WRITE(7,*)
    WRITE(7,*)' ELEMENT——DATA '
    WRITE(7,650)(IELEM,(MEO(I,IELEM),I=1,4),IELEM=1,NE)
    IF(NI>0)THEN
!   下 4 行:如果是平面应变问题,需把 E 换成 E/(1-v**2),v 换成 v/(1-v)
      DO J=1,NM
        AE(1,J)=AE(1,J)/(1.0-AE(2,J)*AE(2,J))
        AE(2,J)=AE(2,J)/(1.0-AE(2,J))
      END DO
    END IF
500 FORMAT(/1X,'EO=**VO=**W=**T=**'/(1X,4F15.4))
550 FORMAT(/1X,'X—COORDINATE   Y—COORDINATE')
600 FORMAT(3X,F8.3,7X,F8.3)
650 FORMAT(1X,I5,2X,4I5)
    RETURN
  END SUBROUTINE INPUT
```

表 5-2 **INPUT 子程序输入的数据**

数组名	意 义
AE(4, *NM*)	材料特性常数数组。每一列的 4 个数依次为弹性模量、泊松比、容重与厚度
IP	结点号
X(*IP*)	结点 *IP* 的 x 坐标
Y(*IP*)	结点 *IP* 的 y 坐标
IELEM	单元号
MEO(4,*IELEM*)	该单元的信息： *MEO*(1,*IELEM*)：该单元结点 i 的整体结点编号； *MEO*(2,*IELEM*)：该单元结点 j 的整体结点编号； *MEO*(3,*IELEM*)：该单元结点 k 的整体结点编号； *MEO*(4,*IELEM*)：该单元的材料类型号

子程序 INPUT_DYN 清单：

```
    SUBROUTINE INPUT_DYN(FM,FK,BETA,GAMA,DT,AG)
      USE GLOBAL_VARIABLES
      IMPLICIT NONE
      REAL(8),INTENT(INOUT)::FM,FK,BETA,GAMA,DT,AG(:,:)
      REAL(8)::BB(2)
!     读入瑞利阻尼矩阵系数
      READ(5,*)FM,FK
      WRITE(7,200)FM,FK
!     读入 NEWMARK 法参数
      READ(5,*)BETA,GAMA
      WRITE(7,250)BETA,GAMA
!     读入时间步长
      READ(5,*)DT
      WRITE(7,300)DT
!     读入 x、y 方向地震加速度的放大系数
      READ(5,*)BB
!     下 3 行:读入地震加速度记录
      AG=0.0
      IF(NA(1)==1)READ(5,*)AG(1,:)
      IF(NA(2)==1)READ(5,*)AG(2,:)
      WRITE(7,400)
      WRITE(7,450)AG
      IF(NA(1)==1)AG(1,:)=AG(1,:)*BB(1)
      IF(NA(2)==1)AG(2,:)=AG(2,:)*BB(2)
200   FORMAT(' Rayleigh Damping Ratio  ',' FM=   ',F10.4,5X,' FK=   ',F10.4)
250   FORMAT(' Newmark Parameters      ',' BETA=  ',F10.4,5X,' GAMA=',F10.4)
300   FORMAT(' Time Step               ',' DT=   ',F10.4)
400   FORMAT(/1X,' Ground Acceleration ',/,10X,' X-COMP ',10X,' Y-COMP ')
450   FORMAT(1X,2F15.4)
    END SUBROUTINE INPUT_DYN
```

表 5-3　INPUT _ DYN 子程序输入的数据

变量或数组名	意　　义
FM	瑞利比例阻尼矩阵的质量矩阵比例系数
FK	瑞利比例阻尼矩阵的劲度矩阵比例系数
BETA	NEWMARK 直接积分法的参数 β
GAMA	NEWMARK 直接积分法的参数 γ
DT	积分时间步长
BB(2)	表示 x、y 向地震加速度的放大系数
AG(2，*NT*)	每个计算时刻的地震加速度，*AG*(1,:) 为 x 方向的加速度，*AG*(2,:) 为 y 方向的加速度

子程序 MR 清单：

```
    SUBROUTINE MR(JR)
      USE GLOBAL_VARIABLES
      IMPLICIT NONE
      INTEGER,INTENT(OUT)::JR(:,:)
      INTEGER::NN,IR(2)
      INTEGER::I,J,K,L,M
      JR=1      !赋初值,初始假设每个结点 x 向和 y 向都是自由的
!     NR>0,输入约束信息,共 NR 条
      WRITE(7,500)
      DO I=1,NR ! 输入约束信息,共 NR 条
!     每条输入:受约束结点的点号 NN 及该结点 x,y 方向上的约束信息 IR(2)(填 1 表示自由,填 0 表示受约束)
        READ(5,*)NN,IR
        JR(:,NN)=IR(:)! 将 JR 中第 NN 列的 2 个元素赋值为 IR(1)和 IR(2)
        WRITE(7,600)NN,IR
      END DO
!     N 充零,以便累加形成结构的自由度总数
      N=0
!     下 8 行:根据每个结点约束信息,形成自由度序号指示矩阵 JR(2,NP)
      DO I=1,NP
      DO J=1,2
        IF(JR(J,I)>0)THEN
          N=N+1
          JR(J,I)=N
        END IF
      END DO
      END DO
500   FORMAT(/1X,' CONSTRAINED MESSAGE '/6X,' NODE NO. STATE ')
600   FORMAT(6X,8(I5,6X,2I1))
      RETURN
    END SUBROUTINE MR
```

表 5-4　**MR 子程序输入的数据**

变量或数组名	意　义
NN	约束结点号
$IR(2)$	该结点 x，y 方向上的约束信息（填 1 表示自由，填 0 表示受约束），存入 $JR(2, NN)$ 中

二、形成质量矩阵和阻尼矩阵

这部分首先介绍单元质量矩阵的形成，进而形成整体质量矩阵，然后介绍瑞利阻尼矩阵的形成。单元质量矩阵采用集中质量矩阵，即根据式（5-8）进行计算。瑞利阻尼矩阵根据式（5-9）由整体劲度矩阵和整体质量矩阵的线性组合形成。

质量矩阵的形成由子程序 FORMDM 实现。由于是集中质量矩阵，因此采用一维数组 $DM(N)$ 存储。子程序对单元进行循环，根据式（5-8）形成单元质量矩阵，并累加存入数组 DM 之中。

瑞利阻尼矩阵的形成在主程序中实现。整体劲度矩阵是稀疏矩阵，采用一维变带宽存储，存于一维数组 SK 中，质量矩阵是对角矩阵，存于一维数组 DM 中。根据式（5-9），可知阻尼矩阵也是一个稀疏矩阵，其稀疏结构与劲度矩阵相同，即指示矩阵 MA 相同，阻尼矩阵也采用一维变带宽存储，存于一维数组 CC 中。因此，数组 CC 中的非对角元素等于 SK 数组中的非对角元素乘以 FK，对角元素 $CC[MA(:)]=FK*SK[MA(:)]+FM*DM(:)$。

子程序 FORMDM 清单：

```
  SUBROUTINE FORMDM(AE,X,Y,MEO,JR,DM)
    USE GLOBAL_VARIABLES
    IMPLICIT NONE
    REAL(8),INTENT(IN)::AE(:,:),X(:),Y(:)
    INTEGER,INTENT(IN)::MEO(:,:),JR(:,:)
    REAL(8),INTENT(OUT)::DM(:)
    REAL(8)::EO,VO,W,T,A,BI(3),CI(3),S
    REAL(8),ALLOCATABLE::FV(:,:)
    INTEGER,ALLOCATABLE::NF(:)
    INTEGER::I,J,J2,J3,IE,NOD(3)
!   将数组 DM 初始化置零,用来存放集中质量矩阵
    DM=0.0
!   通过对单元进行循环
    DO IE=1,NE
!   调用子程序 DIV 计算单元面积 A,获取单元厚度 T 以及容重 W
      CALL DIV(IE,AE,X,Y,MEO,NOD,EO,VO,W,T,A,BI,CI)
!   计算单元质量的 1/3
      S=T*W*A/(3.0*9.81)
!   下 9 行:将第 IE 个单元的 1/3 质量叠加在 DM(N)中与 3 个结点的自由度相应的位置上
      DO I=1,3
        J2=NOD(I)
```

```
        DO J=1,2
          J3=JR(J,J2)
          IF(J3>0)THEN
            DM(J3)=DM(J3)+S
          END IF
        ENDDO
      END DO
    END DO
    RETURN
END SUBROUTINE FORMDM
```

三、NEWMARK 直接积分法求解动力平衡方程

本程序用于求解地震荷载作用下的结构响应，即由子程序 NEWMARK 实现 NEWMARK 直接积分法求解动力平衡方程式（5-6）。子程序首先计算积分中所需的积分常数，见表 5-5；然后根据式（5-6）形成等效劲度矩阵；再对等效劲度矩阵进行三角分解，用于求解式（5-15）。

表 5-5　　**积　分　常　数**

积分常数	意　义	积分常数	意　义
*C*0	$\frac{1}{\beta\Delta t^2}$	*C*4	$\frac{\gamma}{\beta}-1$
*C*1	$\frac{\gamma}{\beta\Delta t}$	*C*5	$\Delta t\left(\frac{1}{2\beta}-1\right)$
*C*2	$\frac{1}{\beta\Delta t}$	*C*6	$\Delta t(1-\gamma)$
*C*3	$\frac{1}{2\beta}-1$	*C*7	$\gamma\Delta t$

每个时刻的等效荷载列阵根据式（5-17）计算，式中右端第 1 项

$$\{F(t+\Delta t)\}=-[M]\{\ddot{\delta}_g(t+\Delta t)\} \tag{5-50}$$

由于质量矩阵 $[M]$ 是一个对角矩阵，存于一维数组 DM 中，对角矩阵乘向量只需将对应自由度的元素相乘即可。式（5-50）和式（5-17）中右端第 2 项都是质量矩阵乘以向量运算。但是对于式（5-50），由于地震加速度是作用于每个结点的，因此需要引入结点自由度指示矩阵 $JR(2，NP)$ 实现对应自由度元素相乘。

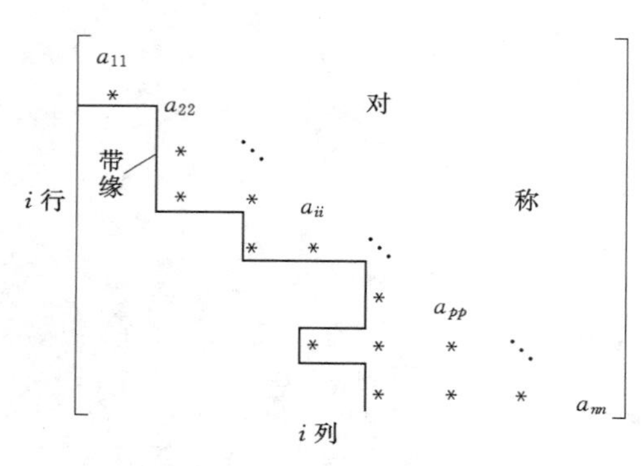

图 5-2　稀疏矩阵的存储

式（5-17）中第 3 项是阻尼矩阵乘以向量运算，阻尼矩阵是一个具有与劲度矩阵相同稀疏结构的对称稀疏矩阵，采用一维变带宽存储其下三角部分和对角元素。一维变带宽存储的稀疏矩阵乘以向量的运算在子程序 SPMV 中分两步实现。第一步实现下三角部分和对角元素与向量相乘；第二步是上三角部分与向量相乘。如图 5-2 所示，第 i 行的下三角和对角

元素与向量相乘只需要从第 i 行的第 1 个非零元素开始到第 i 列元素分别与向量对应元素相乘即可。第 i 行的上三角部分根据对称性就是图 5－2 的第 i 列的元素，因此需要从第 i 列的第 $i+1$ 个元素开始到最后一个非零元素分别与向量对应元素相乘，但是需要注意第 i 列中带缘以外的零元素不参加运算，比如图 5－2 中第 i 列第 p 行的元素。

完成等效荷载列阵计算后，即可利用式（5－15）计算每个时刻的结点位移，再代入式（5－14）计算结点速度和加速度。然后调用子程序 CES 计算每个时刻的单元应力和主应力。最后计算截止该时刻的最大、最小位移和应力。

子程序 NEWMARK 清单：

```
 SUBROUTINE NEWMARK(JR,MEO,AE,X,Y,MA,SK,DM,CC,DT,BETA,GAMA,   &
                         AG,UMAX,UMIN,SMAX,SMIN)
   USE GLOBAL_VARIABLES
   USE LIBRARY
   IMPLICIT NONE
   INTEGER,INTENT(IN)::JR(:,:),MA(:),MEO(:,:)
   INTEGER::IT,I,J,K
   REAL(8),INTENT(IN)::SK(:),DM(:),CC(:),DT,BETA,GAMA,   &
                         AG(:,:),AE(:,:),X(:),Y(:)
   REAL(8),INTENT(INOUT)::UMAX(:),UMIN(:),SMAX(:,:),SMIN(:,:)
   REAL(8),ALLOCATABLE::SK_EFF(:),R_EFF(:),W1(:),W2(:),   &
                           UU0(:),VV0(:),AA0(:),UT(:),   &
                           VT(:),AT(:),ST(:,:)
   REAL(8)::C0,C1,C2,C3,C4,C5,C6,C7
   ALLOCATE(SK_EFF(NH),R_EFF(N),W1(N),W2(N),UU0(N),VV0(N),AA0(N),   &
              UT(N),VT(N),AT(N),ST(6,NE))
!  结构初始位移、速度均为0,由于初始时刻的地面加速度为0,因此结构初始加速度也为0
   UU0=0.0; VV0=0.0; AA0=0.0
!  下7行:计算表5-5中的积分常数
   C0=1.0/(BETA*DT*DT)
   C1=GAMA/(BETA*DT)
   C2=1.0/(BETA*DT)
   C3=1.0/(2*BETA)-1.0
   C4=GAMA/BETA-1.0
   C5=DT*(GAMA/2.0/BETA-1.0)
   C6=DT*(1-GAMA)
   C7=GAMA*DT
!  下4行:根据式(5-16)计算等效劲度矩阵,存入数组SK_EFF
   SK_EFF=0.0
   SK_EFF=SK_EFF+SK
   SK_EFF(MA(:))=SK_EFF(MA(:))+C0*DM(:)
   SK_EFF=SK_EFF+C1*CC
!  调用子程序DECOMP分解等效劲度矩阵
```

```
     CALL DECOMP(SK_EFF,MA)
!    下 2 行:最大最小位移应力数组赋初值
     UMAX=0.0; UMIN=0.0
     SMAX=0.0; SMIN=0.0
!    对每个时刻循环,计算每个时刻的动力响应
     DO IT=2,NT
       R_EFF=0.0
       W1=0.0
!    下 9 行:计算式(5-50),即式(5-17)的右端第 1 项,并累加进第 IT 时刻的等效荷载 R_EFF 中
     DO I=1,NP
       DO J=1,2
         IF(NA(J)==0)CYCLE
         IF(JR(J,I)==0)CYCLE
         K=JR(J,I)
         W1(K)=-DM(K)*AG(J,IT)
       END DO
     END DO
     R_EFF=R_EFF+W1
!    下 2 行:计算式(5-17)的右端第 2 项,并累加进第 IT 时刻的等效荷载 R_EFF 中
       W1=C0*UU0+C2*VV0+C3*AA0
       R_EFF=R_EFF+DM*W1
!    下 3 行:计算式(5-17)的右端第 3 项,并累加进第 IT 时刻的等效荷载 R_EFF 中
       W2=C1*UU0+C4*VV0+C5*AA0
       CALL SPMV(CC,MA,W2,W1)
       R_EFF=R_EFF+W1
!    下 2 行:计算第 IT 时刻的位移
       CALL FOBA(SK_EFF,MA,R_EFF)
       UT=R_EFF
!    下 2 行:计算第 IT 时刻的速度和加速度
       AT=C0*UT-C0*UU0-C2*VV0-C3*AA0
       VT=VV0+C6*AA0+C7*AT
!    准备下一时刻计算所需位移、速度和加速度
     UU0=UT; VV0=VT; AA0=AT
!    计算第 IT 时刻的单元应力
     CALL CES(AE,X,Y,MEO,JR,UT,ST)
!    下 4 行:计算截至第 IT 时刻的最大位移和最小位移
     DO I=1,N
       IF(UT(I)>UMAX(I))UMAX(I)=UT(I)
       IF(UT(I)<UMIN(I))UMIN(I)=UT(I)
     END DO
!    下 6 行:计算截至第 IT 时刻的单元最大应力和单元最小应力
     DO I=1,NE
       DO J=1,5
         IF(ST(J,I)>SMAX(J,I))SMAX(J,I)=ST(J,I)
```

```
        IF(ST(J,I)<SMIN(J,I))SMIN(J,I)=ST(J,I)
      END DO
    END DO
  END DO
END SUBROUTINE NEWMARK
```

子程序 SPMV 清单：

```
SUBROUTINE SPMV(SK,MA,X,Y)
  USE GLOBAL_VARIABLES
  IMPLICIT NONE
  INTEGER,INTENT(IN)::MA(:)
  INTEGER::I,J,IJ,IP,JL,L,LL
  REAL(8),INTENT(IN)::SK(:),X(:)
  REAL(8),INTENT(OUT)::Y(:)
  Y=0.0
  ! 下 11 行:矩阵下三角部分乘向量 X
  DO I=1,N
    IJ=MA(I)
    Y(I)=Y(I)+SK(IJ)*X(I)
    IF(I>1)THEN
      L=I-MA(I)+MA(I-1)+1
      DO J=L,I-1
        JL=MA(I)-I+J
        Y(I)=Y(I)+SK(JL)*X(J)
      END DO
    END IF
  END DO
  ! 下 9 行:矩阵上三角部分乘向量 X
  DO I=1,N
    LL=MIN(I+MX,N)
    DO J=I+1,LL
      IP=MA(J)-J+I
      IF(IP>MA(J-1))THEN
        Y(I)=Y(I)+SK(IP)*X(J)
      END IF
    END DO
  END DO
  RETURN
END SUBROUTINE SPMV
```

四、源程序使用说明

下面给出地震荷载作用下平面 3 结点三角形单元求解离散结构动力反应的 Newmark 直接积分法程序的使用说明。

1. 程序的功能

本程序应用有限元法计算结构在地震荷载作用下的最大和最小结点位移、单元应力分量、主应力与应力主向。

2. 原始数据的输入与输出

本程序所需输入的原始数据已分别在以前各部分中说明，为使用方便起见列表汇总见表 5-6。

表 5-6　程序的流程图

输入次序	输入信息	意义
1	*NP*	结点总数
	NE	单元总数
	NM	材料类型总数
	NR	受约束结点总数
	NI	问题类型标识，0 为平面应力问题，1 为平面应变问题
2	*NT*	时刻数，即时间步数+1
	NA(2)	*NA*(1) 和 *NA*(2) 分别表示是否考虑 x、y 方向的地震，填 1 表示考虑，填 0 表示不考虑
3	*AE*(4，*NM*)	材料特性常数数组，每列 4 个数依次为弹性模量、泊松比、容重和单元厚度
4（对全部结点循环输入）	*IP*	结点的点号
	X(*IP*) *Y*(*IP*)	结点的 2 个坐标值
5（对单元循环输入）	*IE*	单元号
	MEO(4，*IE*)	该单元的信息： *MEO*(1，*IE*)～*MEO*(3，*IE*)：单元的 3 个结点号 *MEO*(4，*IE*)：单元的材料类型号
6（对受约束结点循环输入）	*NN*	受约束结点的点号
	IR(2)	该点两个方向的约束信息，用 1 表示不受约束，0 表示受约束
7	*FM*	瑞利比例阻尼矩阵的质量矩阵比例系数
	FK	瑞利比例阻尼矩阵的劲度矩阵比例系数
8	*BETA*	NEWMARK 直接积分法的参数 β
	GAMA	NEWMARK 直接积分法的参数 γ
9	*DT*	积分时间步长
10	*BB*(2)	表示 x、y 向地震加速度的放大系数
11	*AG*(1，*NT*) *AG*(2，*NT*)	每个计算时刻两个方向的地震加速度，*AG*(1，:) 为 x 方向的加速度，*AG*(2，:) 为 y 方向的加速度

3. 其他主要标识符的意义

为了便于阅读完整的程序，下面将程序中其他一些主要标识符的意义说明列于表 5-7 中，若与平面静力问题程序中同一标识符的意义一样，则从略。

表 5-7　　主要标识符的意义

标识符	意　　义
SK_EFF(NH)	等效劲度矩阵
R_EFF(N)	第 *IT* 时刻的等效荷载
DM(N)	集中质量矩阵
CC(NH)	瑞利阻尼矩阵
UT(N)	第 *IT* 时刻的结点位移
VT(N)	第 *IT* 时刻的结点速度
AT(N)	第 *IT* 时刻的结点加速度
UMAX(N)	动力响应历程中每个结点的最大结点位移
UMIN(N)	动力响应历程中每个结点的最小结点位移
SMAX(5,NE)	动力响应历程中每个单元的最大单元应力和主应力
SMIN(5,NE)	动力响应历程中每个单元的最小单元应力和主应力

4. 全局变量

程序在 GLOBAL _ VARIABLES 模块中定义了见表 5-8 的全局变量。

表 5-8　　全局变量的意义

全局变量	意　　义
NP	结点总数
NE	单元总数
NM	材料类型总数
NR	受约束结点总数
NI	问题类型标识，0 为平面应力问题，1 为平面应变问题
NT	时刻数，即时间步数+1
NA(2)	*NA*(1) 和 *NA*(2) 分别表示是否考虑 x、y 方向的地震，填 1 表示考虑，填 0 表示不考虑
N	结构自由度总数
MX	最大半带宽
NH	按一维变带宽存储的整体劲度矩阵的总容量

5. 程序的模块组成

本程序共有 1 个主程序和 3 个程序模块，分布在 4 个程序文件中：主程序文件 MAIN-TRI3-NEWMARK、全局变量模块文件 GLOBALVARIABLES-TRI3-NEWMARK、直接积分法模块文件 NEWMARK 和通用子程序库模块文件 LIBRARY-TRI3-NEWMARK。每个程序模块的组成见表 5-9。

表 5-9　　程序模块的组成

程序单位名	功　能
主程序 MAIN-TRI3-NEWMARK	调用子程序 INPUT、INPUT _ DYN、MR、FORMMA、MGK、FORMDM、NEWMARK、OUTPUT
通用子程序模块 LIBRARY	包含子程序 INPUT、INPUT _ DYN、MR、KRS、DIV、FORMMA、MGK、FORMDM、DECOMP、FOBA、OUTPUT、CES
全局变量模块 GLOBAL _ VARIABLES	定义全局变量，见表 5-8
Newmark 直接积分法模块 INTEGRATION	包含子程序 NEWMARK 和 SPMV

6. 各程序单位的调用关系

各程序单位的调用关系如图 5-3 所示。

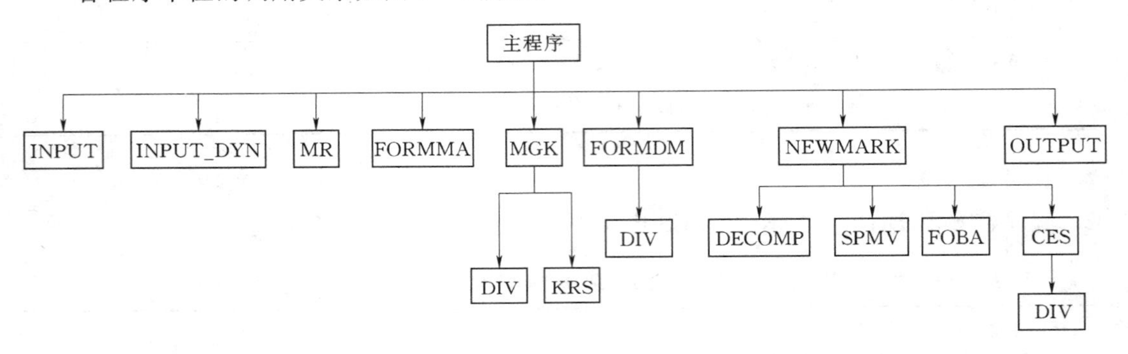

图 5-3　各程序单位的调用关系图

第三节　子空间迭代法程序设计

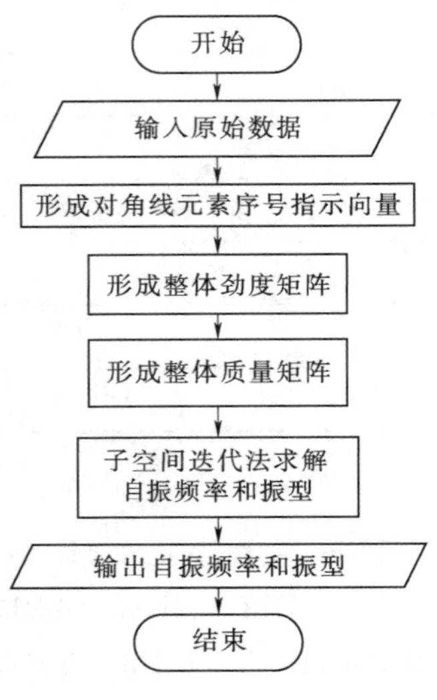

图 5-4　程序的流程图

本节介绍用子空间迭代法求解结构自振特性的有限元程序设计方法。由于采用了与第二章平面静力问题有限元中相同的 3 结点三角形单元，所以有关形成整体劲度矩阵、整体劲度矩阵分解和前代、回代的程序，读者可以阅读第二章的有关内容。集中质量矩阵的形成可以参见本章第二节的相关内容。本节重点对子空间迭代法求解结构的无阻尼自振频率和相应振型的子程序做详细解释。

一、程序流程图及数据输入

本节首先给出程序的流程图，使读者对程序的整体结构有一个大概的了解，接着介绍输入数据的子程序。程序的流程图如图 5-4 所示。

主程序 FEM _ TRI3 _ EIGEN 就是按照上述流程图编写而成的，它的程序清单给出如下。

主程序 FEM _ TRI3 _ EIGEN 清单：

```
PROGRAM FEM_TRI3_EIGEN
  USE LIBRARY
  USE GLOBAL_VARIABLES
  USE EIGENMOD
  IMPLICIT NONE
!   AR:输入文件名(最长15个字符);OK:输出文件名(最长15个字符)
  CHARACTER(LEN=15)::AR,OK
!   X、Y:结点坐标   AE:材料参数   SK:整体劲度矩阵   DM:集中质量数组
!   RR:各阶振型数组   RLD:各阶频率数组
  REAL(8),ALLOCATABLE::X(:),Y(:),AE(:,:),SK(:),DM(:),&
                      RR(:,:),RLD(:)
!   MEO:单元结点信息   JR:结点自由度序号   MA:指示矩阵
  INTEGER,ALLOCATABLE::MEO(:,:),JR(:,:),MA(:)
  INTEGER::NS,I
!   屏幕提示:PLEASE INPUT FILE NAME OF RESULTS
  WRITE(*,"(///A)")'PLEASE INPUT FILE NAME OF RESULTS='
  READ(*,"(A15)")AR
!   屏幕提示:PLEASE INPUT FILE NAME OF RESULTS
  WRITE(*,"(///A)")'PLEASE INPUT FILE NAME OF RESULTS='
  READ(*,"(A15)")OK
  OPEN(5,FILE=AR,STATUS='OLD')
  OPEN(7,FILE=OK,STATUS='UNKNOWN')
!   输入6个控制参数
!   NP—结点总数   NE—单元总数   NM—材料类型总数   NR—约束结点总数
!   NI—问题类型标识,0为平面应力问题,1为平面应变问题
!   MJ—所需计算的自振频率阶数
  READ(5,*)NP,NE,NM,NR,NI,MJ
  WRITE(*,"(/1X,9(A,I3,2X))")&
       'NP=',NP,'NE=',NE,'NM=',NM,'NR=',NR,'NI=',NI,'MJ=',MJ
  WRITE(7,"(/1X,9(A,I3,2X))")&
       'NP=',NP,'NE=',NE,'NM=',NM,'NR=',NR,'NI=',NI,'MJ=',MJ
!   为数组分配存储空间
  ALLOCATE(X(NP),Y(NP),MEO(4,NE),AE(4,NM),JR(2,NP))
!   调用INPUT子程序输入结点坐标,单元信息和材料参数
  CALL INPUT(X,Y,MEO,AE)
!   调用MR子程序形成结点自由度序号矩阵
  CALL MR(JR)
!   为数组MA和DM分配存储空间
  ALLOCATE(MA(N),DM(N))
!   调用FORMMA子程序形成指示矩阵MA(N)并调用其他功能子程序
  CALL FORMMA(MEO,JR,MA)
```

```
!      为劲度矩阵数组SK分配存储空间
       ALLOCATE(SK(NH))
!      调用子程序MGK,形成整体劲度矩阵,并按一维存储在SK中
       CALL MGK(AE,X,Y,MEO,JR,MA,SK)
!      形成集中质量矩阵
       CALL FORMDM(AE,X,Y,MEO,JR,DM)
!      下2行:根据式(5-34)计算迭代向量个数
       NS=MAX(2*MJ,MJ+8)
       IF(NS>N)NS=N
!      为振型数组和频率数组分配存储空间
       ALLOCATE(RR(N,NS),RLD(NS))
!      调用子空间迭代法子程序求自振特性
       CALL SUBSPACE(MA,SK,DM,RR,RLD,NS)
!      下6行:输出自振频率和振型
       DO I=1,MJ
         WRITE(7,300)I,SQRT(RLD(I))
         WRITE(7,400)
         DM(:)=RR(:,I)
         CALL OUTPUT(JR,DM)
       END DO
300    FORMAT(/,' MODE ',I5,' FREQUENCY=',F12.3)
400    FORMAT(3X,' NODE ',11X,' X-COMP ',14X,' Y-COMP ')
     END PROGRAM FEM_TRI3_EIGEN
```

原始数据的输入是在主程序FEM_TRI3_EIGEN和子程序INPUT、MR中实现的。在主程序中输入的控制数据，见表5-10。

表5-10 主程序中输入的控制数据

变量（或数组）名	意 义
NP	结点总数
NE	单元总数
NM	材料类型总数
NR	受约束结点总数
NI	问题类型标识，0为平面应力问题，1为平面应变问题
MJ	所需计算的自振频率的阶数

子程序INPUT输入结点、单元和材料信息，见表5-11。子程序MR输入约束信息，见表5-12。除了输入原始数据之外，在子程序MR中，还形成了离散结构的自由度总数N、结点自由度序号指示矩阵$JR(2, NP)$。

子程序INPUT清单：

```
  SUBROUTINE INPUT(X,Y,MEO,AE)
    USE GLOBAL_VARIABLES
    IMPLICIT NONE
    REAL(8),INTENT(INOUT)::X(:),Y(:),AE(:,:)
    INTEGER,INTENT(INOUT)::MEO(:,:)
    INTEGER::I,J,IELEM,IP,IE
!   输入材料信息,共 NM 条
!   每条依次输入:EO-弹性模量,      VO-泊松比,
!               W-材料重力集度, T-单元厚度
    READ(5,*)((AE(I,J),I=1,4),J=1,NM)
!   输入坐标信息,共 NP 条
!   每条依次输入:结点号,该结点的 x 坐标和 y 坐标
    READ(5,*)(IP,X(IP),Y(IP),I=1,NP)
!   输入单元信息,共 NE 条
    DO IELEM=1,NE
!   每条依次输入:单元号,该单元的 3 个结点 i,j,m 的整体编码及该单元的材料类型号
      READ(5,*)IE,(MEO(J,IE),J=1,4)
    END DO
    WRITE(*,500)((AE(I,J),I=1,4),J=1,NM)
    WRITE(7,500)((AE(I,J),I=1,4),J=1,NM)
    WRITE(*,550)
    WRITE(7,550)
    WRITE(*,600)(X(I),Y(I),I=1,NP)
    WRITE(7,600)(X(I),Y(I),I=1,NP)
    WRITE(*,*)' ELEMENT——DATA'
    WRITE(*,650)(IELEM,(MEO(I,IELEM),I=1,4),IELEM=1,NE)
    WRITE(7,*)
    WRITE(7,*)' ELEMENT——DATA'
    WRITE(7,650)(IELEM,(MEO(I,IELEM),I=1,4),IELEM=1,NE)
    IF(NI>0)THEN
!   下 4 行:如果是平面应变问题,需把 E 换成 E/(1-v**2),v 换成 v/(1-v)
      DO J=1,NM
        AE(1,J)=AE(1,J)/(1.0-AE(2,J)*AE(2,J))
        AE(2,J)=AE(2,J)/(1.0-AE(2,J))
      END DO
    END IF
500 FORMAT(/1X,' EO=**VO=**W=**T=**'/(1X,4F15.4))
550 FORMAT(/1X,' X-COORDINATE   Y-COORDINATE ')
600 FORMAT(3X,F8.3,7X,F8.3)
650 FORMAT(1X,I5,2X,4I5)
    RETURN
  END SUBROUTINE INPUT
```

表 5-11　**INPUT 子程序输入的数据**

数组名	意　义
AE(4, *NM*)	材料特性常数数组。每一列的 4 个数依次为弹性模量、泊松比、容重与厚度
IP	结点号
X(*IP*)	结点 *IP* 的 x 坐标
Y(*IP*)	结点 *IP* 的 y 坐标
IE	单元号
MEO(4, *IELEM*)	该单元的信息： *MEO*(1, *IE*)：该单元结点 i 的整体结点编号； *MEO*(2, *IE*)：该单元结点 j 的整体结点编号； *MEO*(3, *IE*)：该单元结点 k 的整体结点编号； *MEO*(4, *IE*)：该单元的材料类型号

子程序 MR 清单：

```
    SUBROUTINE MR(JR)
      USE GLOBAL_VARIABLES
      IMPLICIT NONE
      INTEGER,INTENT(OUT)::JR(:,:)
      INTEGER::NN,IR(2)
      INTEGER::I,J,K,L,M
      JR=1      ！赋初值,初始假设每个结点 x 向和 y 向都是自由的
!     NR>0,输入约束信息,共 NR 条
      WRITE(7,500)
      DO I=1,NR ！输入约束信息,共 NR 条
!     每条输入:受约束结点的点号 NN 及该结点 x,y 方向上的约束信息 IR(2)
!     (填 1 表示自由,填 0 表示受约束)
        READ(5,*)NN,IR
        JR(:,NN)=IR(:)！将 JR 中第 NN 列的 2 个元素赋值为 IR(1)和 IR(2)
        WRITE(7,600)NN,IR
      END DO
      N=0             ！N 充零,以便累加形成结构的自由度总数
!     下 8 行:根据每个结点约束信息,形成自由度序号指示矩阵 JR(2,NP)
      DO I=1,NP
      DO J=1,2
        IF(JR(J,I)>0)THEN
          N=N+1
          JR(J,I)=N
        END IF
      END DO
      END DO
500   FORMAT(/1X,' CONSTRAINED MESSAGE '/6X,' NODE NO. STATE ')
600   FORMAT(6X,8(I5,6X,2I1))
      RETURN
    END SUBROUTINE MR
```

表 5-12　　MR 子程序输入的数据

变量或数组名	意　义
NN	约束结点号
IR(2)	该结点 x、y 方向上的约束信息（填 1 表示自由，填 0 表示受约束），存入 *JR*(2，*NN*) 中

二、子空间迭代法求解无阻尼自振特性

子空间迭代法求解结构无阻尼自振特性由子程序 SUBSPACE 实现。子程序首先根据式（5-35）和式（5-36）选取初始迭代向量，迭代向量的个数在主程序中根据式（5-34）确定；然后进行迭代计算，每一次迭代先根据式（5-26）和式（5-27）计算减缩自由度后的劲度矩阵和质量矩阵，形成减缩后的广义特征值方程式（5-28），考虑到减缩后的劲度矩阵和质量矩阵规模都比较小，因此采用二维数组全部存储；调用 JACOBI 子程序采用广义 JACOBI 法求解减缩后的广义特征值方程式（5-28），获得减缩后的频率和振型，根据频率的升序对振型进行排序；调用子程序 CHKEIGENVAL 计算前后两次迭代的频率差异值；根据式（5-33）检查收敛性。如果不收敛则进行下一次迭代，直至收敛，最后根据式（5-31）计算振型并归一化。

子程序 SUBSPACE 清单：

```
    SUBROUTINE SUBSPACE(MA,SK,DM,RR,RLD,NS)
      USE GLOBAL_VARIABLES
      USE LIBRARY
      IMPLICIT NONE
      INTEGER,INTENT(IN)::MA(:),NS
      INTEGER::I,II,J,IJ,ITER,MXITER,IS
      REAL(8),INTENT(IN)::DM(:)
      REAL(8),INTENT(INOUT)::SK(:),RR(:,:),RLD(:)
      REAL(8),ALLOCATABLE::KS(:,:),MS(:,:),W(:),R1(:,:),R2(:,:),&
                           R3(:,:),RS(:,:),RLDS(:),RLDS0(:),VT(:)
      REAL(8)::RT,EPS,TOL
!     分配存储空间
      ALLOCATE(KS(NS,NS),MS(NS,NS),W(N),R1(N,NS),R2(N,NS),R3(N,NS),&
               RS(NS,NS),RLDS(NS),RLDS0(NS),VT(NS))
!     分解整体劲度矩阵
      CALL DECOMP(SK,MA)
!     下 17 行:根据式(5-35)和式(5-36)选取初始迭代向量,形成初始迭代矩阵
      RR=0.0
      RR(:,1)=1.0
      DO I=1,N
        II=MA(I)
        W(I)=DM(I)/SK(II)
      END DO
      DO I=2,NS
        RT=0.0
```

```
    DO J=1,N
      IF(W(J)>RT)THEN
        RT=W(J)
        IJ=J
      END IF
    END DO
    W(IJ)=0.0
    RR(IJ,I)=1.0
  END DO
!   下5行:实现质量矩阵乘初始迭代矩阵
  DO J=1,NS
    DO I=1,N
      R1(I,J)=RR(I,J) * DM(I)
    END DO
  END DO
!   下2行:迭代参数赋初值
  EPS=1.0
  RLDS0=0.0
!   设定迭代收敛精度
  TOL=1.0E-6
!   设定最大迭代次数
  MXITER=100
!   迭代次数计数器赋初值
  ITER=1
!   子空间迭代
  DO WHILE(EPS>TOL.AND.ITER<MXITER)
    !   下12行:根据式(5-26)和式(5-27)计算缩减自由度后的劲度矩阵和质量矩阵
    DO I=1,NS
      W(:)=R1(:,I)
      CALL FOBA(SK,MA,W)
      R2(:,I)=W(:)
    END DO
    DO J=1,NS
      DO I=1,N
        R3(I,J)=R2(I,J) * DM(I)
      END DO
    END DO
    KS=MATMUL(TRANSPOSE(R2),R1)
    MS=MATMUL(TRANSPOSE(R2),R3)
    !   调用JACOBI子程序,采用广义JACOBI法计算缩减自由度后的特征值问题
    CALL JACOBI(KS,MS,RS,RLDS,NS,1.0D-12,10)
    !   计算前后两次频率迭代值之间的相对差值
    CALL CHKEIGENVAL(MJ,RLDS0,RLDS,EPS)
```

```
    !  下14行:将所求得的缩减自由度特征值问题的振型向量按照频率的升序排列
    IS=1
    DO WHILE(IS>0)
      IS=0
      DO I=1,NS-1
        IF(RLDS(I+1)>RLDS(I))CYCLE
        IS=IS+1
        RT=RLDS(I)
        RLDS(I)=RLDS(I+1)
        RLDS(I+1)=RT
        VT(:)=RS(:,I)
        RS(:,I)=RS(:,I+1)
        RS(:,I+1)=VT(:)
      END DO
    END DO
    !  下2行:计算下次迭代所需的数据
    R1=MATMUL(R3,RS)
    RLDS0=RLDS
    !  迭代计数器加1
    ITER=ITER+1
  END DO
!  下2行:计算振型和频率
  RR=MATMUL(R2,RS)
  RLD=RLDS
!  下13行:振型归一化
  DO I=1,NS
    W=RR(:,I)
    RT=0.0
    IJ=1
    DO J=1,N
      IF(ABS(W(J))>RT)THEN
        RT=ABS(W(J))
        IJ=J
      END IF
    END DO
    RT=W(IJ)
    RR(:,I)=RR(:,I)/RT
  END DO
  WRITE(*,*)' SUBSPACE MAXIMUM ITERATIONS =',ITER,' EPS=',EPS
  RETURN
END SUBROUTINE SUBSPACE
```

子程序 CHKEIGENVAL 清单：

```
SUBROUTINE CHKEIGENVAL(MJ,RLD0,RLD1,EPS)
  IMPLICIT NONE
  INTEGER,INTENT(IN)::MJ
  INTEGER::I
  REAL(8),INTENT(IN)::RLD0(:),RLD1(:)
  REAL(8),INTENT(OUT)::EPS
  REAL(8)::RES
!   下 5 行:计算前后两次频率迭代值的最大相对差值
  EPS=0.0
  DO I=1,MJ
    RES=ABS(RLD1(I)-RLD0(I))/RLD1(I)
    IF(RES>EPS)EPS=RES
  END DO
  RETURN
END SUBROUTINE CHKEIGENVAL
```

减缩后的特征值方程式（5－28）式采用广义 JACOBI 法求解，在子程序 JACOBI 中实现。减缩后的劲度矩阵存储在数组 $KS(NS, NS)$ 中，减缩后的质量矩阵存储在数组 $MS(NS, NS)$ 中，考虑到迭代向量个数 NS 远远小于结构劲度矩阵阶数 N，且为了简化程序，因此在程序中 KS 和 MS 的存储均未考虑对称性，按全矩阵存储。JACOBI 子程序首先初始化特征值和特征向量，然后对 KS 和 MS 的非对角元素进行扫描迭代，通过旋转变换使得其为零（在程序中是小于特定阀值）。由于 KS 和 MS 是对称的，因此每次扫描只对 KS 和 MS 的上三角非对角元素进行旋转变换。每次扫描中，当非对角元素小于特定阀值，则认为已经足够小，不进行旋转变换，如果高于阀值，则首先根据式（5－41）计算式（5－39）中的 α 和 β 值，然后根据式（5－40）对 KS 和 MS 进行旋转变换。每次扫描迭代完成后，可根据式（5－37）和式（5－38）计算本次迭代的近似特征值和特征向量。再根据式（5－47）和式（5－48）检查迭代收敛性。如果不满足收敛性条件，则进入下一次扫描迭代。

子程序 JACOBI 清单：

```
SUBROUTINE JACOBI(A,B,X,EIGV,N,RTOL,NSMAX)
  IMPLICIT NONE
  INTEGER,INTENT(IN)::N,NSMAX
!   A:劲度矩阵  B:质量矩阵  X:特征向量  EIGV:特征值  N:矩阵阶数
!   RTOL:收敛精度 NSMAX:最大允许扫描次数
  REAL(8),INTENT(INOUT)::A(N,N),B(N,N),X(N,N),EIGV(N)
  REAL(8),INTENT(IN)::RTOL
  INTEGER::I,J,K,JJ,NSWEEP,NR,KP1,JM1,JP1,KM1
  REAL(8)::EPS,EPSA,EPSB,D1,D2,AK,BK,AJ,BJ,DFN,SQCH,ABCH,AB,BB
  REAL(8)::AJJ,AJJCH,AKK,AKKCH,DIF,TOL,CHECK,SCALE,CA,CG
  REAL(8)::DEN,EPTOLA,EPTOLB,XJ,XK,D(N)
```

```
!         下 12 行:初始化特征值和特征向量矩阵
          DO I=1,N
            IF(A(I,I)<=0..OR.B(I,I)<=0.)THEN
              WRITE(7,200)
              STOP
            ENDIF
            D(I)=A(I,I)/B(I,I)
            EIGV(I)=D(I)
          END DO
          X=0.
          DO I=1,N
            X(I,I)=1.
          END DO
!         1 阶矩阵特征值和特征向量矩阵即为上述初始化值,直接返回
          IF(N==1)RETURN
!         初始化迭代计数器 NSWEEP
          NSWEEP=1
!         如果扫描迭代次数未超过最大次数则进行新的扫描迭代
          NR=N - 1
          DO WHILE(NSWEEP<=NSMAX)
!         计算非对角元素是否需要变换为零的阀值
            EPS=(.01)**(NSWEEP*2)
!         对上三角矩阵中的元素进行循环,执行变换为零运算
            DO J=1,NR
              JJ=J + 1
              DO K=JJ,N
!         下 3 行:如果当前非对角元素小于阀值则不进行旋转变换变为零的运算
                  EPTOLA=(A(J,K)/A(J,J))*(A(J,K)/A(K,K))
                  EPTOLB=(B(J,K)/B(J,J))*(B(J,K)/B(K,K))
                  IF(EPTOLA<EPS .AND. EPTOLB<EPS)CYCLE
!         下 24 行:如果当前非对角元素大于阀值则根据式(5-41)计算旋转矩阵中的元素 CA 和 CG
                  AKK=A(K,K)*B(J,K)-B(K,K)*A(J,K)
                  AJJ=A(J,J)*B(J,K)-B(J,J)*A(J,K)
                  AB=A(J,J)*B(K,K)-A(K,K)*B(J,J)
                  SCALE=A(K,K)*B(K,K)
                  ABCH=AB/SCALE
                  AKKCH=AKK/SCALE
                  AJJCH=AJJ/SCALE
                  CHECK=(ABCH*ABCH + 4.*AKKCH*AJJCH)/4.
                  IF(CHECK < 0)THEN
                    WRITE(7,200)
                    STOP
                  ENDIF
                  SQCH=SCALE*SQRT(CHECK)
```

```
          D1=AB/2.+ SQCH
          D2=AB/2.- SQCH
          DEN=D1
          IF(ABS(D2)>ABS(D1))DEN=D2
          IF(DEN.EQ.0)THEN
            CA=0.
            CG=-A(J,K)/A(K,K)
          ELSE
            CA=AKK/DEN
            CG=-AJJ/DEN
          ENDIF
!     根据式(5-40)进行旋转变换使得当前非对角元素为零,并修正其他元素
          IF(N-2 /= 0)THEN
            JP1=J + 1
            JM1=J - 1
            KP1=K + 1
            KM1=K - 1
!     下12行:修正第J和K列中的第1至J-1行元素
            IF(JM1-1 >= 0)THEN
              DO I=1,JM1
                AJ=A(I,J)
                BJ=B(I,J)
                AK=A(I,K)
                BK=B(I,K)
                A(I,J)=AJ + CG*AK
                B(I,J)=BJ + CG*BK
                A(I,K)=AK + CA*AJ
                B(I,K)=BK + CA*BJ
              ENDDO
            ENDIF
!     下12行:修正第J和K行中的第J+1至N列元素
            IF(KP1-N <= 0)THEN
              DO I=KP1,N
                AJ=A(J,I)
                BJ=B(J,I)
                AK=A(K,I)
                BK=B(K,I)
                A(J,I)=AJ + CG*AK
                B(J,I)=BJ + CG*BK
                A(K,I)=AK + CA*AJ
                B(K,I)=BK + CA*BJ
              ENDDO
            ENDIF
!     下12行:修正第J行中第J+1至K-1列元素、第K列中第J+1至K-1行元素
```

```
            IF(JP1-KM1 <= 0)THEN
              DO I=JP1,KM1
                AJ=A(J,I)
                BJ=B(J,I)
                AK=A(I,K)
                BK=B(I,K)
                A(J,I)=AJ + CG*AK
                B(J,I)=BJ + CG*BK
                A(I,K)=AK + CA*AJ
                B(I,K)=BK + CA*BJ
              ENDDO
            ENDIF
          ENDIF
!       下 8 行:修正对角元素
          AK=A(K,K)
          BK=B(K,K)
          A(K,K)=AK + 2.*CA*A(J,K)+ CA*CA*A(J,J)
          B(K,K)=BK + 2.*CA*B(J,K)+ CA*CA*B(J,J)
          A(J,J)=A(J,J)+ 2.*CG*A(J,K)+ CG*CG*AK
          B(J,J)=B(J,J)+ 2.*CG*B(J,K)+ CG*CG*BK
!       下 2 行:当前非对角元素变换为零
          A(J,K)=0.
          B(J,K)=0.
!       下 6 行:根据式(5-38)计算变换矩阵乘积
          DO I=1,N
            XJ=X(I,J)
            XK=X(I,K)
            X(I,J)=XJ + CG*XK
            X(I,K)=XK + CA*XJ
          ENDDO
        ENDDO
      ENDDO
      !下 7 行:每次扫描迭代结束后根据式(5-37)修正特征值
      DO I=1,N
        IF(A(I,I)<=0..OR.B(I,I)<=0.)THEN
          WRITE(7,200)
          STOP
        ENDIF
        EIGV(I)=A(I,I)/B(I,I)
      ENDDO
      !下 14 行:根据式(5-47)和式(5-48)检查收敛性
      DO I=1,N
```

```
          TOL=RTOL * D(I)
          DIF=ABS(EIGV(I)-D(I))
          IF(DIF>TOL)GOTO 280
        ENDDO
        EPS=RTOL * * 2
        DO J=1,NR
          JJ=J + 1
          DO K=JJ,N
            EPSA=(A(J,K)/A(J,J)) * (A(J,K)/A(K,K))
            EPSB=(B(J,K)/B(J,J)) * (B(J,K)/B(K,K))
            IF(EPSA>EPS .OR. EPSB>EPS)GOTO 280
          ENDDO
        ENDDO
!       达到收敛后退出
        EXIT
!       下 4 行:如果不满足收敛标准,则进行下一次迭代
280     DO I=1,N
          D(I)=EIGV(I)
        ENDDO
        NSWEEP=NSWEEP + 1
      ENDDO
!     下 6 行:根据式(5-38)计算特征向量矩阵
      DO J=1,N
        BB=SQRT(B(J,J))
        DO K=1,N
          X(K,J)=X(K,J)/BB
        ENDDO
      ENDDO
200   FORMAT(//,' * * * ERROR * * * SOLUTION STOP',/,   &
             ' MATRICES NOT POSITIVE DEFINITE')
      RETURN
    END SUBROUTINE JACOBI
```

三、源程序使用说明

下面给出求解平面 3 结点三角形单元离散结构自振特性的子空间迭代法程序的使用说明。

1. 程序的功能

本程序应用子空间迭代法计算有限元离散结构的自振频率和振型。

2. 原始数据的输入与输出

本程序所需输入的原始数据已分别在以前各部分中说明，为使用方便起见，列表汇总见表 5-13。

表 5-13　　程序的输入数据

输入次序	输入信息	意　义
1	*NP*	结点总数
	NE	单元总数
	NM	材料类型总数
	NR	受约束结点总数
	NI	问题类型标识，0 为平面应力问题，1 为平面应变问题
	MJ	所需计算的自振频率的阶数
2	*AE*(4，*NM*)	材料特性常数数组，每列 4 个数依次为弹性模量、泊松比、容重和厚度
3 （对全部结点循环输入）	*IP*	结点的点号
	X(*IP*) *Y*(*IP*)	该结点的 2 个坐标值
4 （对单元循环输入）	*IE*	单元号
	MEO(4，*IE*)	该单元的信息： *MEO*(1，*IE*)～*MEO*(3，*IE*)：该单元的 3 个结点号 *MEO*(4，*IE*)：该单元的材料类型号
5 （对受约束结点循环输入）	*NN*	受约束结点的点号
	IR(2)	该点的约束信息，1 表示不受约束，0 表示受约束

3．其他主要标识符的意义

为了便于阅读完整的程序，下面将程序中其他主要标识符的意义说明列于表 5-14 中，若与平面静力问题程序中同一标识符的意义一样，则从略。

表 5-14　　主要标识符的意义

标识符	意　义
DM(*N*)	集中质量矩阵
NS	迭代向量个数
RR(*N*,*NS*)	存储 *NS* 个振型的数组
RLD(*NS*)	存储 *NS* 个频率的数组
KS(*NS*,*NS*)	减缩自由度后的劲度矩阵
MS(*NS*,*NS*)	减缩自由度后的质量矩阵
RS(*NS*,*NS*)	减缩自由度后的特征向量
RLDS(*NS*)	减缩自由度后的特征值

4．全局变量

程序在 GLOBAL _ VARIABLES 模块中定义了见表 5-15 的全部变量。

表 5-15　全局变量的意义

全局变量	意　义
NP	结点总数
NE	单元总数
NM	材料类型总数
NR	受约束结点总数
NI	问题类型标识，0 为平面应力问题，1 为平面应变问题
MJ	所需计算的自振频率的阶数
N	结构自由度总数
MX	最大半带宽
NH	按一维存储的整体劲度矩阵的总容量

5. 程序的模块组成

本程序共有 1 个主程序和 3 个程序模块组成，分布在 4 个程序文件中：主程序文件 MAIN - TRI3 - EIGEN、全局变量模块文件 GLOBALVARIABLES - TRI3 - EIGEN、子空间迭代法模块文件 EIGENMOD 和通用子程序库模块文件 LIBRARY - TRI3 - EIGEN。每个程序模块的组成见表 5-16。

表 5-16　程序模块的组成

程序单位名	功　能
主程序 MAIN - TRI3 - EIGEN	调用子程序 INPUT、MR、FORMMA、MGK、FORMDM、SUBSPACE、OUTPUT
通用子程序模块 LIBRARY	包含子程序 INPUT、MR、KRS、DIV、FORMMA、MGK、FORMDM、DECOMP、FOBA、OUTPUT
全局变量模块 GLOBAL _ VARIABLES	定义全局变量，见表 5-15
子空间迭代法模块 EIGENMOD	包含子程序 SUBSPACE、JACOBI 和 CHKEIGENVAL

6. 各程序单位的调用关系

各程序单位的调用关系如图 5-5 所示。

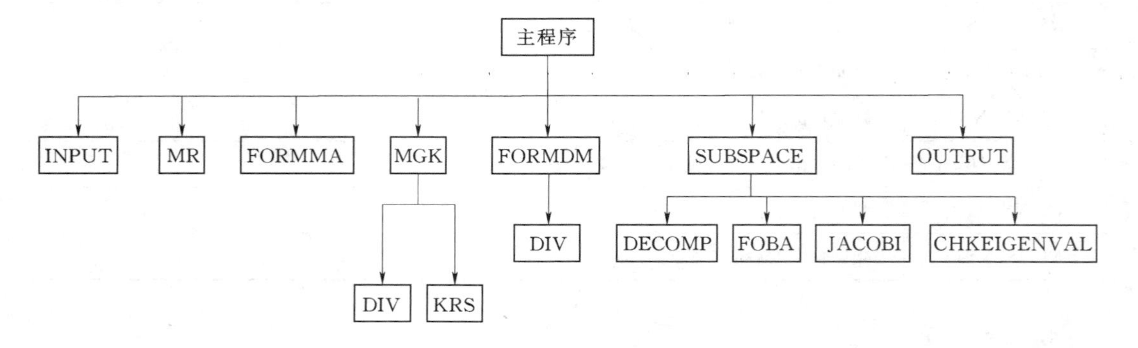

图 5-5　各程序单位的调用关系图

第四节　算　　例

一、NEWMARK 法计算地震动力响应

如图 5-6 所示的三角形板，底边长为 6m，高为 9m，在底边受如图 5-7 所示的简单周期地震加速度作用，利用第二节的程序计算动力响应，输入数据和主要输出结果如下：

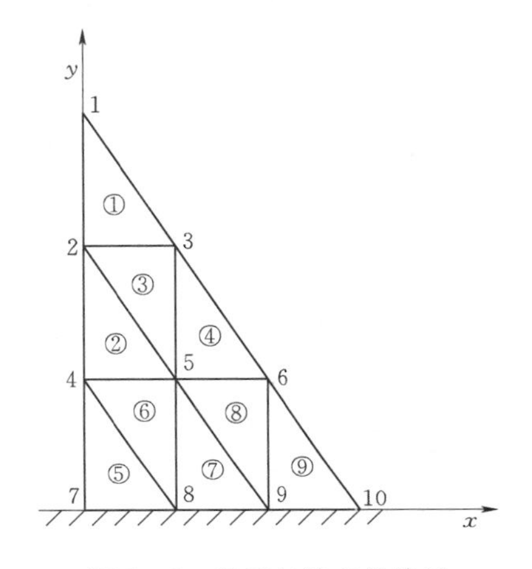

图 5-6　单元与结点的编号

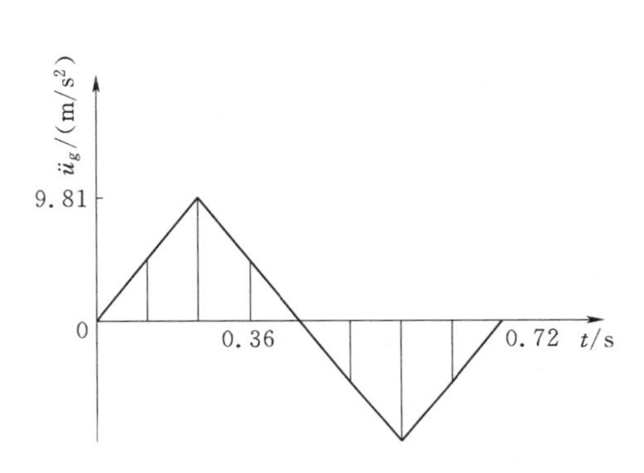

图 5-7　地震加速度

输入数据：

```
  10      9      1      4      0
  37      1      0
1000.0   0.2    2.0    1.0

   1     0.0    9.0
   2     0.0    6.0
   3     2.0    6.0
   4     0.0    3.0
   5     2.0    3.0
   6     4.0    3.0
   7     0.0    0.0
   8     2.0    0.0
   9     4.0    0.0
  10     6.0    0.0

   1      3      1      2      1
   2      5      2      4      1
   3      5      3      2      1
   4      6      3      5      1
   5      8      4      7      1
```

```
   6      8      5      4      1
   7      9      5      8      1
   8      9      6      5      1
   9     10      6      9      1

   7      0      0      0
   8      0      0      0
   9      0      0      0
  10      0      0      0

  0.0    0.0
  0.25   0.5
  0.02
  1.0    1.0

  0.00   1.09   2.18   3.27   4.36   5.45   6.54   7.63   8.72
  9.81   8.72   7.63   6.54   5.45   4.36   3.27   2.18   1.09
  0.00  -1.09  -2.18  -3.27  -4.36  -5.45  -6.54  -7.63  -8.72
 -9.81  -8.72  -7.63  -6.54  -5.45  -4.36  -3.27  -2.18  -1.09   0.00
```

输出结果：

```
MAXIMUM DISPLASEMENT
  NODE          COMP - X          COMP - Y
    1         6.4469E-01        1.7944E-01
    2         3.5411E-01        1.7047E-01
    3         3.5012E-01        9.9167E-03
    4         1.1914E-01        1.1228E-01
    5         1.1374E-01        1.9188E-02
    6         1.0872E-01        2.9447E-02
    7         0.0000E+00        0.0000E+00
    8         0.0000E+00        0.0000E+00
    9         0.0000E+00        0.0000E+00
   10         0.0000E+00        0.0000E+00
MINIMUM DISPLASEMENT
  NODE          COMP - X          COMP - Y
    1        -3.9358E-01       -1.1382E-01
    2        -1.9920E-01       -1.0595E-01
    3        -1.9688E-01       -1.1686E-02
    4        -7.4724E-02       -6.2149E-02
    5        -7.4132E-02       -1.1909E-02
    6        -7.0852E-02       -4.5758E-02
    7         0.0000E+00        0.0000E+00
    8         0.0000E+00        0.0000E+00
```

9	0.0000E+00	0.0000E+00
10	0.0000E+00	0.0000E+00

MAXIMUM STRESS

ELE	SIG - X	SIG - Y	SIG - XY	SIG - 1	SIG - 2
1	0.936	2.702	6.911	7.842	0.618
2	1.231	19.642	13.241	26.563	0.129
3	2.017	3.804	3.336	5.728	1.721
4	2.181	3.819	19.301	15.801	0.102
5	7.797	38.986	16.547	46.128	0.654
6	1.261	6.100	6.108	7.536	0.000
7	1.332	6.662	15.797	20.018	0.000
8	3.585	10.516	3.561	11.606	3.226
9	2.045	10.225	15.100	16.294	0.377

MINIMUM STRESS

ELE	SIG - X	SIG - Y	SIG - XY	SIG - 1	SIG - 2
1	−1.450	−2.754	−6.994	0.000	−8.021
2	−1.175	−15.133	−8.132	−0.125	−18.556
3	−2.717	−3.634	−2.477	−2.408	−3.944
4	−3.260	−3.742	−12.362	−0.133	−22.803
5	−4.316	−21.579	−10.378	−3.098	−24.183
6	−1.478	−3.785	−4.150	0.000	−7.877
7	−0.827	−4.135	−10.296	−0.779	−12.023
8	−5.794	−16.412	−4.876	−5.567	−16.639
9	−3.178	−15.888	−9.841	0.000	−25.916

二、子空间迭代法计算结构动力特性

如图 5-6 所示的底边固定的三角形板，底边长为 6m，高为 9m，利用第三节的程序计算自振特性。振型如图 5-8 所示，输入数据和主要输出结果如下：

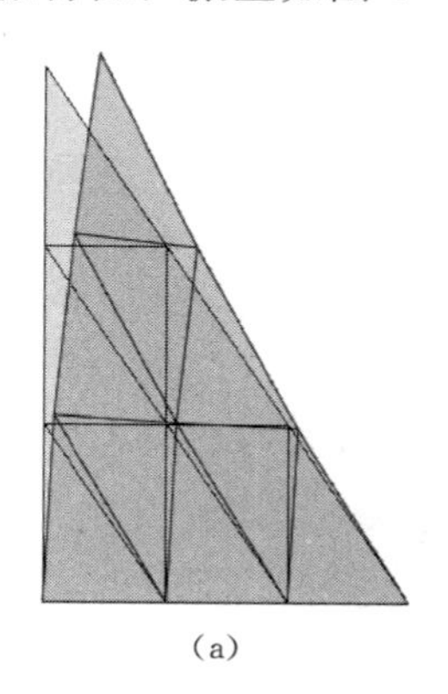

(a)

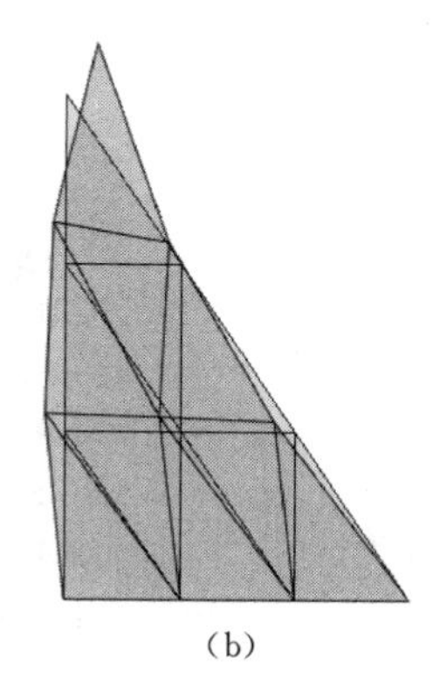

(b)

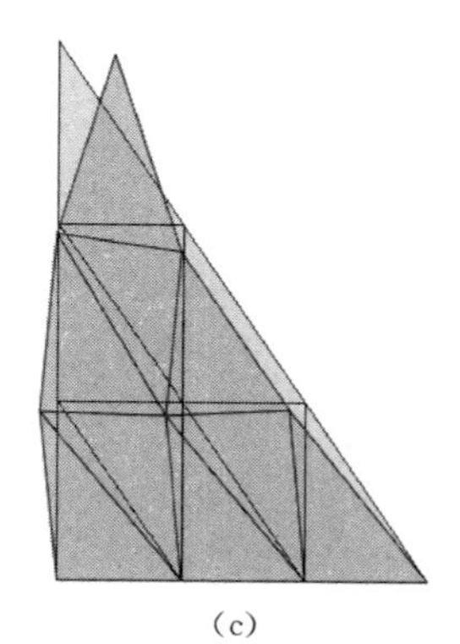

(c)

图 5-8　振型图

(a) 第 1 阶振型；(b) 第 2 阶振型；(c) 第 3 阶振型

输入数据：

```
    10       9       1       4       1       3
1000.0     0.2     2.0     1.0

     1     0.0     9.0
     2     0.0     6.0
     3     2.0     6.0
     4     0.0     3.0
     5     2.0     3.0
     6     4.0     3.0
     7     0.0     0.0
     8     2.0     0.0
     9     4.0     0.0
    10     6.0     0.0

     1       3       1       2       1
     2       5       2       4       1
     3       5       3       2       1
     4       6       3       5       1
     5       8       4       7       1
     6       8       5       4       1
     7       9       5       8       1
     8       9       6       5       1
     9      10       6       9       1

     7       0       0       0
     8       0       0       0
     9       0       0       0
    10       0       0       0
```

输出结果：

```
MODE          1     FREQUENCY=              7.638
           NODE           X-COMP           Y-COMP
              1      1.0000E+00       2.5122E-01
              2      5.4949E-01       2.4103E-01
              3      5.4383E-01      -2.2241E-03
              4      1.9057E-01       1.5982E-01
              5      1.8171E-01       1.9031E-02
              6      1.7588E-01      -7.4717E-02
              7      0.0000E+00       0.0000E+00
              8      0.0000E+00       0.0000E+00
              9      0.0000E+00       0.0000E+00
             10      0.0000E+00       0.0000E+00
```

MODE	2	FREQUENCY=	16.766
	NODE	X - COMP	Y - COMP
	1	7.4211E−01	1.0000E+00
	2	−2.2352E−01	8.3743E−01
	3	−2.4441E−01	3.9783E−01
	4	−4.0755E−01	3.4329E−01
	5	−4.6892E−01	2.6807E−01
	6	−4.5461E−01	1.7883E−01
	7	0.0000E+00	0.0000E+00
	8	0.0000E+00	0.0000E+00
	9	0.0000E+00	0.0000E+00
	10	0.0000E+00	0.0000E+00

MODE	3	FREQUENCY=	19.004
	NODE	X - COMP	Y - COMP
	1	1.0000E+00	−2.9716E−01
	2	−4.2345E−03	−2.3706E−01
	3	−1.4941E−03	−5.5314E−01
	4	−3.1726E−01	−2.2575E−01
	5	−2.9596E−01	−2.8347E−01
	6	−2.6576E−01	−1.6364E−01
	7	0.0000E+00	0.0000E+00
	8	0.0000E+00	0.0000E+00
	9	0.0000E+00	0.0000E+00
	10	0.0000E+00	0.0000E+00

第六章　面向对象有限元程序设计

第一节　面向对象程序设计概述

传统的有限元程序设计一般采用结构化的程序设计方法和结构化语言，前面几章的程序即是这样。结构化程序设计思想是将整个程序分成若干个相互独立的程序段从而构成一些功能模块，每个模块又可以由若干个子程序构成，用若干个只有一个入口和一个出口的控制结构编写。这种传统的结构化编程模式被称作是“面向过程”的编程方法。该方法的优点是：程序具有良好的结构，易于设计，易于理解，易于调试，从而提高程序设计和维护的效率。在过去的几十年里，这种面向过程的编程方法得到了充分的发展和应用，逐渐形成了一套结构化问题分析、系统设计和程序编制的系列软件开发技术。

但是，结构化语言和结构化程序设计的特点是代码和数据的独立性，即数据结构和对其的操作过程彼此分离。这就造成若系统的需求改变时，程序会出现不能被重用和移植的现象，甚至十分简单的改变就可能对整个程序产生一系列代码的修改，从而表现出在程序设计方法上存在不足。另外，在有限元法具体应用中，若采用新的有限元算法、新单元以及新材料等，必须使原有程序适应当前的数据、函数和物理模型，即要求修改或补充已有的程序，从而增加了程序的复杂性，大大降低了程序的效率，并极大地增加了有限元分析程序维护的难度。面向对象程序设计思想正是针对过程和数据分离这一缺点而提出的。

20 世纪 80 年代后期出现的面向对象程序设计（Object - Oriented Programming，OOP）是大型软件系统开发技术取得的重大成就。面向对象程序设计所拥有的数据抽象和信息隐蔽等机理以及面向对象语言的封装性、继承性、多态性等特性为软件开发提供了理想的模块化机制和比较理想的软件可重用成分，目前已广泛应用于数据库、文件管理系统以及其他领域。

针对有限元分析程序本身的复杂性和易错性，以及面向过程程序设计方法上的不足，采用面向对象技术提供新的、先进的设计方法进行有限元分析程序的开发就成为编写有限元分析程序的发展趋势。其优势主要归纳为：

（1）提高程序的可维护性：面向对象的封装特性降低了数据之间的耦合程度，提高了数据的安全性，整个程序变得清晰易懂，调试方便，修改扩充也较为容易。

（2）提高程序的可扩充性：通过类的继承性质以及增加类的方法和属性能很方便地对原有功能进行扩充。

（3）提高程序的可重用性：当程序按照面向对象方式组织起来时，基类的属性和方法可以被子类所继承，代码的重用性可以得到保证。

区别于面向过程的“先功能后数据”思想，面向对象的程序设计方法把数据和功能捆绑在一起，形成了对象。当遇到一个具体的问题时，我们只需要将一个系统分解成一个个的对象，同时将状态和行为封装在对象中。面向对象程序设计方法的提出反映了人们希望编程活动能更自然地映射思维的要求，同时也强调程序开发如同人类的认识进程一样，是个渐进过程。它综合了结构化程序设计、数据封装、知识表示等各种基本概念和方法，其目标可归纳为：对试图利用计算机进行问题求解和信息处理的领域，尽量将问题空间中的现实模型映射到程序空间，由此克服软件系统的复杂性，从而得到问题求解和信息处理的更高性能。用面向对象方法编程的关键是模型化，程序员的责任是构造现实的软件模型。

常见的面向对象语言主要有 Simula67、Smalltalk、EIFFEL、C＋＋、C＃、Java、delphi/PHP 等，其中 C＋＋是支持类和过程最基本的语言，这里介绍面向对象的 3 个基本特点：封装、继承和多态。

一、类及数据封装

在面向对象程序设计中，对象是客观事物在计算机中的抽象描述，而类则是对具有相似属性和行为的一组对象的统一描述。类是用户自定义的数据类型，它把各种不同类型的数据和对数据的操作组织在一起。其中，不同类型的数据称为数据成员，对数据的操作称为成员函数。

类主要有 3 部分组成，分别是类名、数据成员和成员函数。按访问权限划分，数据成员和成员函数又可分为公有（public）、私有（private）、保护（protected）3 种。公有的数据成员和成员函数对外是完全开放的，可以由程序中的函数访问。公有成员函数是对类的动态特性的描述，是类与外界的接口，来自类外部的访问需要通过这种接口来进行。私有的数据成员和成员函数只能由本类的成员函数访问，而类外部根本就无法访问，实现了访问权限的有效控制。保护的数据成员和成员函数可以由本类的成员函数访问，也可以由本类的派生类的成员函数访问，而类外的任何访问都是非法的。

封装（Encapsulation）为实现面向对象程序设计的第一步，即是指把数据和现实操作的代码集中起来放在对象内部，尽可能隐藏对象的属性及细节，仅对外公开接口，控制对程序中属性的修改及访问的级别。在 C＋＋中，数据的封装以类的形式进行。封装将抽象得到的数据和行为（或功能）相结合，形成一个整体，也就是将数据与操作数据的源代码进行结合，形成“类”，其中数据和函数都是类的成员。封装的目的是增强安全性和简化编程，使用者不必了解具体的实现细节，而只是要通过外部接口，以特定的访问权限来使用类的成员。

在有限元分析中，多个步骤均涉及数据和操作。如获取模型信息步骤中，包含了模型数据存储和数据的获取与访问；方程求解步骤中包含了方程系数矩阵等数据的存储以及方程形成及求解操作。以后者为例，在 C＋＋中可以设计如【程序示例 6－1】形式的方程求解类。

【程序示例 6－1】 方程类 CEquation。

```
1    class CEquation {//class 是类定义关键字,CEquation 是类名。
2    public:  //对外调用函数区。
3      void FormEquation();//方程形成操作(组集整体劲度矩阵)。
4      void SetEquation();//方程修改操作(施加荷载,施加边界条件)。
5      void SolveEquation();//方程求解操作(解方程组)。
```

```
6          ...           //其他操作。
7      private： //内部数据区。
8        double * matrix;//方程的系数矩阵(整体劲度矩阵)。
9        double * righthands;//方程的右端项(等效结点荷载列阵)。
10       double * answer;//方程的解(结点位移)。
11       ...             //其他数据。
12     private： //内部函数区。
13       ... //其他内部调用操作。
14     }
```

方程求解类主要分为 3 个部分：

(1) 对外调用函数区：外部只能通过该区的函数来实现该类的求解功能，因此该部分的函数需要涵盖该类的全部功能。对于有限元中的方程求解类，该部分函数可以包含方程组的形成、修改直至求解，如果该类仅仅处理方程求解，只需要包含方程求解及相关操作。

(2) 内部数据区：这部分主要存放形成方程组的组成数据，包括系数矩阵（整体劲度矩阵）、右端项（等效结点荷载列阵）、方程的解（结点位移），以及一些辅助数据，如方程的未知数数目、整体劲度矩阵非零元总数等。通常这部分数据对外不可见，仅通过成员函数进行操作，这也避免外部对这些数据的修改等风险。

(3) 内部函数区：该部分函数主要为对内调用函数的子程序，同样对外部是不可见的。

以上设计的一个方程类 CEquation，完成对一个有限元支配方程求解过程的抽象，将方程数据和方程操作封装在一起，通过对外操作函数，完成方程求解的相关操作，而不必关心类中的内部实现、数据存储等细节，也有利于程序的模块化开发。

二、继承、基类和派生类

继承（Inheritance）是面向对象语言的第二个核心概念。在此之前，结构化程序设计语言还没有任何机制能映射客观世界中广泛存在的一般与特殊、共性与个性之间的关系。人们需要依据这种关系将同一范畴中的概念按一定层次组织起来，除最基本的概念外，每个概念都有它的父概念或基概念，也可以有自己的子概念或派生概念。既然在面向对象的语言中，类是客观世界中的某个概念的映射，类具有映射这种层次机制的功能就显得十分自然而必要。另一方面，大多数软件总是在原先的版本上不断升级而来的，这表明可重用模块的重要性。而要设计可重用模块，任何方法都必须面对重复和差别。因此必须进行抽象，寻找存在于一组类似概念中的普遍性，它能帮助产生可重用模块；也需要特殊化技术，在抽象的基础上，表达出更具体的下面层次的概念，还能帮助扩充系统。为此，引入 3 个重要的概念：继承、基类（base class）和派生类（derived class）。派生类可以从它的基类那里继承所有的属性和方法，并扩充自己的特殊属性和方法。基类抽象出共同特征，派生类表达其差别。

有限元分析作为一种偏微分方程求解方法，可应用于多个领域分析，如结构计算、渗流计算、温度场计算等。不同领域的分析具有共性，如都具有相同的模型数据结构、相同的系数矩阵组装方法、相同的代数方程组求解。因此建立一个能反映有限元分析共性的基类（FemBase），它不包含任何单元类型和方法。这样诸如弹性力学、位势问题、流体力学等领域的有限元分析，都可认为是从 FemBase 中派生出，并添加上各自的数据和方法而形成的，如添上各自的单元"劲度"计算、"荷载"处理、"边界"处理等。这种通过继承机制来实现软件重用和结构化程序中通过子程序（或函数）实现软件重用有本质的区别。前者在语义上有明确的层次关系，而后者只有调用关系，因为在结构化设计思想中，不同的程序单位（子程序或函数）之间、同一程序单位中不同的变量间并无语义上的联系。

三、多态性、重载和虚函数

多态性（Polymorphism）是面向对象的另外一个核心概念。所谓多态，是指一个名字，多种语义，或相同界面，多种实现。在面向对象的语言中，如 C++，提供了两种实现多态的方式，即函数重载和虚函数。

函数的重载（Overload）是通过定义同名函数的不同界面形式来实现的，即在同一作用域内，一个函数可以有不同的参数表或返回类型。引入函数重载是因为在使用函数编程时，我们只关心函数的功能及其使用界面，至于函数有多少种界面或者各个界面对应的函数实现细节却不是我们所关注的。重载函数通常用来命名一组功能相似的函数，这样做减少了函数名的数量，避免了名字空间的污染，对于程序的可读性也有很大的好处。例如在平面有限元的单元劲度矩阵形成中，形函数可以表示成局部坐标 ξ、η 的函数（四边形等参元），也可表示成面积坐标 L_1、L_2 和 L_3 的函数（三角形单元），其计算方法不同，为此可以定义两个不同的函数来分别完成在两种坐标系下的形函数值的运算：

```
double Fun4(double a,double b,int i);
double Fun3(double L1,double L2,double L3,int i);
```

这样就使程序的函数命名变得种类繁多而且可读性不强。若引入函数重载机制后，可通过定义一个函数的多种实现来解决此问题：

```
double Fun(double a,double b,int i);
double Fun(double L1,double L2,double L3,int i);
```

虚函数（Virtual Function）提供了实现多态性的另一种机制。所谓虚函数是指在类成员函数原型前冠以关键字 virtual。当一个类的成员函数被声明为虚函数后，就可以在该类的派生类中定义与其基类虚函数原型完全相同的函数。当用基类指针指向这些派生类对象时，系统会自动用派生类中的同名函数来代替基类中的虚函数。当基类指针指向不同的派生类对象时，系统会在程序运行中根据所指向的对象的不同，自动选择适当的函数，从而实现了运行时的多态性。

函数重载强调函数名相同而函数界面不相同，虚函数则强调单界面多实现版本的方法，亦即函数名、返回类型、函数参数类型、顺序、个数完全相同。函数重载和虚函数的不同还在于前者能由编译器确定调用何种重载版本，而后者则只能由程序在运行时刻动态地寻找所需的函数体进行匹配。虚函数作为基类成员函数，它表达了同一继承关系下的类都具有界面相同的操作，而这些操作的具体实现又跟类所处的继承等级相关。例如，在前面已经提到的有限元分析基类 FemBase，它提供了虚函数 FemStiff（void）以表示不同类型的有限元分析的共同方法：计算系统整体“劲度”矩阵。但在 FemBase 中提供 FemStiff（void）的实现版本却没有任何意义，因为 FemBase 中并未提供反映有限元分析的个性，因而也就无从在 FemBase 中实现 FemStiff（void）的定义。而在 FemBase 派生类中将根据所定义的具体单元类型完成 FemStiff（void）的实现。可以看出，虚函数提供了灵活性和对问题的高度抽象。派生类及虚函数的引入实现了有规则的功能的真正扩充，使得软件可扩充性变得更为自然。

四、其他

本处介绍 C++中几个工具或技巧，这些不完全属于 C++面向对象的特征，但是在有限元程序设计中恰当地运用它们将会大有益处。这些工具或技巧包括：STL 标准模板库、命名空间及类的静态成员。

1．STL 标准模板库

模板是 C++语言最重要的特性之一，使用模板可以设计出与数据类型无关的程序框架，可以建立具有通用类型的类库和函数库。模板把程序所处理的对象的类型参数化，使得一段程序可以用于多种不同类型的对象。模板有类模板与函数模板两种，相应有模板类与模板函数。

在 C++语言中，库表示的是一系列程序组件的集合，它的主要用途就是在不同的程序中被重复使用。STL 是一个 C++语言的通用库，是美国加州的惠普实验室开发的一系列软件的通称。

STL 主要由容器、迭代器和算法三大类构成，提供了基本算法和数据结构的模板库构件。容器用来表示各种数据结构对象，主要包括向量（vector）、链表（list）、双队列（deque）、集合（set）和映射（map）等，用于存放数据，每个容器表现为类模板；迭代器用来把容器和算法联系起来，是一种智能指针；算法包括对数据集合的查找、排序、复制等操作，都以函数模板的形式出现。

从根本上说，STL 是一些“容器”的集合。STL 容器优势在于可以实现容器的空容量启动，即无须开设静态数据区。计算对象在程序运行中动态存取，容器的容量（即可容纳数据的能力）随数据存取规模而实时胀缩，真正做到对存储空间的按时和按需征用。以向量容器为例，它用于容纳不定长的线性序列，允许对各元素进行随机访问，在运行时可以自由改变自身的大小以便容纳任何数目的元素。容器也提供一些如排序、去除重复元素、统计个数等操作，具有较大的便利。

有限元分析中，在分配整体劲度矩阵内存空间时需要记录和统计与某结点共单元的结点数。由于事先不知道其共单元的结点大致数目，若以一个二维数组来记录，则需要估计可能最大的共单元结点数以确定数组的大小，这个估计数较难确定且浪费存储空间。若使用 STL 中的 vector（或 list）容器则可以巧妙的在搜索到一个符合条件的结点时动态增加一个元素空间，较为方便，且可利用容器已有的排序、去重、统计等函数，有效地提高了程序的质量和运行效率。

2．命名空间

命名空间也叫名字空间，它的本质就是在类的作用域之外定义更大的作用范畴，换句话说就是为类定义容器，其作用是对类进行层次分类，对标识符的名称进行本地化，以避免不同模块内标识符同名冲突问题。在 C++中，变量、函数和类都是大量存在的。如果没有命名空间，这些变量、函数、类的名称将都存在于全局命名空间中，会导致多种冲突。这种情况也会经常发生在类的名称上。程序中经常引用一些现有的类库，当定义了一个类库或者变量函数名与现有的类库相同，此时名称就冲突了。

关键字 namespace 的出现就是针对这种问题的。由于这种机制对于声明于其中的名称都进行了本地化，就使得相同的名称可以在不同的上下文中使用，而不会引起名称的冲突。本质上来讲，一个命名空间就定义了一个范围，在命名空间中定义的任何东西都局限于该命名空间内。

3. 类的静态成员

为了实现一个类的不同对象之间的数据和函数共享，C++提出了静态成员的概念。静态成员包括静态数据成员和静态成员函数。

将数据成员声明为“静态数据成员”（static）。静态数据成员不属于某一个对象，它是属于类的，其值为所有本类的对象所共享。在某些情况下需要让类的所有对象在类的范围内共享某个数据，例如一个类的多个对象需要根据同一个数据的状态来决定下一个动作时，此时全局变量可以解决这一问题，但全局变量在类的外面，它的作用域遍及整个程序始末，没有哪一个对象对它完全负责，因而违背了面向对象技术的封装性原则，从而面向对象技术的封装性和全局变量的使用构成了一对矛盾。利用类静态数据成员同样可以起到全局变量的作用，但却克服了全局变量带来的危害。在类中，静态数据成员可以实现多个对象之间的数据共享，并且使用静态数据成员还不会破坏数据隐藏的原则，即保证了安全性，同时只要对静态数据成员的值更新一次，保证所有对象存取更新后的相同的值，这样可以避免更新每一个对象，从而提高了时间效率。

若在成员函数的声明前加关键字 static，则此函数即为静态函数。与静态数据成员一样，静态成员函数也不属于某一个对象，而是类的一部分。静态成员函数是可以独立访问的，即无须创建任何对象实例就可以访问，这对于一些常用函数如矩阵运算、单元劲度矩阵计算来说是非常方便的，而且运行效率较高。

第二节　模型数据类 CData

面向对象的思想由来已久，但真正采用面向对象技术的思想和方法，进行工程数值分析计算领域的研究工作还只是从近一二十年才开始的。20 世纪 90 年代初，加拿大的 B. W. R. Forde 等描述了传统有限元分析软件存在的问题和面向对象提供的潜在解决方法，并介绍了面向对象方法和应用程序可扩充性的概念，简单揭示了面向对象的数据封装、继承和多态性等主要概念，说明了对象、类、方法等术语。从有限元法分析问题的过程中分离出自由度、结点、单元等对象，并创建相应的类，将有限元分析过程视为一个可以控制、组织、操作的类群的集成。随后许多研究人员都在不断探索如何将面向对象的技术思想应用于有限元程序的系统设计，努力研究如何更好地完善面向对象有限元程序的编制工作。所有这些研究工作表明：面向对象的技术方法更适于进行有限元程序框架设计以及具体的程序编制。

有限元模型的类主要包括：结点类（Node），单元类（Element），材料类（Material），边界条件类（BoundaryCondition），荷载类（Load）和控制类（Domain）等。通过这些类完成对有限元过程中各部分的抽象，并通过类的继承，还可以从一个基类派生出上述各类，起到统一管理和协调作用，从而构成完整的C++有限元程序。

在有限元的分析过程中，数据的存储与处理可以分为3个阶段，包括网格信息数据、支配方程信息数据、结果状态数据。本章第二、三、四节将以这3个部分数据为中心进行抽象，介绍一个简单的面向对象有限元分析程序的实现，其包含的类主要包括：模型数据类（CData），单元类（CElement），方程类（CEquation），结构状态类（CState），基本数据操作类（CFemConst，CMatrix）。

在一个main（）程序中组织控制上述类（对象）完成一个简单的有限元分析程序。通过对象的继承及增加已有对象的方法和属性，能进一步丰富程序的分析功能。本节先介绍模型数据类CData。

有限元的模型数据一般是通过前处理建模获得，通常包括表示结构的形状、大小、单元的划分及约束条件的几何数据、表示组成结构的材料特性的材料性质数据以及表示荷载的种类、位置、大小的荷载数据，可归类见表6-1。

表6-1　　模型信息数据

列号	名称	备　注
1	单元信息	单元的结点号、材料类型、单元类型等
2	结点信息	结点的坐标、结点类型等
3	材料信息	材料的弹性模量、泊松比、密度等
4	约束信息	约束结点号，约束方向、约束值（固定位移值）
5	荷载信息	荷载类型、荷载的作用位置、荷载值

对于上述信息，可用模型数据类CData进行抽象。模型数据类CData应当包含上述数据的存储及操作。通常这部分数据在分析过程中是不需要改变的，故CData的函数成员仅需要处理模型数据的获得及访问。

C++语言中，结构体（struct）是一种自定义的数据类型，它把相关联的数据元素组成一个单独的统一体，使用结构体表示和存储模型数据显得清晰简洁，以下将分别为上述各数据信息构造适当的结构体。

单元信息可用如【程序示例6-2】的结构体表示。

【程序示例6-2】 单元信息结构体。

```
1    struct EleInfo{
2        int NumofEle;
3        int maxN;
4        int * iMatID;
5        int * iTypeID;
6        int * NEP;
7    };
```

其中两个整形数 NumofEle 和 maxN 表示有限元模型中的单元数目和单个单元的最大结点数目。数组 int * iMatID 与 int * iTypeID 存储每个单元的材料号与单元类型号（这里用一个整型数标识单元类型，如 3 表示平面三角形单元，4 为平面四边形等参数单元），数组 NEP 则一维存储了每个单元的结点号，其长度为 NumofEle * maxN。这样的一个结构体基本包含了一个网格信息中的单元信息。此结构体还可以方便的增加其他单元属性变量。

结点信息可用如【程序示例 6 - 3】的结构体表示。

【程序示例 6 - 3】 结点信息结构体。

```
1    struct NodeInfo{
2        int NumofNode;
3        int nfreedom;
4        double * NodeCoor;
5    };
```

变量 NumofNode 和 nfreedom 分别表示结点数目和每个结点的坐标分量个数，这里也把 nfreedom 作为每个结点的自由度数目，若在某些坐标分量个数和自由度数目不等（如同时存在梁单元结点和实体单元结点）时，则需要增加相应的变量。浮点型数组 NodeCoor则是存储了每个结点坐标值的一维数组，其长度为结点数目和坐标分量数目之积（nfreedom * NumofNode）。一个如上的结构体即可表示一个网格信息中的结点信息。

对于简单的线弹性材料，其参数通常为弹性模量、泊松比以及密度，其材料信息结构体如【程序示例 6 - 4】所示。

【程序示例 6 - 4】 材料信息结构体。

```
1    struct EMaterial{
2        double E;
3        double Mu;
4        double Dense;
5    };
```

如上的结构体仅仅表示一种材料，对于多种材料，可以在程序中申请该结构体的一个数组（struct EMaterial * iEMat = new struct EMaterial[NumofMat]）。

有限元网格的位移边界条件可以表示为一系列结点的已知位移，采用如【程序示例 6 - 5】结构体表示一条边界信息。

【程序示例 6 - 5】 约束信息结构体。

```
1    struct BoundData{
2        int BC_U;
3        int BC_iU;
4        double BC_Val;
5    };
```

其中受约束结点号（BC _ U）及受约束自由度方向（BC _ iU）确定该约束的位置，浮点型数 BC _ Val 表示已知位移值，BC _ Val 为零表示该自由度方向被约束住无位移。一条 BoundData 结构体也只表示一条约束信息，使用中则可以申请该结构体的数组（struct BoundData * iBC = new struct BoundData[NumofBC]）。

有限元分析中荷载通常可分为体荷载，面分布荷载及集中荷载。体荷载可以通过加速度与质量乘积求得，本处只需给出一个浮点型数组，表示各个自由度方向的加速度值，重力加速度即可表示为重力方向上的已知值 $9.8m/s^2$。

面分布荷载在三维问题中体现为某一个面受分布力，在二维问题中为某一条边受分布力，通常这样的分布力都为法向力（如水压力），一个法向面分布荷载结构体可以设计如【程序示例 6 - 6】所示。

【程序示例 6 - 6】 面分布荷载结构体。

```
1    struct FaceLoadData{
2        int FaceLoadType;
3        int * iFaceLoadNode;
4        double * FaceLoadVal;
5    };
```

其中变量 FaceLoadType 表示该面分布荷载的类型（用一个整形数标识面分布荷载类型，书中程序只能处理一种面分布荷载，故该参数为保留参数），数组 iFaceLoadNode 及 FaceLoadVal 为上述受荷面围成结点的结点号及该结点上的荷载值。通过这个结构体可以表示一条简单的面分布荷载信息，程序实现中需要申请该结构体的数组（struct FaceLoadData * iFL= new struct FaceLoadData[NumofFaceLoad]）。

集中荷载较为简单，给出集中力作用结点编号及荷载值即可，一条集中力信息可表示如【程序示例 6 - 7】所示。

【程序示例 6 - 7】 集中荷载结构体。

```
1    struct ConForceData{
2        int iNodeID;
3        double * iConForceVal;
4    };
```

上述结构体（及数组）的组合就可以方便地表示出一个线弹性有限元网格的基本信息，也即数据类 CData 的数据成员，如【程序示例 6 - 8】所示。

【程序示例 6 - 8】 数据类 CData 数据成员。

```
1    private:
2        int AnalysisType;          //分析类型。
3        struct NodeInfo Node;  //模型的结点信息。
4        struct EleInfo Ele;        //模型的单元信息。
5        int NumofMat;              //材料信息。
6        struct EMaterial * iEMat;
```

```
7        int NumofBC;            //约束信息。
8        struct BoundData * iBC;
9        int NumofConLoad;       //集中荷载信息。
10       struct ConForceData * iCF;
11       int NumofFaceLoad;      //面分布荷载信息。
12       struct FaceLoadData * iFL;
13       double * Acc;           //加速度(体力)。
```

将上述网格信息的数据都声明为私有（private），并配以其获得及访问操作函数，即可完成一个有限元模型数据类 CData（【程序示例 6-9】）。

【程序示例 6-9】 模型数据类 CData。

```
1    class CData  {
2    public:
3      CData(QString InputFileName);  //构造函数,获得数据文件的文件名。
4      int Read();  //从文件中读取网格数据。
5      int Fem_DataDestory();  //结束使用模型数据类时释放动态数组空间。
6    //以下主要为网格数据的获取操作,对外调用。
7      int Getnfreedom();            //返回问题的维数。
8      int GetAnalysisType();        //返回问题的分析类型。
9      int GetNumofNode();           //返回结点总数。
10     int GetNumofEle();            //返回单元总数。
11     int GetNumofMat();            //返回材料数目。
12     int GetNumofBC();             //返回约束数目。
13     int GetNumofConLoad();        //返回集中荷载数目。
14     int GetNumofFaceLoad();       //返回面分布荷载数目。
15     int GetMaxNNodesof1Ele();//返回单元最大结点数目。
16     int GetIeIp(int ie,int ip);   //返回单元 ie 的第 ip 结点的整体结点编号。
17
18     void GetNodeCoor(int in,double * NCoor);//获取结点 in 的坐标。
19     void GetEleCoor(int ie,double * ECoor);  //获取单元 ie 各结点的坐标。
20
21     int GetEleMatId(int ie);//返回单元 ie 的材料编号。
22     double GetE(int im);  //返回材料编号 im 的弹性模量。
23     double GetV(int im);  //返回材料编号 im 的泊松比。
24     double GetDen(int im);//返回材料编号 im 的密度。
25
26     int GetEleTypeId(int ie); //返回单元 ie 的单元类型编号。
27     int * GetEleTypeId();      //返回所有单元的单元类型编号。
28     int GetNNode(int ity);   //返回单元类型 ity 的单元结点数。
29     int * GetNNode();          //返回所有单元类型的结点数目,数组指针形式。
30
31     int * GetNEP();                 //返回所有单元的结点编号数组。
```

```
32      void Get1NEP(int ie,int * nep); //获得单元 ie 的结点编号。
33
34      int GetBCNodeID(int ib);       //返回约束号 ib 所在的结点号。
35      int GetBCfreedom(int ib);      //返回约束号 ib 所在的自由度方向。
36      double GetBCFixedDisp(int ib);//返回约束号 ib 的固定位移值。
37
38      void GetGama(int im,double * gama); //获得材料号 im 的各方向"容重"值。
39
40      int GetFaceLoadType(int ifl);          //获得第 ifl 条面分布荷载类型。
41      void GetFaceLoadInfo(int ifl,int * NodeID,double * NodeVal);
42        //获得第 ifl 条面分布荷载信息,包括:结点 NodeID,结点处面力值 NodeVal。
43      int GetNodeConLoadInfo(int icl,int iNode,double  * Val);
44        //获得第 icl 条集中荷载信息,包括:集中力作用结点 iNode,集中力值 Val。
45
46    private:
47      QString InputFile;
48    //以下模型数据。
49      int nfreedom;            //每个结点自由度数目。
50      int AnalysisType;        //分析类型,用一个整型数标识分析类型,如 0 为平面应
51                                 力问题,1 为平面应变问题,2 为空间问题等
52      struct NodeInfo Node; //模型的结点信息。
53      struct EleInfo Ele;      //模型的单元信息。
54      int NumofMat;            //材料种类数目。
55      struct EMaterial * iEMat;
56      int NumofBC;             //受约束自由度数目。
57      struct BoundData * iBC;
58      int NumofConLoad;   //集中力数目。
59      struct NodeConForceData * iNCF;
60      int NumofFaceLoad;  //面分布荷载数据。
61      struct FaceLoadData * iFL;
62      double * Acc;            //加速度(体力)。
63
64    private:
65    //文件读取函数的子函数。
66      int ReadNode(QTextStream  * in);              //读取结点段信息。
67      int ReadMat(QTextStream  * in);               //读取材料段信息。
68      int ReadEle(QTextStream  * in);               //读取单元段信息。
69      int ReadBound(QTextStream  * in);             //读取约束段信息。
70      int ReadFaceload(QTextStream  * in);          //读取面分布荷载段信息。
71      int ReadNodeConLoad(QTextStream  * in);  //读取集中荷载段信息。
72    };
73
74    以下为 CData 主要功能的实现:
```

```
75    #include "Fem_Data.h"
76    class QTextStream;
77    //读取模型数据。
78    int CData::Read(){
79      QFile fin(this->InputFile);
80      bool ret;
81      ret=fin.open(QFile::ReadOnly);
82      if(ret==false)return -1;
83
84      QTextStream in(&fin);
85      QString keyword;
86      //"node"为关键字。
87      QString keyword0="node";
88      in>>keyword;
89      int ATYPE=0;
90      if(keyword.operator !=(keyword0)){
91        in>>ATYPE;      //读取分析类型,默认 ATYPE=0,即平面应力;
92        in>>keyword;    //ATYPE=1,为平面应变;ATYPE=2,为三维应力;
93      }
94      this->nfreedom = femconst::AnaType[ATYPE].nfr;
95      this->AnalysisType = femconst::AnaType[ATYPE].iAnalysisType;
96
97      this->ReadNode(&in);     //读取结点信息。
98      this->ReadEle(&in);      //读取单元信息。
99      this->ReadMat(&in);      //读取材料信息。
100     this->ReadBound(&in);    //读取约束信息。
101     in>>keyword;
102     //"faceload"为关键字。
103     QString keyword1="faceload";
104     if(keyword.operator !=(keyword1)){
105       this->ReadBodyLoad(&in);  //读取体力荷载信息,即重力加速度。
106       in>>keyword;}
107     else {                      //默认加速度。
108       this->Acc = new double[this->nfreedom];
109       for(int i=0;i<this->nfreedom;i++)
110         this->Acc[i]=0;
111       Acc[1]=-9.8;
112     }
113     this->ReadFaceload(&in);        //读取面分布荷载信息。
114     this->ReadNodeConLoad(&in);     //读取结点集中荷载信息。
115     fin.close();
116     return 0;
117   }
```

```
118   //读取结点段信息函数。
119   int CData::ReadNode(QTextStream *in){
120     //先读取控制信息,然后开辟存储空间(存储即将读入的结点坐标信息)。
121     *in >>this->Node.NumofNode;
122     //一维数组存储坐标,数组长度为结点总数*每个结点自由度数目。
123     this->Node.NodeCoor = new
124       double[this->Node.NumofNode*this->nfreedom];
125     for(int i=0;i<this->Node.NumofNode;i++)
126       for(int j=0;j<this->nfreedom;j++)
127         *in>>this->Node.NodeCoor[i*this->nfreedom+j];
128     return 0;
129   }
130   //读取单元段信息函数。
131   int CData::ReadEle(QTextStream *in){
132     QString keyword;
133     int maxN;
134     int NE;
135     int nnode;
136     int ityID;
137     int imatID;
138     //先读取控制信息,然后开辟存储空间(存储即将读入的单元信息)。
139     *in >>keyword>>NE>>maxN;
140     this->Ele.NumofEle = NE;
141     this->Ele.maxN     = maxN;
142     this->Ele.iTypeID  = new int[NE];
143     this->Ele.iMatID   = new int[NE];
144     this->Ele.NEP      = new int[NE*maxN];
145
146     for(int i=0;i<NE*maxN;i++)
147       this->Ele.NEP[i] = -1;
148     for(int ie=0;ie<NE;ie++){
149       *in >>nnode;
150       switch(nnode){
151         case 3:  ityID=0;  break;
152         case 4:  ityID=1;  break;
153         case 8:  ityID=2;  break;
154       }
155       *in >>imatID;  //依次存储材料号,单元类型号及单元结点号。
156       this->Ele.iMatID[ie]  = imatID;
157       this->Ele.iTypeID[ie]  = ityID;
158       for(int j=0;j<nnode;j++)
159         *in>>this->Ele.NEP[maxN * ie + j];
160     }
```

```
161         return 0;
162     }
163     //读取材料段信息函数。
164     int CData::ReadMat(QTextStream * in){
165         QString keyword;
166         int NM;
167         * in >>keyword>>NM;
168         this->NumofMat = NM;
169         this->iEMat = new struct EMaterial[NM];
170         for(int i=0;i<NM;i++){
171             * in>>this->iEMat[i].E;
172             * in>>this->iEMat[i].Mu;
173             * in>>this->iEMat[i].Dense;
174             this->iEMat[i].Dense =this->iEMat[i].Dense/9.8;
175         }
176         return 0;
177     }
178     //读取边界段信息函数。
179     int CData::ReadBound(QTextStream * in)
180     {
181         QString keyword;
182         int NBC;
183         * in>>keyword>>NBC;
184         this->NumofBC = NBC;
185         this->iBC = new struct BoundData[NBC];
186         for(int i=0;i<NBC;i++)
187         * in>>this->iBC[i].BC_U >> this->iBC[i].BC_iU
188             >>this->iBC[i].BC_Val;
189         return 0;
190     }
191     //读取面力段信息函数,这里是二维两点间的面力。
192     int CData::ReadFaceload(QTextStream * in){
193         int NFL;
194         int inodes=2;
195         int loadID;
196         * in>>NFL;
197         this->NumofFaceLoad = NFL;
198         this->iFL = new struct FaceLoadData[NFL];
199         for(int i=0;i<NFL;i++){
200             * in >>loadID;
201             this->iFL[i].NumofPNodes = inodes;
202             this->iFL[i].iFLNode = new int[inodes];
203             this->iFL[i].iFLVal = new double[inodes];
```

```
204          for(int j=0;j<inodes;j++)
205              *in>>this->iFL[i].iFLNode[j];
206          for(int j=0;j<inodes;j++)
207              *in>>this->iFL[i].iFLVal[j];
208          *in >>this->iFL[i].iFLType;
209      }
210      return 0;
211  }
212  //读取结点荷载段信息函数。
213  int CData::ReadNodeConLoad(QTextStream *in){
214      QString keyword;
215      int NCL;
216      *in>>keyword>>NCL;
217      this->NumofConLoad = NCL;
218      this->iNCF = new struct NodeConForceData[NCL];
219
220      for(int i=0;i<NCL;i++){
221          this->iNCF[i].iConForceVal = new double[this->nfreedom];
222          *in>>this->iNCF[i].ConForceNode;
223          for(int j=0;j<this->nfreedom;j++)
224              *in>>this->iNCF[i].iConForceVal[j];
225      }
226      return 0;
227  }
228  //程序运行结束后需要将CData中动态数组或结构体的内存空间释放。
229  int CData::Fem_DataDestory()
230  {
231      delete[]this->Node.NodeCoor;
232      delete[]this->Ele.iMatID;
233      delete[]this->Ele.iTypeID;
234      delete[]this->Ele.NEP;
235      delete[]this->iEMat;
236      delete[]this->iBC;
237      for(int i=0;i<this->NumofFaceLoad;i++){
238          delete[]this->iFL[i].iFLVal;
239          delete[]this->iFL[i].iFLNode;
240      }
241      delete[]this->iFL;
242      for(int i=0;i<this->NumofConLoad;i++)
243          delete[]this->iNCF[i].iConForceVal;
244      return 0;
245  }
246  //获取输入数据文件名称InputFileName。
```

```
247    CData::CData(QString InputFileName){
248      this->InputFile = InputFileName;
249    }
250    //外部调用函数,获得单结点自由度数、分析类型、结点总数、单元总数等信息。
251    int CData::Getnfreedom()           {return this->nfreedom;}
252    int CData::GetAnalysisType()       {return this->AnalysisType;}
253    int CData::GetNumofNode()          {return this->Node.NumofNode;}
254    int CData::GetNumofEle()           {return this->Ele.NumofEle;}
255    int CData::GetNumofMat()           {return this->NumofMat;}
256    int CData::GetNumofBC()            {return this->NumofBC;}
257    int CData::GetNumofConLoad()       {return this->NumofConLoad;}
258    int CData::GetNumofFaceLoad()      {return this->NumofFaceLoad;}
259    int CData::GetMaxNNodesof1Ele(){return this->Ele.maxN;}
260    //外部调用函数,获取与结点相关信息。
261    int CData::GetIeIp(int ie,int ip){
262      return this->Ele.NEP[this->Ele.maxN * ie + ip];
263    }
264    void CData::GetNodeCoor(int in,double * NCoor){
265      int nf = this->nfreedom;
266      for(int i=0;i<nf;i++)
267        NCoor[i] = this->Node.NodeCoor[nf * in+i];
268    }
269    void CData::GetEleCoor(int ie,double * ECoor){
270      int maxN = this->Ele.maxN;
271      int nf     = this->nfreedom;
272      int ity    = this->Ele.iTypeID[ie];
273      int nnode = femconst::EleAType[ity].nNodes;
274      int in;
275      for(int i=0;i<nnode;i++){
276        in = this->Ele.NEP[maxN * ie+i];
277        for(int j=0;j<nf;j++)
278          ECoor[i * nf+j] = this->Node.NodeCoor[in * nf+j];
279      }
280    }
281    //外部调用函数,获取与材料相关信息。
282    int CData::GetEleMatId(int ie){return this->Ele.iMatID[ie];}
283    double CData::GetE(int im){return this->iEMat[im].E;}
284    double CData::GetV(int im){return this->iEMat[im].Mu;}
285    double CData::GetDen(int im){return this->iEMat[im].Dense;}
286    //外部调用函数,获取与单元类型相关信息。
287    int CData::GetEleTypeId(int ie){return this->Ele.iTypeID[ie];}
288    int * CData::GetEleTypeId(){return this->Ele.iTypeID;}
289    //外部调用函数,获取与单元结点相关信息。
```

```
290   int * CData::GetNEP(){return this->Ele.NEP;}
291   void CData::Get1NEP(int ie,int * nep){
292     int maxN = this->Ele.maxN;
293     int ity = this->Ele.iTypeID[ie];
294     int inode = femconst::EleAType[ity].nNodes;
295     for(int i=0;i<inode;i++)
296       nep[i] = this->Ele.NEP[maxN * ie + i];
297   }
298   //外部调用函数,获取约束信息。
299   int CData::GetBCNodeID(int ib){return this->iBC[ib].BC_U;}
300   int CData::GetBCfreedom(int ib){return this->iBC[ib].BC_iU;}
301   double CData::GetBCFixedDisp(int ib){
302     return this->iBC[ib].BC_Val;
303   }
304   //外部调用函数,获取体力信息。
305   void CData::GetGama(int im,double * gama){
306     for(int i=0;i<this->Getnfreedom();i++)
307       gama[i] = this->iEMat[im].Dense * this->Acc[i];
308   }
309   //外部调用函数,获取面力信息。
310   int CData::GetNNodepFace(int ifl){
311     return this->iFL[ifl].NumofPNodes;
312   }
313   int CData::GetFaceLoadType(int ifl){
314     return this->iFL[ifl].iFLType;
315   }
316   void CData::GetFaceLoadInfo(int ifl,int * NodeID,double * NodeVal){
317     int nfl = this->iFL[ifl].NumofPNodes;
318     for(int i=0;i<nfl;i++){
319       NodeID[i] = this->iFL[ifl].iFLNode[i];
320       NodeVal[i] = this->iFL[ifl].iFLVal[i];
321     }
322   }
323   //外部调用函数,获取结点荷载信息。
324   int CData::GetNodeConLoadInfo(int icl,int &iNode,double * Val){
325     iNode = this->iNCF[icl].ConForceNode;
326     for(int i=0;i<this->nfreedom;i++){
327       Val[i] = this->iNCF[icl].iConForceVal[i];
328     }
329     return 0;
330   }
```

第三节　单元类 CElement 和方程类 CEquation

单元类通常用来解决与单元属性计算相关的操作，如根据式（6－1）

$$[k]^e = \iiint_V [B]^T[D][B]\mathrm{d}V \tag{6-1}$$

计算单元的劲度矩阵，根据式（6－2）

$$\{\sigma\}^e = [D][B]\{\delta\}^e \tag{6-2}$$

计算单元高斯点应力等。

在面向对象程序设计方法中这一部分内容被设计成一个黑箱过程，即向其输入单元的几何参数、材料参数，经黑箱处理后输出单元劲度矩阵和等效重力荷载列阵。下面构造单元类 CElement 的静态成员函数来处理上述操作，如【程序示例 6－10】所示。

【程序示例 6－10】 单元类 CElement。

```
1    class CElement{
2    public://  对外调用函数区
3    //函数:计算单元劲度矩阵。
4      void static ElementKeRe(int EleType,//单元类型。
5        int AnalysisType,     //分析类型。
6        double * ECoor,       //单元结点坐标。
7        double E,double v,    //单元弹性模量和泊松比。
8        double * gama,        //单元容重。
9        double * Ke,          //计算得到单元劲度矩阵和等效荷载列阵。
         double * Re);         //计算得到重力等效荷载列阵。
10   //函数:计算单元高斯点应力。
11     void static Element_Gauss_Stress(int EleType,  //单元类型。
12         int AnalysisType,      //分析类型。
13         double * EleDisp,      //单元结点位移。
14         double * ECoor,        //单元结点坐标。
15         double E,double v,     //单元弹性模量和泊松比。
16         double * Ele_gauss_stress);  //计算得到单元高斯点应力。
17     }
```

上述单元劲度矩阵及高斯点应力求解函数，可通过单元类型（EleType）和分析类型（AnalysisType）两个变量在单元的劲度矩阵及高斯点应力求解函数类（库）中找到该种单元类。如四边形等参数单元，可以构造如【程序示例 6－11】类。

【程序示例 6－11】 四边形等参数单元类 Element2D4N。

```
1    class Element2D4N{
2    public:
3    //求解单元的单元劲度矩阵及等效荷载列阵。
4      static int KeRe(const int AnalysisType,  //分析类型。
```

```
5           const double * ECoor,      //单元结点坐标。
6           const double E,            //弹性模量。
7           const double v,            //泊松比。
8           const double * gama,       //容重。
9           double *  Ke,              //计算得到的单元劲度矩阵
10          double *  Re);             //等效重力荷载列阵
11      //求解单元的高斯点应力。
12      static int Gauss_Point_Stress(const int AnalysisType,  //分析类型。
13          double * EleDisp,          //结点位移。
14          double * ECoor,            //单元结点坐标。
15          double E,                  //弹性模量。
16          double v,                  //泊松比。
17          double * Ele_gauss_stress);  //计算得到的单元高斯点应力。
18      //单元劲度矩阵计算中的[B]矩阵。
19        static int BMatrix(const double * ECoor,  //单元结点坐标。
20          double r,                  //局部坐标。
21          double s,                  //局部坐标。
22          double * be);              //计算得到的[B]矩阵元素值。
23        };
24
25      以下为 Element2D4N 主要功能的实现:
26      #include "Element2D4N.h"
27      #include "../FemConst.h"  //包含基本数据操作类,见第 4 节。
28      #include <stdio.h>
29      //BMatrix:计算平面四边形等参元的[B]矩阵。
30      int Element2D4N::BMatrix(const double * ECoor,double r,double s,
31                              double  * Be){
32      //过程中的一些变量、矩阵均采用一维存储。
33          int np=4;
34          double jcb[4];
35          double ijcb[4];
36          double P[16];
37          double B0[16];
38      //从基本操作类中调取相关函数,采用静态函数方式调用。
39      femconst::CFemConst::shapedfun2d(r,s,P);//形函数对局部坐标的导数值。
40          femconst::CMatrix::MxM(P,ECoor,jcb,2,np,2);//矩阵相乘。
41          femconst::CMatrix::inverseMatrix2(jcb,ijcb);//矩阵求逆。
42          femconst::CMatrix::MxM(ijcb,P,B0,2,2,np); //矩阵相乘。
43          femconst::CMatrix::zero1d(Be,3 * np * 2);//矩阵 Be 元素清零。
44      //得到四边形等参元的[B]矩阵的各元素值。
45          for(int i=0;i<np;i++){
46            Be[i * 2] = B0[i];
47            Be[np * 2+i * 2+1] = B0[np+i];
```

```
48              Be[np * 2+np * 2+i * 2] = B0[np+i];
49              Be[np * 2+np * 2+i * 2+1] = B0[i];
50          }
51          return 0;
52      }
53
54      //KeRe:计算单元劲度矩阵 Ke 及单元等效重力荷载列阵 Re。
55      int Element2D4N::KeRe(const int AnalysisType,
56                              const double * ECoor,
57                              const double E,
58                              const double v,
59                              const double * gama,
60                              double *  Ke,
61                              double *  Re
62                          ){
63      //过程中的一些变量、矩阵均采用一维存储。
64          int np=4;
65          double jcb[4];
66          double P[16];
67          double B[48];
68          double Bt[48];
69          double D[9];
70          double S[48];
71          double fun[8];
72          double Ke1[256];
73          double evolume=0. ;
74          femconst::CMatrix::zero1d(Ke,np * np * 4); //将一维数组中元素置为零。
75          femconst::CMatrix::zero1d(Re,np * 2);
76      //从基本操作类中获取 3 点积分的高斯点坐标。
77          int ngauss=3;
78          int igauss=femconst::CFemConst::index2357[ngauss];
79      //由分析类型 AnalysisType 从基本操作类中获取[D]矩阵。
80          femconst::CFemConst::DMatrix2d(E,v,D,AnalysisType);
81      //高斯积分得到单元劲度矩阵及等效荷载列阵各元素的值。
82          for(int i=0;i<ngauss ;i++){
83              double r=femconst::CFemConst::rst2357[i+igauss];
84              for(int j=0;j<ngauss;j++){
85                  double s=femconst::CFemConst::rst2357[j+igauss];
86                  femconst::CFemConst::shapedfun2d(r,s,P);
87                  femconst::CMatrix::MxM(P,ECoor,jcb,2,np,2);
88                  double det=femconst::CMatrix::det2(jcb);
89                  if(det<0)
90                    return -1;
```

```
91                  det=det * femconst::CFemConst::hrst2357[i+igauss] *
92                      femconst::CFemConst::hrst2357[j+igauss];
93                  BMatrix(ECoor,r,s,B);
94                  femconst::CMatrix::Rotate(B,3,np * 2,Bt);
95                  femconst::CMatrix::MxM(D,B,S,3,3,np * 2);
96                  femconst::CMatrix::MxM(Bt,S,Ke1,np * 2,3,np * 2);
97                  for(int ii=0;ii<np * np * 4;ii++)
98                    Ke[ii]=Ke[ii]+Ke1[ii] * det;//依次赋值[K]中每个元素值。
99                  evolume=evolume+det;
100                 femconst::CFemConst::shapefun2d(r,s,fun);
101                 for(int ii=0;ii<np;ii++){//依次赋值[R]中每个元素值。
102                   Re[2 * ii+0]+=fun[ii] * det * gama[0];
103                   Re[2 * ii+1]+=fun[ii] * det * gama[1];
104                 }
105             }
106         }
107         return 0;
108     }
109
110     //Ele_gauss_stress:由单元结点位移计算单元的高斯点应力。
111     int Element2D4N::Gauss_Point_Stress(const int AnalysisType,
112                                         double * EleDisp,
113                                         double * ECoor,
114                                         double E,
115                                         double v,
116                                         double * Ele_gauss_stress){
117     //过程中的一些变量、矩阵均采用一维存储。
118         double B[3 * 8];
119         double D[3 * 3];
120         double DB[3 * 8];
121         for(int i=0;i<4 * 3;i++)
122           Ele_gauss_stress[i] = 0;
123     //由结点位移计算高斯点应力。
124         double GaussPoint=0.577350269189626;
125         int ngauss=2;
126         femconst::CFemConst::DMatrix2d(E,v,D,AnalysisType);
127         double Stress_temp[3];
128         for(int i=0;i<ngauss * ngauss ;i++){
129           double r=femconst::CFemConst::Ri2d[i] * GaussPoint;
130           double s=femconst::CFemConst::Si2d[i] * GaussPoint;
131           BMatrix(ECoor,r,s,B); //调用[B]矩阵计算函数。
132           femconst::CMatrix::MxM(D,B,DB,3,3,8);
133           femconst::CMatrix::MxV(DB,EleDisp,3,8,Stress_temp);
```

```
134            for(int is=0;is<6;is++)
135                Ele_gauss_stress[i * 3+is] = Stress_temp[is];
136        }
137        return 0;
138    }
```

对于有限元计算而言，其分析过程主要围绕着支配方程的形成、修改、求解展开，亦即形成整体劲度矩阵、整体荷载列阵、根据边界条件修改前述矩阵与列阵、求解方程组的过程。通常这部分的每一步都可以作为一个类来设计，形成了如方程类、荷载类、边界条件类、求解类等。对于一个简单的有限元程序而言，将上述步骤并入同一个类中，共享方程数据，更显得简单明了，也体现为一个有限元分析的核心部分的抽象，故本节将上述步骤归入一个方程类 CEquation 中。

方程类 CEquation 的数据成员主要为支配方程的组成数据，函数部分包括：整体劲度矩阵的存储计算，计算单元劲度矩阵、组集整体劲度矩阵，施加荷载，施加边界条件以及最终的求解方程组。以下将详细介绍各部分的实现过程。

1. 数据成员

方程类 CEquation 中的数据成员主要为支配方程的各组成部分：系数矩阵（整体劲度矩阵）、方程的解（结点位移列阵）和右端项（等效结点荷载列阵）。其中系数矩阵（整体劲度矩阵）为一高度稀疏的对称矩阵，网格规模越大其稀疏度越高，必须采用压缩存储方式。目前有较多的矩阵压缩存储格式，包括一维变带宽法，二维等带宽法，坐标存储法等。本处采用行压缩存储方式（CSR，Compressed Sparse Row Format），该方法是对矩阵逐行进行压缩存储，同时由于劲度矩阵对称，只存储上三角（或者下三角）的非零元素，行压缩存储格式 CSR 在第二章中已有介绍。

对于方程类 CEquation 来讲，可将数据成员作为私有数据，仅供内部函数调用。方程类 CEquation 的数据成员可表示如【程序示例 6－12】所示。

【程序示例 6－12】 方程类 CEquation 数据成员。

```
1    private:
2        int nfreedom;        //单个结点自由度。
3        int nq;              //总自由度。
4        int nnonzero;        //非零元素总数。
5        int * rowIndex;      //行索引数组。
6        int * columns;       //列号数组。
7        double * rightHands; //方程右端项。
```

2. 整体劲度矩阵存储计算

如前面所述，有限元的方程组系数矩阵是一个大型的稀疏对称矩阵，除了选择合适的压缩存储方式，还需要预先估计内存空间来存放数据，本处的整体劲度矩阵存储计算即为计算非零元素的数目，分配存储空间。通常的做法是遍历整个网格，计算出每个结点的共单元结点数目，再转换为对应整体劲度矩阵中每行的非零元素数目，形成上述行压缩存储的两个数组：行索引数组（rowIndex []）和列号数组（columns []）。这里使用 STL 标准模板库中的 vector（或 list）容器，具体步骤如下：

（1）遍历网格，用容器记录下与每个结点共单元的结点号（包含该结点自身），如【程序示例 6 - 13】所示。

【程序示例 6 - 13】 统计共单元结点流程。

```
1   //为每个结点申请一个 vector 容器,存放共单元的结点号。
2       vector<int> * iNodes = new vector<int>[NumofNode];
3   //循环单元,处理每个单元中的结点共单元关系。
4       for(int ie=0;ie<NumofEle;ie++){
5   //循环每个结点,对于该结点 nep[i],单元内每个结点都为其共单元结点。
6           for(int i=0;i<np;i++){
7               for(int j=0;j<np;j++){
8   //由于矩阵对称,只存储比本身序号大的结点。
9                   if(nep[i]>nep[j])continue;
10  //将 nep[j]作为与 nep[i]共单元的结点压入 nep[i]的容器中。
11                  if(nep[j]>=0)
12                    iNodes[nep[i]]. pushBack(nep[j]);
13                  }
14            }
15      }
```

（2）由于上述容器中存在重复的元素，需要对每个容器中结点号的进行排列、去除重复以及统计数目，得到与每个结点共单元的结点序列，如【程序示例 6 - 14】所示。

【程序示例 6 - 14】 容器内结点统计。

```
1   //对每个容器进行循环,以进行排序等操作。
2       vector<int>::iterator it_end;  //定义迭代器。
3       for(int i=0;i<NumofNode;i++){
4   //对每个容器中元素进行排序。
5           std::sort(iNodes[i]. begin(),iNodes[i]. end());
6   //在容器中重复元素将被放置容器的尾部(迭代器 it_end 的后面)。
7           it_end=std::unique(iNodes[i]. begin(),iNodes[i]. end());
8   //去掉尾部的重复元素。
9           iNodes[i]. erase(iter_end,iNodes[i]. end()
10  //统计个数。
11          iNumofNodes=iNodes[i]. Size();
12    }
```

（3）根据自由度扩展，得到方程组中每行的非零元素分布及个数。这里处理的方式如下：由上述过程可得与结点 M 共单元的结点数目 N 以及共单元结点序列。以三维问题为例，整体劲度矩阵中与结点 M 相对的矩阵行号为 $3M$，$3M+1$，$3M+2$，因只存储上三角部分，故 3 行的非零元素数目可依次为 $3N$、$3N-1$、$3N-2$。依次对每个结点做这样的处理可得整体劲度矩阵每行非零元素数目及非零元素总数目，亦即可形成行压缩存储矩阵的行索引数组（rowIndex []）。下一步对容器中每个元素进行相类似的处理，可得每个非零元素的列号，存入行压缩存储矩阵的列号数组（columns []）。

上述 3 个步骤可以精确计算出整体劲度矩阵中非零元素的数目及分布，在类中可以归集为一条函数予以实现，其形参应包含部分模型数据。

3. 计算单元劲度矩阵，组集整体劲度矩阵

在有限元中通常是这样组集整体劲度矩阵的：对每一个单元计算单元劲度矩阵，并按照单元结点的整体编号叠加至整体劲度矩阵的对应位置。当对所有单元循环完毕即完成整体劲度矩阵的初步形成。同时，单元重力的等效荷载列阵也可以一并计算出来，故也可以同步形成整体重力等效荷载列阵。上述步骤的单元劲度矩阵和单元重力等效荷载列阵计算可在单元类中实现，在方程类 CEquation 中进行叠加，整个过程可由一次循环实现。如【程序示例 6－15】所示。

【程序示例 6－15】　组集整体劲度矩阵示例。

```
1   //对所有单元进行循环。
        for(int ie=0;ie<NumofEle;ie++){
2   //调用单元劲度计算静态成员函数,计算单元劲度矩阵与单元重力等效荷载列阵。
3           CElement::ElementKeRe(EleType   //单元类型。
4                                 AnalysisType,   //分析类型。
5                                 ECoor,E,v,gama,//结点坐标,材料参数。
6                                 Ke,Re);//单元劲度矩阵、重力等效结点荷载。
7   //将上述数据叠加至整体劲度矩阵和等效荷载列阵。
8           AddKeRe(np,nep,Ke,Re);//np 为该单元结点数,nep 为该单元结点号。
9       }
```

4. 施加荷载

有限元分析的荷载主要包括以下 3 种：体荷载，面分布荷载，集中荷载。荷载的施加主要体现在将计算所得等效结点荷载叠加至整体结点荷载列阵，即方程的右端项，故施加每条荷载包括两部分操作：单元等效结点荷载列阵的计算和将其叠加至整体等效结点荷载列阵。这部分操作可看做对支配方程组的修改，故可以包含在方程类 CEquation 的成员函数中。

式（6－3）中等号右边 3 项依次为三维问题中上述 3 种荷载的等效结点荷载列阵的计算公式：

$$\{r\}^e = \iiint_V [N]^T \{p\} \mathrm{d}x\mathrm{d}y\mathrm{d}z + \iint_A [N]^T \{\overline{p}\} \mathrm{d}S + [N]^T \{P\} \tag{6-3}$$

式中：p 为体力集度，或者称为容重；$\overline{p}$为面力集度；P 为集中力。

其中第一项体荷载已在单元劲度矩阵计算中处理完毕，这里只需要处理后两项荷载，其流程可简要表示如【程序示例 6－16】。

【程序示例 6－16】　施加荷载示例。

```
1    //依次处理每一条集中荷载。
2    for(int icl=0;icl<fd->GetNumofConLoad();icl++){
3    //提取一条集中力信息,包括作用结点编号 inodeCon 和集中力值 conForceValue。
4          fd->GetNodeConLoadInfo(icl,inodeCon,ConForceVal);
5    //将该集中荷载叠加至等效荷载列阵。
6          eq->addRi(inodeCon,ConForceVal);
7      }
8    //依次处理每一条分布荷载。
9    for(int ifl=0;ifl<fd->GetNumofFaceLoad();ifl++){
10   //获得该条分布荷载的结点编号 iNodeID 及荷载值 iFaceLoad。
11         fd->GetFaceLoadInfo(ifl,iNodeID,iFaceLoad);
12   //计算该分布荷载 iFaceLoad 的等效结点荷载 NodalForce。
13         eq->FaceLoadConvert(NodespFace,NCoor,iFaceLoad,NodalForce);
14   //将计算而得的等效结点荷载 NodalForce 叠加至等效结点荷载列阵。
15         for(int i=0;i<NodespFace;i++)
16           eq->AddRi(inode,NodalForce);
17     }
```

5. 根据边界条件修改方程组

这里的边界条件是指边界上的某些结点给定了位移的数值（若数值为零，表示固定约束），采用置大数法修改方程组来考虑结点位移已知的边界条件，在程序实现上也相对简单，而且只要所置的数足够大，所得到的解就有很好的精度。置大数法实现过程在第三章已有介绍，这里不再重复。

在方程类 CEquation 中，依次对每条边界信息进行置大数法操作即可完成边界条件的施加，如【程序示例 6-17】所示。

【程序示例 6-17】 边界条件处理示例。

```
1    //依次施加每一条边界条件信息。
2        for(int ibc=0;ibc<NumofBC;ibc++){
3    //处理结点编号 inode 在 ifreedom 方向上固定位移值为 boundvalue 的边界。
4            eq->SetBoundCondition(inode,ifreedom,boundvalue);
5        }
```

6. 求解方程组

有限元的支配方程 $[K]\{\delta\}=\{R\}$ 为一个大型的线性代数方程组，求解该方程组是有限元计算中最耗时的部分，其解法通常可分为迭代法和直接法两大类。

直接法虽然需要较多的存储量和较为复杂的实现过程，但它的计算时间可以估计，相对也较短，还能一次计算多种荷载组合的情况。随着计算机硬件的快速发展，直接法的有些缺点已经不成为决定性问题，因此许多有限元程序都采用直接法求解。

迭代法的优点是所需要的存储量比较节省，程序编制也较为容易。整体劲度矩阵中非零元素的分布也不受限制。但是在实际应用中其收敛速度不易控制，计算时间也难以估计，这个问题在病态方程组的求解中更为突出。随着迭代法的不断改进，收敛速度加快，在解超大型线性代数方程组时使用较多。

线性方程组的解法在数学领域已经有了较为深入的研究，也有较为成熟的开源工具箱。由于解线性方程组不是本节重点，故本处采用了开源工具箱经处理而得的线性方程组求解函数作为方程类 CEquation 的成员函数，其包含了直接解法和迭代解法。该成员函数直接调用方程类中私有数据成员进行求解，将结果输出，本程序中的方程求解函数原型如【程序示例 6－18】所示。

【程序示例 6－18】 方程组求解函数。

```
1   EquationSolver(){
2       int nq,            //方程的维数。
3       int method,        //求解方程组的方法,比如 1 表示直接法,2 为迭代法。
4       int * rowIndex,    //以下 3 个参数定义了系数矩阵,这里采用行压缩存储。
5       int * columns,     //rowIndex 为行索引数组,columns 为列号数组。
6       double * values,   //values 为系数矩阵非零元素值。
7       double * rightHands,  //方程的右端项。
8       double * Answer       //求解后得到的方程组的解。
9   }
```

这样一个方程类 CEquation 构造及主要的功能可如【程序示例 6－19】实现。

【程序示例 6－19】 方程类 CEquation。

```
1   class CEquation{
2   public:
3       CEquation(int nfree);      //构造函数。
4   //由网格信息计算出整体劲度矩阵的存储空间(本处行压缩存储)。
5       void make(int nfree,int NumofNode,int NumofEle,int maxN,
6                 int * NEP,int * TypeID);
7   //将单元劲度矩阵、等效重力荷载列阵叠加至整体劲度矩阵及等效荷载列阵。
8       void addKeRe(int np,int * nep,double * Ke,double * Re);
9   //将结点号 inode 上的荷载(nfree 个分类)叠加至等效荷载列阵。
10      void addRi(int inode,double * R);
11  //将单元的等效荷载列阵叠加至整体等效荷载列阵(即方程右端项)。
12      void addRe(int np,int * nep,double * Re);
13  //施加荷载:均布荷载转换为等效荷载
14      void FaceLoadConvert(int nNodespFace,double * NodeCoor,
15                           double * NVal,double * Nodal_Force);
16  //置大数法设置边界条件。
17  void setboundCondition(int inode,int ifreedom,double boundvalue);
18  //线性方程求解函数。得到的解置于 Answer 中。
19      int EquationSolver(int method,double * Answer);
20  //将分析中动态数组所占用的空间释放。
21      void Fem_SolverDestory();
22  private:
```

```
23    //将整体劲度矩阵中 Irow 行 Icol 列的元素 v 叠加至行压缩存储的整体劲度矩阵中。
24          int addValue(int Irow,int Icol,double v);
25    //将元素 v 叠加至方程右端项(即等效荷载列阵)中 Irow 的位置。
26          void addRHands(int Irow,double v);
27    //返回整体劲度矩阵中 Irow 行 Icol 列的元素在行压缩存储中非零元素数组中的位置。
28          int getValueAdress(int Irow,int Icol);
29          …
30    private:
31    //组成支配方程的四个数组。
32          int         * rowIndex;        //行索引数组。
33          int         * columns;         //列号数组。
34          double      * values;          //非零元数组。
35          double      * rightHands;      //方程右端项
36    //其他一些数据。
37          int nfreedom;           //自由度。
38          int nq;                 //总自由度。
39          int nnonzero;           //零元素总数。
40          int its;                //迭代次数。
41          double solvetime;       //求解时间。
42          …
43      };
44
45    以下为方程类 CEquation 主要功能实现
46    #include "Fem_Solver. h"
47    #include "Windows. h"
48    #include "FemConst. h"
49    #include "time. h"
50    #include "math. h"
51
52    //构造函数,获取 nfreedom 变量。
53    CEquation::CEquation(int nfree){//平面问题 nfree=2;空间问题 nfree=3。
54          this->nfreedom = nfree;
55    }
56
57    //make:计算整体劲度矩阵的非零元素分布,为行压缩存储格式(CSR)开辟内存空间。
58    //输入参数:
59    //  nfree 单点的自由度(本处程序处理每个点自由度数目与问题维数相同的问题)。
60    //  NumofNode 结点总数。      NumofEle 单元总数。
61    //  maxN 单元的最大结点数(该参数与 neps 一起用于提取单元结点号)。
62    //  NEP 整形指针,指向单元的=结点编号数组。
63    //  TypeID 整形指针,指向单元类型数组。
64    void CEquation::make(int nfree,int NumofNode,int NumofEle,
65                          Int maxN,int * NEP,int * TypeID){
```

```
66          this->nfreedom = nfree;
67          this->nq = NumofNode * nfree;
68          std::vector<int> * NodeIDInRow = new std::vector<int>[NumofNode];
69          int itype;
70          int np;
71      //遍历网格,用容器记录下每个结点共单元的结点号(包含该结点自身)。
72          for(int ie=0;ie<NumofEle;ie++){
73            int nep[20];
74            itype = TypeID[ie];
75            np = femconst::EleAType[itype].nNodes;
76            for(int ip=0;ip<np;ip++)
77              nep[ip] = NEP[ie * maxN + ip];
78
79            for(int i=0;i<np;i++){
80              for(int j=0;j<np;j++){
81                if(nep[i]>nep[j])continue;
82                if(nep[j]>=0)
83                  NodeIDInRow[nep[i]].push_back(nep[j]);
84                }
85            }
86          }
87          int * NumofNodeInRow = new int[NumofNode];
88          int * NoneZerosInRow = new int[this->nq];
89      //计算对每个容器中数据进行排序,去重,统计操作。
90          std::vector<int>::iterator it_end;
91          for(int i=0;i<NumofNode;i++){
92            std::sort(NodeIDInRow[i].begin(),NodeIDInRow[i].end());
93            it_end = std::unique(NodeIDInRow[i].begin(),
94                                 NodeIDInRow[i].end());
95            NodeIDInRow[i].erase(it_end,NodeIDInRow[i].end());
96            NumofNodeInRow[i] = NodeIDInRow[i].size();
97            for(int ifr=0;ifr<nfree;ifr++)
98          NoneZerosInRow[i * nfree + ifr] = NumofNodeInRow[i] * nfree - ifr;
99          }
100     //计算非零储存总量 nnonezero。
101         this->nnonzero=0;
102         for(int i=0;i<this->nq;i++)
103           this->nnonzero = this->nnonzero + NoneZerosInRow[i];
104     //计算 rowIndex(0-Based,从 0 开始编号)。
105         this->rowIndex = new int[this->nq+1];
106         this->rowIndex[0] = 0;
107         for(int i=0;i<this->nq;i++){
108           this->rowIndex[i+1] = 0;
```

```
109            this->rowIndex[i+1] = this->rowIndex[i] + NoneZerosInRow[i];
110        }
111    //计算 columns:每个非零元素所在的列。
112        this->columns =new int[this->nnonzero];
113        int IndexID = 0;
114        int FirstNone;
115        for(int i=0;i<NumofNode ;i++){
116          for(int ifr=0;ifr<this->nfreedom;ifr++){
117            int II=i;
118            int irow=this->nfreedom * II+ifr;
119            FirstNone = this->rowIndex[irow];
120            for(int j=0;j<NumofNodeInRow[i];j++){
121              for(int jfr=0;jfr<this->nfreedom;jfr++){
122                int JJ = NodeIDInRow[i][j];
123                int jcol = JJ * this->nfreedom+jfr;
124                if(jcol<irow)continue;
125                this->columns[IndexID] = jcol;
126                IndexID++;
127              }
128            }
129          }
130        }
131    //上述计算得到非零元素总数,动态开辟存储空间并初始化其中元素。
132        this->values     = new double[nnonzero];
133        this->rightHands = new double[nq];
134        for(int i=0;i<this->nnonzero;i++)this->values[i] =0;
135        for(int i=0;i<this->nq;i++)this->rightHands[i] =0;
136    //释放本次函数中动态开辟的数组。
137        delete[]NodeIDInRow;
138        delete[]NumofNodeInRow;
139        delete[]NoneZerosInRow;
140        }
141
142    //addKeRe:将单元劲度矩阵、等效重力(或其他体力)荷载列阵叠加至整体劲度矩阵
143                和整体荷载列阵。
144    // 输入参数:    np 该单元的结点数。            nep 该单元的结点编号。
145    //               Ke 单元劲度矩阵(一维存储)。   Re 等效荷载列阵。
146    void CEquation::addKeRe(int np,int * nep,double * Ke,double * Re)
147    {
148        int info;
149        for(int i=0;i<np;i++){
150          int II=nep[i];
151          for(int ifr=0;ifr<this->nfreedom;ifr++){
```

```
152    //循环计算单元劲度矩阵中每个元素的整体行号 Row 和列号 Col。
153            int Row=II * this->nfreedom+ifr;
154            int irow=i * this->nfreedom+ifr;
155            for(int j=0;j<np;j++){
156              int JJ=nep[j];
157              for(int jfr=0;jfr<this->nfreedom;jfr++){
158                int Col=JJ * this->nfreedom+jfr;
159                int icol=j * this->nfreedom+jfr;
160                if(Col>=Row){
161    //将单元劲度矩阵中元素 v 叠加至总体劲度矩阵。
162                  double v=Ke[np * this->nfreedom * irow+icol];
163                  info = this->addValue(Row,Col,v);
164                }
165              }
166            }
167    //将重力荷载叠加至整体荷载列阵。
168            this->addRHands(Row,Re[irow]);
169          }
170        }
171    }
172
173    //addRi:将结点号 inode 上的荷载叠加至等效荷载列阵(即方程右端项)。
174    // 输入参数:inode 该点的整体结点号。R 需叠加的荷载值。
175    void CEquation::addRi(int inode,double * R){
176      for(int ifr=0;ifr<this->nfreedom;ifr++){
177        int Row = inode * nfreedom+ifr;
178        this->addRHands(Row,R[ifr]);
179      }
180    }
181
182    //setboundCondition:置大数法设置边界条件。
183    // 输入参数:inode 受约束点的整体结点号。
184    //        ifreedom 受约束自由度在该点的自由度编号。
185    //        boundvalue 固定位移值。
186    void CEquation::setboundCondition(int inode,int ifreedom,
187                                        double boundvalue){
188      int Row = inode * (this->nfreedom)+ ifreedom;
189      rightHands[Row] = boundvalue * 1.e30;
190      values[getValueAdress(Row,Row)]=1.e30;
191    }
192
193    //EquationSolver:外部求解程序,基于 PETSc 的线性方程组求解操作。
194    // 输入参数: N 方程的数目。
```

```
195  //    Symbol1 行压缩存储格式的类型(0-based 或者 1-based)。
196  //    Symbol2 求解方法(直接法为 1,迭代法为 2)。
197  //    Rowptr、Colidx、Nonezeros 行压缩存储存储总纲矩阵的三个数组。
198  // 注:需将动态链接库 PETSc_SOLVER.dll 和可执行程序放在一个目录。
199  int CEquation::EquationSolver(int method,double * Answer){
200    time_t start,end;//记录时间。
201    this->Method = method;
202  //宏定义函数指标类型。
203    typedef int( * Fun)(int N,
204                        int Symbol1,
205                        int Symbol2,
206                        int * Rowptr,
207                        int * Colidx,
208                        double * Nonezeros,
209                        double * RightHands,
210                        double * Answer);
211    HINSTANCE hDll;  //DLL 控制码
212    Fun Solver;          //函数指针
213    hDll = LoadLibrary(L"PETSc_SOLVER.dll"); //加载动态库。
214    if(hDll != NULL)
215    {
216        Solver =(Fun)GetProcAddress(hDll,"PETSc_SOLVER");
217        if(Solver != NULL)
218        {
219          start =time(NULL);
220          this->its = Solver(this->nq,
221                             0,
222                             method,
223                             this->rowIndex,
224                             this->columns,
225                             this->values,
226                             this->rightHands,
227                             Answer);
228          end =time(NULL);
229          this->solvetime = end - start;
230        }
231      }
232      return 0;
233  }
234
235  //Fem_SolverDestory:将本类中动态数组的空间释放
236  // 输入参数:rowIndex  columns  rightHands  values
237  void CEquation::Fem_SolverDestory(){
```

```
238        delete []rowIndex;
239        delete []columns;
240        delete []values;
241        delete []rightHands;
242    }
243
244    //addValue：将 Irow 行 Icol 列的元素 v 叠加至行压缩存储的总体劲度矩阵中。
245    int  CEquation::addValue(int Irow,int Icol,double v){
246        int j=getValueAdress(Irow,Icol); //获取(Irow,Icol)在 CSR 中位置。
247        if(j>=0){
248          values[j]=values[j]+v;
249          return 0;
250        }return -1;
251    }
252
253    //addValue:将元素 v 叠加至方程右端项(即等效荷载列阵)中 Irow 的位置。
254    void CEquation::addRHands(int Irow,double v){
255        this->rightHands[Irow] = this->rightHands[Irow] + v;
256    }
257
258    /*****************************************************************
259      * 函数名:getValueAdress
260      * 功能：返回 Irow 行 Icol 列的元素在行压缩存储中非零元素数组中的位置
261    *****************************************************************/
262    int  CEquation::getValueAdress(int Irow,int Icol){
263        int index1 = rowIndex[Irow];
264        int index2 = rowIndex[Irow+1] ;
265        for(int j=index1;j<index2;j++){ //通过搜索寻找该位置。
266          if(columns[j]==Icol)
267            return j;
268        } return -1;
269    }
270
271    //addRe:将单元的等效重力荷载列阵叠加至整体等效荷载列阵(即方程右端项)。
272    // 输入参数： np 单元的结点数目。
273    //             nep 单元的结点编号。
274    //             Re 单元的等效重力荷载列阵。
275    void CEquation::addRe(int np,int * nep,double * Re){
276      for(int i=0;i<np;i++){
277        int II=nep[i];
278        for(int ifr=0;ifr<this->nfreedom;ifr++){
279          int Row=II * this->nfreedom + ifr;
280          int irow=i * this->nfreedom + ifr;
```

```
281            this->addRHands(Row,Re[irow]);
282          }
283        }
284     }
```

第四节　结果状态类 CState 和基本数据操作类

有限元的计算结果通常包括位移和应力，构造结果状态类 CState 对这些数据进行归类存储，其数据成员主要包括结点位移、单元高斯点应力、结点应力等。结果状态类 CState 的数据成员可以声明如【程序示例 6-20】所示。

【程序示例 6-20】 结构状态类 CState 数据成员。

```
1      private:
2          CData  * Fd;  //一个模型数据类的指针。
3          double * NodalStress;  //结点应力。
4          double * NodalDisplacement;  //结点位移。
5          double * EleStress;  //单元应力。
```

在多过程计算中，如分步加载，还需要保存多份计算结果，此时还需要将上述数据指针申明称指针数组。上述成员中可加入一个网格模型数据类对象的指针，以供后期进行等值线图、云图绘制等后处理操作。

结果状态类 CState 的成员函数除了包括上述成员数据的存储与访问以外，还可以包括应力结果处理操作。应力精化、修匀方法较多，如总体应力光滑化，单元应力光滑化，分片应力光滑化等。这里介绍一种最简单的方法，即绕结点平均法。该方法将结点 i 的应力表示为包含结点 i 的相关单元在该结点处的应力的平均值，如式（6-4），式中 m 为结点 i 的相关单元数。

$$\sigma_i = \frac{1}{m}\sum_{e=1}^{m}\sigma_i^e \tag{6-4}$$

于是，可构造有限元的结果状态类 CState 如【程序示例 6-21】所示。

【程序示例 6-21】 结构状态类 CState。

```
1      class CState{
2      public:
3      //构造函数,初始化对象时获得一个模型数据类 CData 对象的指针。
4          CState(CData  * Fd);
5      //保存单元高斯点应力。
6          void AddEleStress(int ie,double * Ele_Gauss_Stress_temp);
7      //绕点平均法求取结点应力。
8          void Nodal_Ave_Stress();
9      //获得结点位移数组的指针。
10         double * GetNodalDisplacement();
```

```
11    //获得结点应力数组的指针。
12        double * GetNodalStress();
13    //获取一个单元的结点位移。
14        void GetEleDisp(int ie,double * EleDisp);
15    //有限元结果数据类中动态数组空间释放。
16        void Fem_SolutionDestory();
17    //将结果写成 VTK 格式,VTK 格式详见"有限元网格划分工具 FemMesher 使用说明"。
18        int WriteVTK(QString SolutionFile);
19    private:
20        CData  * Fd;  //一个模型数据类对象的指针。
21        double * Nodal_Displacement;  //结点位移。
22        double * Nodal_Stress;        //结点应力。
23        double * Ele_Stress;          //单元高斯点应力。
24        int NNF;  //单个结点应力分量数目,三维为 6,二维为 3。
25    private:
26        int WriteNodalDisp(QTextStream  * out);     //写位移。
27        int WriteNodalStress(QTextStream  * out);   //写结点应力。
28        int WriteEleStress(QTextStream  * out);     //写单元高斯点应力。
29    }
30    以下为 CState 主要功能的实现。
31    #include "Fem_Solution.h"
32    #include <QFile>
33    #include <QTextStream>
34    #include <iostream>
35    #include "time.h"
36    #include "math.h"
37    using namespace std;
38    //Nodal_Ave_Stress:绕点平均法得到单元的结点应力。
39    // 主要过程  1. 依次将高斯点应力叠加,并记录叠加次数。
40    //           2. 将围绕结点的高斯点应力除以叠加次数,得到绕点平均法的结点应力。
41    void CState::Nodal_Ave_Stress(){
42        int np = this->Fd->GetNumofNode();
43        int ne = this->Fd->GetNumofEle();
44        int maxN = this->Fd->GetMaxNNodesof1Ele();
45    //计数器,记录每个结点周围单元的个数。
46        int  * nEleAtNode   = new int[np];
47        for(int i=0;i<np;i++)
48          nEleAtNode[i] = 0;
49
50    //把高斯点的应力分别累加到结点应力中。
51        int ity;
52        int inode;
53        for(int ie=0;ie<ne;ie++){
```

```
54            ity   = Fd->GetEleTypeId(ie);
55            inode = femconst::EleAType[ity]. nNodes;
56            for(int ig=0;ig<inode;ig++)
57            {
58              int inodeID = this->Fd->GetIeIp(ie,ig);
59              nEleAtNode[inodeID]++;
60              for(int k=0;k<NNF;k++)
61                this->Nodal_Stress[inodeID * NNF+k]+=
62                  this->Ele_Stress[ie * maxN * NNF+ig * NNF+k];}
63            }
64      //绕点求应力的平均值作为结点应力。
65          for(int ip=0;ip<np;ip++)
66              for(int k=0;k<NNF;k++)
67                  this->Nodal_Stress[ip * NNF+k] =
68                      this->Nodal_Stress[ip * NNF+k]/nEleAtNode[ip];
69      }
70
71      void CState::Fem_SolutionDestory(){ //对象销毁前释放动态开辟的内存。
72          delete[]this->Nodal_Displacement;
73          delete[]this->Ele_Stress;
74          delete[]this->Nodal_Stress;
75          delete[]this->MaxDisplacement;
76          delete[]this->MaxDispNodeID;
77      }
78      //将计算而得的单元 ie 的高斯点应力存放于 Ele_Stress 中。
79      void CState::AddEleStress(int ie,double * Ele_Gauss_Stress_temp){
80          int ity,inode;
81          ity   = Fd->GetEleTypeId(ie);
82          inode = femconst::EleAType[ity]. nNodes;
83          int maxN = this->Fd->GetMaxNNodesof1Ele();
84          for(int ig=0;ig<inode;ig++)
85            for(int k=0;k<NNF;k++)
86              this->Ele_Stress[ie * maxN * NNF+ig * NNF+k] =
87                              Ele_Gauss_Stress_temp[ig * NNF+k];
88      }
89      //获取单元 ie 的结点位移。
90      void  CState::GetEleDisp(int ie,double * EleDisp){
91          int ity,inode;
92          ity   = Fd->GetEleTypeId(ie);
93          inode = femconst::EleAType[ity]. nNodes;
94          int iff = this->Fd->Getnfreedom();
95          for(int i=0;i<inode;i++){
96          int in = this->Fd->GetIeIp(ie,i);
```

```
97          for(int ifr=0;ifr<iff;ifr++)
98            EleDisp[i * iff+ifr] = this->Nodal_Displacement[in * iff + ifr];
99          }
100     }
```

在有限元程序中，有些数据或者函数在整个分析中多次使用，可以将其声明为全局变量，为了避免名称的重复，使用了命名空间（namespace）使其本地化。这里通过命名空间设置两个基本数据类：有限元基本数据类 CFemConst 和矩阵运算类 CMatrix。

有限元基本数据类 CFemConst 包含了有限元中常用的数据和函数，一般可以包括：有限元程序的单元类别的预定义，分析类型的预定义，高斯积分点及加权系数等，操作包括形函数计算，弹性矩阵计算等。矩阵运算在有限元计算中反复出现，矩阵运算类 CMatrix 包含了常见的矩阵与矩阵或向量的乘法计算、逆矩阵、矩阵行列式计算等，并在函数前以 static 修饰作为静态成员函数方式调用。

定义命名空间 femconst，将上述两个类及一些常用的预定义数据放入其中，引用某函数或数据时在其前面加上空间名称和双冒号，即可准确找到该成员。命名空间中的变量或者函数拥有全局声明的属性，对于多次重复引用情况，可以做到效率高、占用内存少的优点。这样命名空间 femconst 可设计如【程序示例 6-22】所示。

【程序示例 6-22】 命名空间 femconst。

```
1     namespace femconst{
2     //单元属性预定义结构体。
3         const struct EleAttribute{char EleName[80];     //单元名称。
4                                   int nNodes;            //单元结点数目。
5             }EleAType[3]={
6         {"triangular element",3},                      //平面三角形单元。
7         {"four-node isoparametric element",4},         //平面 4 结点等参数单元。
8         {"hexahedral isoparametric element",8}};       //空间 8 结点等参数单元。
9     //分析类型属性预定义结构体。
10        const struct AnalyType{char AName[30];         //分析的类型名称。
11                              int nfr;                 //nfr 维问题。
12                              int iAnalysisType;       //分析的类型标识。
13            }AnaType[3]={{"plane stress",2,0},         //平面应力问题。
14                         {"plane strain",2,1},         //平面应变问题。
15                         {"3-Dimesional",3,2}};//三维问题。
16    //有限元基本数据类。
17        class CFemConst{
18        Public:
19          //系数,用于形成平面 4 结点等参元的形函数。
20          int Ri2d[4]={-1,1,1,-1};
21          int Si2d[4]={-1,-1,1,1};
22          //系数,用于形成空间 8 结点等参元的形函数。
23          int Ri3d[8]={-1,1,1,-1,-1,1,1,-1};
```

```
24              int Si3d[8]={-1,-1,1,1,-1,-1,1,1};
25              int Ti3d[8]={-1,-1,-1,-1,1,1,1,1};
26              //高斯积分参数选取控制数组。
27              int index2357[]={-1,-1,0,2,-1,5,-1,10};
28              //高斯积分点坐标。提供积分点数目分别 2、3、5、7。
29              double rst2357[]={
30      -0.577350269189626,0.577350269189626,
31      -0.77459666924,0,0.77459666924,
32      -0.906179845938664,-0.538469310105683,0,0.538469310105683,
33      0.906179845938664,
34      -0.949107912342759,-0.741531185599394,-0.405845151377397,0,
35      0.405845151377397,0.741531185599394,0.949107912342759};
36              //高斯积分权系数。提供积分点数目分别 2、3、5、7。
37              double hrst2357[]={1,1,
38      0.555555555556,0.888888888889,0.555555555556,
39      0.236926885056189,0.478628670449366,0.568888888888889,
40      0.478628670449366,0.236926885056189,
41      0.12948496616887,0.279705391489277,0.381830050505119,0.41795918
42      673469,0.381830050505119,0.279705391489277,0.12948496616887};
43              //形成二维的物理矩阵[D]。
44              static void DMatrix2d(const double YM,//杨氏模量。
45                                    const double PR,//泊松比。
46                double * D, //输出一维存储的[D]矩阵,长度 3 * 3。
47                int ITYPE);//平面应变问题(ITYPE=1),平面应力问题(ITYPE=其他)。
48              //形成三维的物理矩阵[D]。
49              static void DMatrix3d(const double YM,     //杨氏模量。
50                                    const double PR,     //泊松比。
51                          double * D);          //输出一维存储的[D]矩阵,长度 4 * 4。
52              //二维线性单元的形函数。
53              static void shapefun2d(const double r,  //局部坐标 r、s。
54                                     const double s,
55                                     double * fun); //形函数值。
56              //三维线性单元的形函数。
57              static void shapefun3d(const double r,  //局部坐标 r、s、t。
58                    const double s,const double t,
59                    double * fun);    //形函数值。
60              //二维线性单元的形函数的导数。
61              static void shapedfun2d(const double r,  //局部坐标 r、s。
62                                      const double s,
63                    double * dfun);    //形函数导数值。
64              //三维线性单元的形函数的导数。
65              static void shapedfun3d(const double r,  //局部坐标 r、s、t。
66                    const double s,const double t,
```

```
67                  double * dfun);           //形函数导数值。
68          //平面中计算该三角形的面积,三角形单元中用到。
69          static double GetTriArea(double x0,double y0,
70              double x1,double y1,double x2,double y2);
71          };
72      //矩阵运算类 CMatrix。
73          class CMatrix{
74          Public:
75              //矩阵相乘操作 AB = A * B。
76              static void MxM(const double * A,
77                              const double * B,
78                              double * AB,
79                              const int m,const int n,const int k);
80              //矩阵向量相乘操作 MV = M * V。
81              static void MxV(const double * M,
82                              const double * V,
83                              const int m,const int n,
84                              double * MV);
85              //矩阵转置操作 At = A^T。
86              static void Rotate(const double * A,
87                                 const int m,
88                                 const int n,
89                                 double * At);
90              //返回 2 * 2 矩阵 A 的行列式值。
91              static double det2(const double * A);
92              //返回 3 * 3 矩阵 A 的行列式值。
93              static double det3(const double * A);
94              //求 2 * 2 矩阵 A 的逆矩阵 Ainv。
95              static void inverseMatrix2(const double * A,double * Ainv);
96              //求 3 * 3 矩阵 A 的逆矩阵 Ainv。
97              static void inverseMatrix3(const double * A,double * Ainv);
98              …
99              };
100     };
101     以下为命名空间 femconst 主要功能实现
102     //shapefun2d:计算二维单元的形函数。本处面向平面 4 结点线性单元。
103     void femconst::CFemConst::shapefun2d(const double r,
104                                          const double s,double * fun){
105       for(int i=0;i<4;i++)
106         fun[i]=(1.+r * femconst::CFemConst::Ri2d[i]) *
107                (1.+s * femconst::CFemConst::Si2d[i])/4;
108     }
109
```

```
110    //:shapedfun2d:计算二维线性单元的形函数对局部坐标的导数值。
111    void femconst::CFemConst::shapedfun2d(const double r,
112                                     const double s,double * dfun){
113      int np=4;
114      for(int i=0;i<4;i++){
115        dfun[i] = femconst::CFemConst::Ri2d[i] * (1 + s *
116                  femconst::CFemConst::Si2d[i])/ 4;
117        dfun[np+i] =(1 + r * femconst::CFemConst::Ri2d[i]) *
118                  femconst::CFemConst::Si2d[i] / 4;
119      }
120    }
121
122    //shapefun3d:  计算三维线性单元的形函数值。本处面向空间六面体线性单元。
123    void femconst::CFemConst::shapefun3d(const double r,
124                  const double s,const double t,double  * fun){
125      for(int i=0;i<8;i++)
126        fun[i]=(1.+r * femconst::CFemConst::Ri3d[i]) * (1.+s * femconst
127    ::CFemConst::Si3d[i]) * (1.+t * femconst::CFemConst::Ti3d[i])/8;
128    }
129
130    //shapedfun3d:  计算三维线性单元的形函数对局部坐标的导数。
131      "//"输入参数:r,s,t 局部坐标。
132    void femconst::CFemConst::shapedfun3d(const double r,
133            const double s,const double t,double * dfun){
134      for(int i=0;i<8;i++){
135          dfun[i]=femconst::CFemConst::Ri3d[i]  *
136                (1.+s * femconst::CFemConst::Si3d[i]) *
137                (1.+t * femconst::CFemConst::Ti3d[i])/8;
138          dfun[8+i]=(1.+r * femconst::CFemConst::Ri3d[i]) *
139                femconst::CFemConst::Si3d[i]  *
140                (1.+t * femconst::CFemConst::Ti3d[i])/8;
141          dfun[16+i]=(1.+r * femconst::CFemConst::Ri3d[i]) *
142                (1.+s * femconst::CFemConst::Si3d[i]) *
143                femconst::CFemConst::Ti3d[i]/8;
144      }
145    }
146
147    //GetTriArea:  由坐标计算三角形的面积。
148      double femconst::CFemConst::GetTriArea(double x0,double y0,
149                        double x1,double y1,double x2,double y2)
150    {
151        return 0.5 * (x1 * y2+x0 * y1+x2 * y0-x1 * y0-x2 * y1-x0 * y2);
152    }
```

```
153
154   //DMatrix2d： 形成二维弹性矩阵[D]。
155   void femconst::CFemConst::DMatrix2d(const double YM,
156                       const double PR,double * D,int ITYPE){
157     double E0 = YM;
158     double v0 = PR;
159     double D0;
160     if(ITYPE == 1){  //通过 ITYPE 判定分析类型。
161       E0 = YM/(1-PR * PR);
162       v0 = PR/(1-PR);
163     }
164     D0 = E0/(1-v0 * v0);
165     //直接赋值。
166     D[0 * 3+0]=D0;       D[0 * 3+1]=D0 * v0;  D[0 * 3+2]=0;
167     D[1 * 3+0]=D0 * v0;  D[1 * 3+1]=D0;       D[1 * 3+2]=0;
168     D[2 * 3+0]=0;        D[2 * 3+1]=0;        D[2 * 3+2]=D0 * (1-v0)/2;
169   }
170
171   //DMatrix3d： 形成三维弹性矩阵[D]。
172   void femconst::CFemConst::DMatrix3d(const double YM,
173                                         const double PR,double * D){
174     double temp = YM * (1-PR)/((1+PR) * (1-2 * PR));
175     for(int ii=0;ii<6;ii++)
176       for(int jj=0;jj<6;jj++)
177         D[ii * 6+jj] = 0;
178     D[0 * 6+0]=1;
179     D[1 * 6+1]=1;
180     D[2 * 6+2]=1;
181     D[0 * 6+1]=PR/(1-PR);
182     D[1 * 6+0]=D[0 * 6+1];
183
184     D[0 * 6+2]=PR/(1-PR);
185     D[2 * 6+0]=D[0 * 6+2];
186
187     D[1 * 6+2]=PR/(1-PR);
188     D[2 * 6+1]=D[1 * 6+2];
189
190     D[3 * 6+3]=(1-2 * PR)/(2 * (1-PR));
191     D[4 * 6+4]=D[3 * 6+3];
192     D[5 * 6+5]=D[3 * 6+3];
193     for(int i=0;i<36;i++)
194       D[i] = D[i] * temp;
195   }
```

```
196
197  //MxV：矩阵乘向量。
198  void femconst::CMatrix::MxV(const double * M,const double * V,
199                              const int m,const int n,double * MV){
200      for(int i=0;i<m;i++){
201          MV[i]= 0;
202          for(int j=0;j<n;j++)
203              MV[i] = MV[i] + M[i * n+j] * V[j];}
204      }
205
206  //Rotate：矩阵转置。
207  void femconst::CMatrix::Rotate(const double * A,const int m,
208                                 int n,double * At){
209      for(int i=0;i<m;i++)
210          for(int j=0;j<n;j++)
211              At[j * m+i]=A[i * n+j];
212  }
213  //MxM：矩阵相乘计算。AB=A * B。
214  void femconst::CMatrix::MxM(const double * A,const
215      double * B,double * AB,const int m,const int n,const int l){
216      for(int i=0;i<m;i++)
217          for(int j=0;j<l;j++){
218              AB[i * l+ j] = 0.;
219              for(int k=0;k<n;k++)
220                  AB[i * l+j] = AB[i * l+j] + A[i * n+k] * B[k * l+j]; }
221      }
222
223  //inverseMatrix2：二阶矩阵的逆矩阵计算。
224  void femconst::CMatrix::inverseMatrix2(const double * A,
225                                         double * Ainv){
226      double det=det2(A);
227      Ainv[0]= A[3]/det;
228      Ainv[2]=-A[2]/det;
229      Ainv[1]=-A[1]/det;
230      Ainv[3]= A[0]/det;
231  }
232  //inverseMatrix3：三阶矩阵的逆矩阵计算。
233    void femconst::CMatrix::inverseMatrix3(const double * A,
234                                           double * Ainv){
235      double det=det3(A);
236      Ainv[0 * 3+0]=(A[1 * 3+1] * A[2 * 3+2]-A[1 * 3+2] * A[2 * 3+1])/det;
237      Ainv[0 * 3+1]=-(A[0 * 3+1] * A[2 * 3+2]-A[0 * 3+2] * A[2 * 3+1])/det;
238      Ainv[0 * 3+2]=(A[0 * 3+1] * A[1 * 3+2]-A[0 * 3+2] * A[1 * 3+1])/det;
```

```
239        Ainv[1 * 3+0]=-(A[1 * 3+0] * A[2 * 3+2]-A[1 * 3+2] * A[2 * 3+0])/det;
240        Ainv[1 * 3+1]=(A[0 * 3+0] * A[2 * 3+2]-A[0 * 3+2] * A[2 * 3+0])/det;
241        Ainv[1 * 3+2]=-(A[0 * 3+0] * A[1 * 3+2]-A[1 * 3+0] * A[0 * 3+2])/det;
242        Ainv[2 * 3+0]=(A[1 * 3+0] * A[2 * 3+1]-A[1 * 3+1] * A[2 * 3+0])/det;
243        Ainv[2 * 3+1]=-(A[0 * 3+0] * A[2 * 3+1]-A[0 * 3+1] * A[2 * 3+0])/det;
244        Ainv[2 * 3+2]=(A[0 * 3+0] * A[1 * 3+1]-A[0 * 3+1] * A[1 * 3+0])/det;
245    }
246
247    //det2： 二阶矩阵的行列式计算。
248      double femconst::CMatrix::det2(const double * A){
249        return A[0] * A[3] - A[1] * A[2];
250    }
251
252    //det3： 三阶矩阵的行列式计算。
253    double femconst::CMatrix::det3(const double * A){
254      return  A[0 * 3+0] * A[1 * 3+1] * A[2 * 3+2]
255          + A[0 * 3+1] * A[1 * 3+2] * A[2 * 3+0]
256          + A[1 * 3+0] * A[2 * 3+1] * A[0 * 3+2]
257          - A[0 * 3+2] * A[1 * 3+1] * A[2 * 3+0]
258          - A[0 * 3+1] * A[1 * 3+0] * A[2 * 3+2]
259          - A[0 * 3+0] * A[1 * 3+2] * A[2 * 3+1];
260    }
```

第五节　控制函数 main 和程序组成

有了第二节～第四节所述各数据类，还需要一个框架来组织分析过程，通常这可以是一个独立的框架类（也可以由一个基类来组织）。本节将该部分内容放在 main（）函数中来组织控制分析。一个线弹性有限元分析的控制过程可包括如下内容：

（1）程序初始化，文件读取，得到模型数据（有限元数据类 CData）。

（2）分析整体劲度矩阵的存储结构，计算单元劲度矩阵，组集整体劲度矩阵（方程类 CEquation、单元类 CElement）。

（3）施加荷载（有限元方程类 CEquation）。

（4）施加边界条件（有限元方程类 CEquation）。

（5）求解线性代数方程组（有限元方程类 CEquation、状态类 CState）。

（6）应力处理，结果保存（状态类 CState）。

（7）程序结束，释放空间。

下面给出一个完整的 main（）函数（【程序示例 6-23】）。

【程序示例 6-23】 一个完整 main () 函数内容。

```
1   #include "Fem_Data.h"            //包含模型数据类
2   #include "Fem_Solver.h"          //包含方程类
3   #include "Fem_ElementLiarbry.h"  //包含单元库
4   #include "Fem_Solution.h"        //包含结果状态类
5   #include <QString>     //一些其他的系统或者编程平台提供的库
6   #include <QTextStream>
7   using namespace std; //命名空间
8   int main(int argc,char * argv[]){
9   //===================1. 程序开始,读取数据=================//
10  //操作:获得输入文件的名称。
11    printf(" Finite Element Program \n");
12    if(argc<2){
13      printf("Error:Enter The InputFile Name\n");
14      return 0;
15    }
16    QString InputFileName;
17    InputFileName = QString(argv[1]);
18  //模型数据类(CData):读取有限元模型的数据。
19    CData * fd;
20    fd = new CData(InputFileName);
21    fd->Read();
22  //============2. 计算单元劲度矩阵、组集整体劲度矩阵===========//
23  //有限元方程类(CEquation):对模型信息处理,得到整体劲度矩阵的存储结构。
24    CEquation * eq;  //求解类对象指针 eq。
25    int nf = fd->Getnfreedom();  //获取问题的维数。
26    eq=new CEquation(nf);
27    int NN = fd->GetNumofNode();  //获取结点数目。
28    int NE = fd->GetNumofEle();     //获取单元数目。
29    int maxN = fd->GetMaxNNodesof1Ele();//获取单元的最大结点数
30    int * NEP = fd->GetNEP();                //获取单元的结点号数组。
31    int * EType = fd->GetEleTypeId();       //获取单元的类型编号数组。
32  //由网格信息确定整体劲度矩阵非零元素值的分布,即计算整体劲度矩阵行压缩(CSR
33  格式)时非零元素的行索引号及列号。
34    eq->make(nf,NN,NE,maxN,NEP,EType);
35    int im;         //定义一些变量临时存放数据,存放材料类型编号。
36    int ity,nnode;  //单元的类型编号、结点数目。
37   double * Coor_temp = new double[maxN * nf];//一维数组,存放单元的结点坐标。
38    int * nep_temp = new int[maxN];              //一维数组,存放单元的结点编号。
39    double E_temp,v_temp;                        //弹模、泊松比。
40    double gama_temp[3];                         //重度、三维三个方向(二维只用其中前两个)。
41    double * Ke_temp = new double[maxN * nf * maxN * nf];  //存放单元劲度矩阵。
42    double * Re_temp = new double[maxN * nf];              //存放等效荷载列阵)。
```

```
43	//有限元单元类(CElement):依次计算每个单元的单元劲度矩阵及等效重力荷载列阵,
44	并叠加至整体劲度矩阵。其中单元劲度矩阵求解采用静态函数形式调用。
45	  for(int ie=0;ie<NE;ie++){//循环整个单元数。
46	    im = fd->GetEleMatId(ie);        //该单元的材料类型号。
47	    E_temp = fd->GetE(im);           //材料参数:弹性模量。
48	    v_temp = fd->GetV(im);           //材料参数,泊松比。
49	    fd->GetGama(im,gama_temp);       //该单元的重度。
50	    ity = fd->GetEleTypeId(ie);      //单元的单元类型编号。
51	  nnode = femconst::EleAType[ity].nNodes;//获得该种单元的结点数目。
52	    fd->GetEleCoor(ie,Coor_temp);//获得单元的结点坐标 Coor_temp。
53	    fd->Get1NEP(ie,nep_temp);//获得单元的结点号 nep_temp。
54	//计算单元劲度矩阵 Ke_temp 及等效重力荷载列阵 Re_temp,并叠加。
55	    CElement::ElementKeRe(ity,fd->GetAnalysisType(),
56	                E_temp,v_temp,gama_temp,Ke_temp,Re_temp);
57	    eq->addKeRe(nnode,nep_temp,Ke_temp,Re_temp);
58	  }
59	//=============3.荷载施加(包括分布荷载和集中荷载)=============//
60	//有限元方程类(CEquation):施加分布荷载
61	  int NFL = fd->GetNumofFaceLoad();  //面力数目。
62	  int NodespFace;      //围成该分布荷载的结点数目。
63	  int NodeID[4];       //存储上述结点的结点编号。
64	  double iFaceLoad[4];      //存储上述结点上的法向压力强度。
65	  double NCoor[12];         //存储上述结点的结点坐标。
66	  double NodalForce[12];  //存储计算而得的上述结点上的等效荷载。
67	  for(int ifl=0;ifl<NFL;ifl++){  //依次处理每一条分布荷载。
68	    NodespFace = fd->GetNNodepFace(ifl); //获得分布荷载的结点数目。
69	    //获得围成该条分布荷载的结点编号 NodeID 及法向压力强度 iFaceLoad。
70	    fd->GetFaceLoadInfo(ifl,NodeID,iFaceLoad);
71	    for(int i=0;i<NodespFace;i++)
72	      //获得围成该条分布荷载的结点的结点坐标。
73	      fd->GetNodeCoor(NodeID[i],&(NCoor[nf * i]));
74	    //计算该分布荷载的等效结点荷载。
75	    eq->FaceLoadConvert(NodespFace,NCoor,iFaceLoad,NodalForce);
76	      for(int i=0;i<NodespFace;i++){
77	        eq->addRi(NodeID[i],&(NodalForce[nf * i]));//将其叠加至{R}。
78	      }
79	  }
80	//有限元方程类(CEquation):施加集中荷载
81	    int NCL = fd->GetNumofConLoad();  //集中力条数。
82	    double ConForceVal[3]={0.,0.,0.};      //一条集中力的各分量。
83	    int inodeCon=0;                        //集中力作用结点编号。
84	    for(int icl = 0;icl<NCL;icl++){       //依次处理每一条集中荷载。
85	    //提取第 icl 条集中力信息,包括作用结点和集中力值。
```

```
86          fd->GetNodeConLoadInfo(icl,inodeCon,ConForceVal);
87          eq->addRi(inodeCon,ConForceVal);  //叠加至整体等效荷载列阵。
88          }
89    //===================4. 施加边界条件====================//
90    //有限元方程类(CEquation):置大数法修改支配方程。
91      int NBC = fd->GetNumofBC();         //获取边界条数。
92      for(int ibc=0;ibc<NBC;ibc++)        //依次处理每条边界。
93        eq->setboundCondition(fd->GetBCNodeID(ibc),     //固定位移结点号。
94                              fd->GetBCfreedom(ibc),    //该结点固定位移方向。
95                              fd->GetBCFixedDisp(ibc));  //固定位移值。
96    //==================5. 求解支配方程组====================//
97    //有限元方程类(CEquation):求解支配方程组。
98    //有限元状态类(CState):存储方程解,即结点位移。
99      CState * Fs;
100     Fs = new CState(fd);//构造函数,将模型数据初始化至结果状态类。
101   //有限元方程类(CEquation)操作:求解线性方程组。
102     eq->EquationSolver(2,Fs->GetNodalDisplacement());
103     eq->Fem_SolverDestory();//释放方程类。
104   //=================6. 应力计算(绕点平均法)================//
105     double * Ele_Disp_temp = new double[maxN * nf];//存放一个单元的结点位移。
106     double * Ele_Gauss_Stress_temp = new double[maxN * 6];
107                                         //存放一个单元的高斯点应力。
108     for(int ie=0;ie<NE;ie++){           //对所有单元循环。
109       im = fd->GetEleMatId(ie);         //取出数据,包括单元弹模、泊松比等。
110       E_temp = fd->GetE(im);
111       v_temp = fd->GetV(im);
112       ity = fd->GetEleTypeId(ie);
113       nnode = femconst::EleAType[ity]. nNodes;//单元结点数目
114       Fs->GetEleDisp(ie,Ele_Disp_temp);//取出计算而得结点位移。
115       fd->GetEleCoor(ie,Coor_temp);     //取出结点坐标。
116   //单元类(Element)操作:应力计算的静态函数,计算高斯点应力。
117       CElement::Element_Gauss_Stress(ity,
118                             fd->GetAnalysisType(),
119                             Ele_Disp_temp,Coor_temp,
120                             E_temp,v_temp,
121                             Ele_Gauss_Stress_temp);
122   Fs->AddEleStress(ie,Ele_Gauss_Stress_temp);//存储单元的高斯点应力。
123   }
124   //状态类操作:绕点平均法得到结点应力。
125     Fs->Nodal_Ave_Stress();
126   //状态类(CState)操作:将结果写入文件。
127     QString OutFileName =
128   InputFileName. left(InputFileName. length()-4). append("_out. txt");
```

```
129        Fs->WriteSolution(OutFileName);//保存结果至文本文档。
130    //====================7. 程序结束====================//
131    //程序结束,释放空间
132        Fs->Fem_SolutionDestory();     //状态类 CState 中动态数组空间释放。
133        fd->Fem_DataDestory();         //数据类 CData 中动态数组空间释放。
134        delete[]nep_temp;              //main 程序中零星动态数组空间释放。
135        delete[]Coor_temp;
136        delete[]Ke_temp;
137        delete[]Re_temp;
138        delete[]Ele_Gauss_Stress_temp;
139        delete[]Ele_Disp_temp;
140        return 0;
141    }
```

这样的一个 main 函数通过分析类型标识符 AnalysisType 与自由度数 nfreedom 自动辨识分析类型，依次调用各类（对象）的函数，完成一个有限元分析，并将结果写入文件，这也是一个简单有限元分析的典型过程。

本书提供了一个使用 Qt（https://www.qt.io/developers/）编制的有限元求解程序 OOFEM，该程序包含了平面三角形、四边形单元以及空间六面体单元，能计算结构在自重、结点集中荷载以及分布面荷载（水压或法向分布压力）作用下的结点位移、单元高斯点应力以及绕点平均求得的结点应力。OOFEM 包含了以下源文件：

OOFEM 程序组成：

文件名	内　容
main.cpp	程序入口，也组织了各对象完成有限元的分析过程。
Fem_Data.h Fem_Data.cpp	模型数据类 CData。
Fem_Solver.h Fem_Solver.cpp	方程类 CEquation。
Fem_ElementLiarbry.h Fem_ElementLiarbry.cpp	单元类 CElement。
Fem_Solution.h Fem_Solution.cpp	结果状态类 CState。
FemConst.h FemConst.cpp	基本数据操作类，包括命名空间 femconst，基本数据类 CFemConst 和基本操作 CMatrix。

用户将程序编译成功后，使用命令提示符（cmd）在文件目录下运行：

OOFEM.exe　Input.txt

即可使用本文面向对象有限元程序完成计算，其中 OOFEM 为编译成功的可执行文件，Input.txt 是输入文件，包含一个有限元的网格信息。

本书还提供了一个二维有限元网格划分工具 FemMesher，用户可以使用 FemMesher 建立模型，赋值材料，添加荷载及边界，划分网格，最后生成该有限元模型的网格信息，供有限元计算使用。有限元计算的位移应力结果也可以写成 VTK 格式，使用可视化软件，如 ParaView（http：//www.paraview.org/）得到位移应力的云图，FemMesher 的使用说明及 VTK 格式详见附录一。

第六节　计　算　实　例

我们仍采用第三章第八节算例，悬臂梁长 8m、高 2m，左端固定，所受荷载如图 6－1 所示，不考虑自重。材料弹性模量 $E=2000000\text{kN/m}^2$，泊松比 $\mu=0.3$。有限元结点和单元编号如图 6－2 所示。部分位移与应力成果见表 6－2～表 6－4，可见计算结果与第三章第八节基本相同。

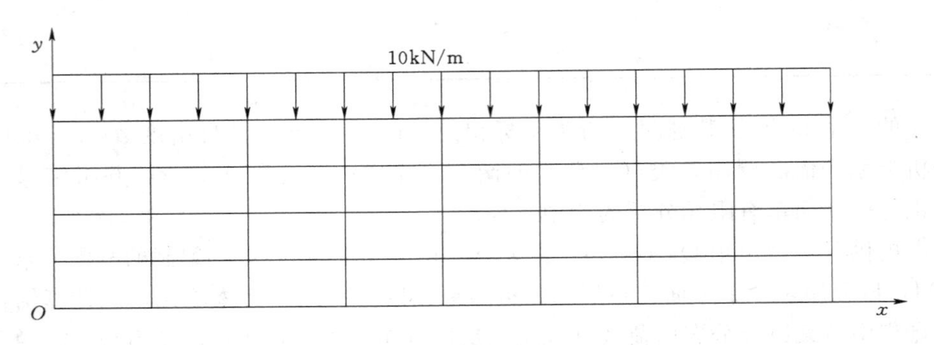

图 6－1　悬臂梁受荷载图

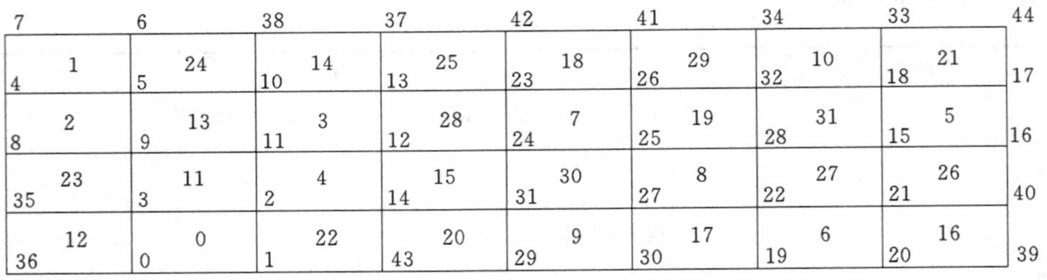

图 6－2　单元与结点的编号

表 6－2　　　　结点 y 向位移　　　　单位：10^{-3}m

结点号	y 向位移		结点号	y 向位移	
	本章结果	第三章结果		本章结果	第三章结果
42	－1.39	－1.39	44	－3.69	－3.69
23	－1.38	－1.38	17	－3.69	－3.69
24	－1.38	－1.38	16	－3.69	－3.69
31	－1.38	－1.38	40	－3.69	－3.69
29	－1.38	－1.38	39	－3.69	－3.69

表 6-3　　单元中点应力 σ_x　　单位：kN/m²

单元号	中点 σ_x		材料力学结果	单元号	中点 σ_x		材料力学结果
	本章结果	第三章结果			本章结果	第三章结果	
14	155.6	155.6	170.2	25	104.4	104.4	113.9
3	51.7	51.7	56.7	28	35.5	35.5	38.0
4	−51.7	−51.7	−56.7	15	−35.5	−35.5	−38.0
22	−155.6	−155.6	−170.2	20	−104.4	−104.4	−113.9

表 6-4　　结点应力 σ_x　　单位：kN/m²

结点号	σ_x		材料力学结果	结点号	σ_x		材料力学结果
	本章结果	第三章结果			本章结果	第三章结果	
37	176.9	177.1	187.5	42	114.1	113.5	120
13	87.7	87.3	93.8	23	57.6	57.6	60
12	0.06	0.4	0	24	−0.0	−0.0	0
14	−87.7	−87.8	−93.8	31	−57.5	−57.2	−60
43	−176.9	−176.9	−187.5	29	−114.1	−114.1	−120

附　录　一

有限元网格划分工具 FemMesher 使用说明

有限元建模的图形界面及网格划分涉及多方面的内容，在程序实现上较为复杂，这里介绍一个有限元网格划分工具 FemMesher。用户可以在 FemMesher 中建模，包括创建分区，网格划分，施加荷载及边界，同时生成文本格式的有限元网格信息。对于有限元计算而得的位移应力结果，这里也给出一个 VTK（Visualization ToolKit）文件的格式，用户通过可视化软件（如 ParaView）可查看图形结果。这里主要介绍下 FemMesher 的使用步骤以及 VTK 文件的格式。

运行 FemMesher1.0 文件夹中的可执行文件 FemMesher.exe，如附图 1-1 所示，FemMesher 界面具有菜单栏、工具栏、属性区、图形界面区及输出等窗口。

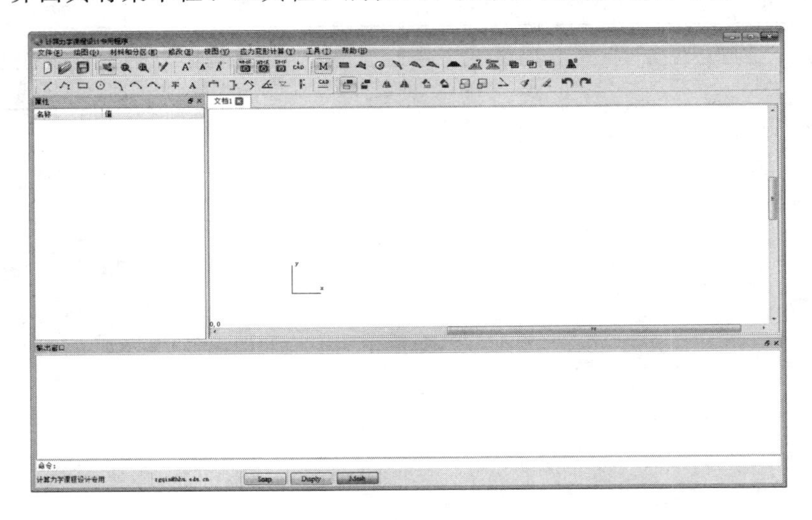

附图 1-1　FemMesher 界面

使用 FemMesher 生成一个网格信息的数据文件有以下步骤（以一个简单的重力坝模型为例）。

1. 填写材料表

用户根据计算模型，单击菜单“材料和分区”选择“材料表”，或者单击工具栏中的 M 图标，在弹出的“材料表”窗口中编辑材料，如附图 1-2 所示。

2. 建立几何分区

FemMesher 提供图形界面，可以在其图形窗口中进行画图。这里需要得到几何分区。通常可以由封闭的线条围成几何分区，也可以直接绘制几何分区。这部分操作在菜单“绘图”和“材料和分区”中实现。绘制一个重力坝模型的简单几何分区如附图 1-3 所示。

3. 分配材料

仅当选中一个分区后，左侧会出现该分区的属性表，双击材料名，选择第 1 步中定义

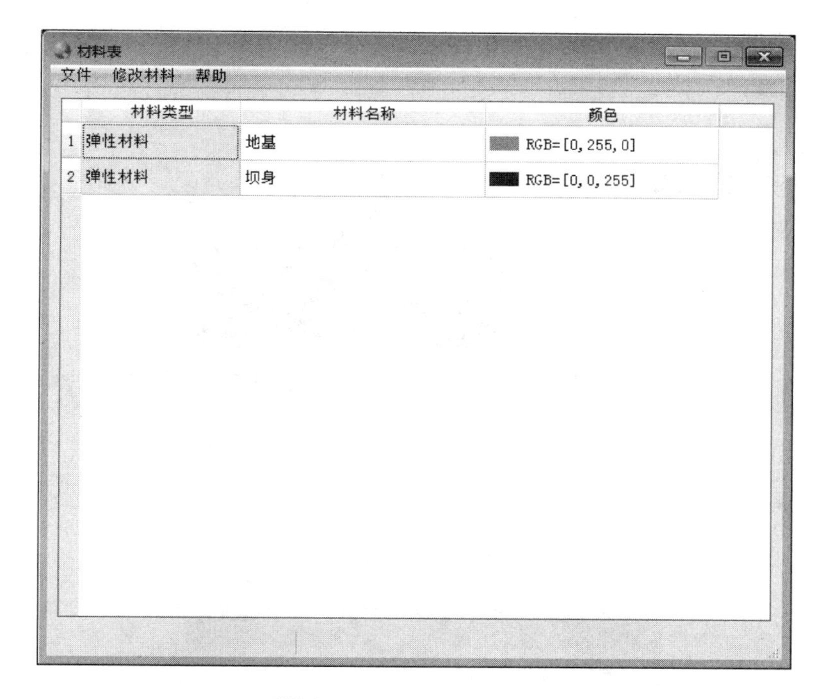

附图 1-2　“材料表”窗口

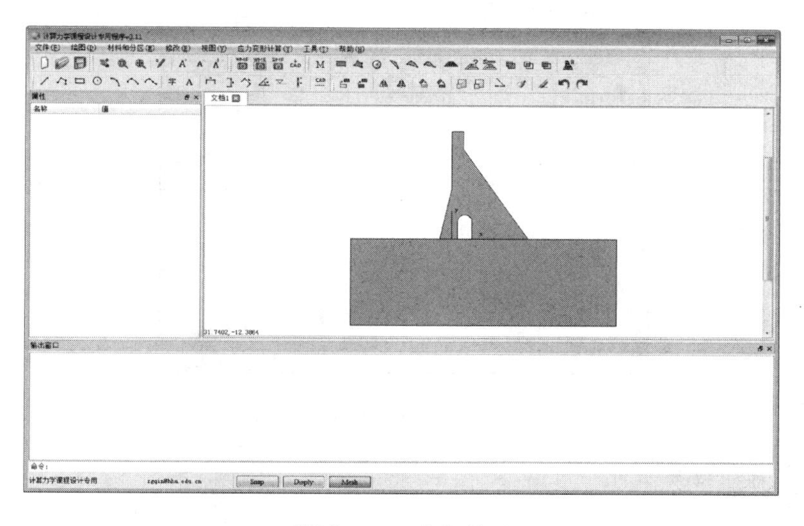

附图 1-3　几何分区

的材料，此时几何分区具有了材料颜色，如附图 1-4 所示。

4. 划分网格

使用 FemMesher 的划分网格功能，将赋予材料的几何分区进行网格剖分，单击菜单“材料和分区”选择“自动网格”或工具栏中的 图标，弹出“网格生成”窗口（附图 1-5），填写（或量取）参考单元尺寸，单击“生成网格”按钮，即可进行网格划分。在生成网格时，可设置分区属性表中的单元尺寸系数，来调整不同区域网格的粗细。

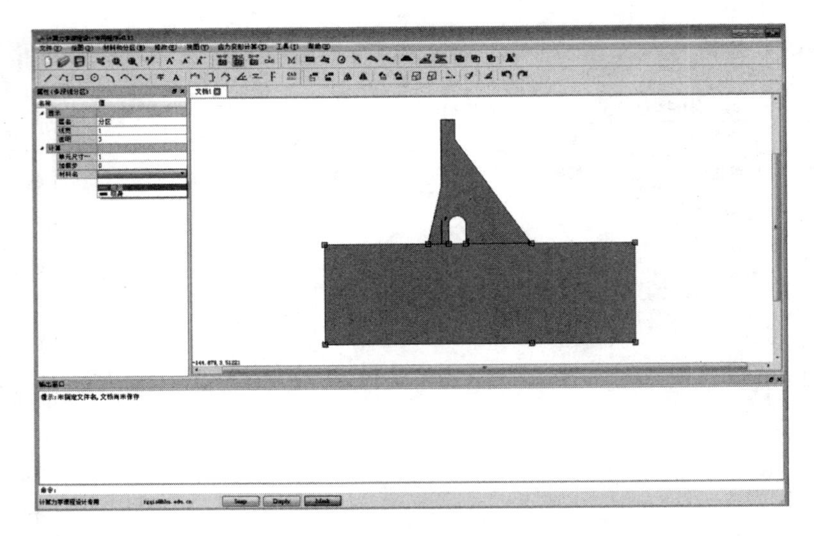

附图 1-4　分配材料

附图 1-5　“网格生成”窗口

5. 施加荷载及边界条件

在菜单“应力变形计算”中，FemMesher 提供了集中荷载、分布荷载以及约束边界的施加。这里对上述模型施加集中荷载、分布荷载以及人工边界，如附图 1-6 所示。

6. 生成有限元网格信息数据文件

完成上述操作，即一个完整的有限元建模过程。在菜单“应力变形计算”中点击“fem _ 2013 数据文件（*.txt）”，即可生成上述模型的文本文件。该数据文件依次包含了结点信息，单元信息，材料信息，约束边界信息和荷载信息，这些信息可供一个有限元计算使用。通过有限元网格划分工具 FemMesher 处理得到上述重力坝模型的有限元网格数据文件如下：

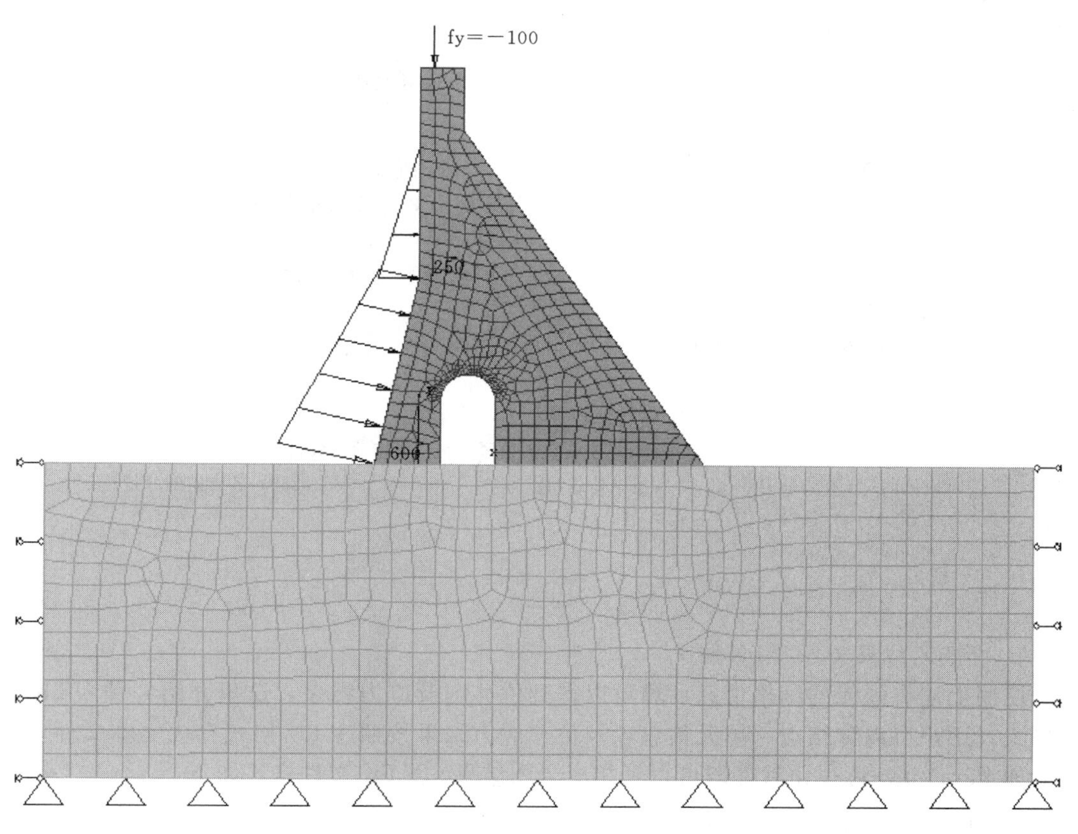

附图 1－6　有限元模型

```
1    node  1119      //node:关键字     1119:结点数目;
2    8  75            //分别为 x,y 方向的坐标值;
3    6  75
4    6.3974318   72.884285
5    …
6    …
7    Ele  1094  4      //Ele:关键字   1094:结点数目   4:每个单元的最大结点数目;
8    4  1   0 1 2 3    //4:单元类型号   1:单元材料号   0 1 2 3:单元结点编号;
9    4  1   4 5 6 4
10   4  1   7 8 9 10
11   …
12   …
13   Mat 2                        //Mat:材料关键字   2:材料数目;
14   21000000    0.167    25   //3 个数据分别为弹性模量、泊松比和重度;
15   8000000     0.3      18
16   Bound 104                 //Bound:边界条件关键字     104:边界条件数目;
17   644     0      0        //644:边界约束结点号       0:该点受约束方向(0 为 x 向,1 为 y 向)
                              0:固定位移的值,0 就代表固定约束;
```

```
18    645    0         0
19    646    0         0
20    …
21    …
22    faceload 25                //faceload:分布荷载关键字    25:分布荷载数目;
23    0   23   25   0.00000   25.00000      1       //0:加载步    23   25:分布荷载所在边两端结点编号
                                                     0.00000   25.000000:分布荷载起末点的值 P1 和 P2
                                                     1:分布荷载类型,此处为未用参数;
24    0   25   27   25.00000   50.00000    1
25    0   27   29   50.00000   75.00000    1
26    …
27    …
28    NodeLoad 4                 //Nodeload:集中荷载关键字    4:集中荷载数目;
29    7   0.00000   -25.52891   //7:等效集中荷载结点号    0.00000   -25.52891:各方向的分量;
30    8   0.00000   -74.47109
31    9   0.00000   0.00000
32    10  0.00000   0.00000
```

7. 有限元结果文件 VTK 格式

使用上述有限元的网格信息计算可以得到位移解及应力结果，这里介绍一种 VTK 文件格式，用户可以将结点、单元信息以及位移应力结果按照 VTK 格式存成文本文件，使用诸如 ParaView 可视化软件即可得到相应云图结果。VTK 文件格式如下：

```
1     # vtk DataFile Version 2.0  // # 说明行(vtk 版本);
2     fem_test                    // 说明行(文件名);
3     ASCII                       // 说明行(编码系统);
4     DATASET UNSTRUCTURED_GRID      // 说明行(数据设置格式);
5        //注:这里往下定义模型的几何形状,包括结点坐标跟单元结点编号;
6     POINTS 322 float            // POINTS:结点关键字 322:结点数 float:结点坐标的数据类型;
7     7.65715 13.9318 0           // 依次为第 1 个结点的 3 个坐标(二维模型时第 3 个数为 0);
8     7.65715 17.5476 0
9       …
10      …
11    CELLS 283 1415              // CELLS:单元关键字   283:单元数   1415:该部分数据总个数;
12    4 0 1 2 3                   // 第 1 个单元结点数目   该单元的结点编号;
13    4 4 0 3 5                   //VTK 中要求编号从 0 开始,亦即 0-based;
14    …
15    …
16    CELL_TYPES   283            // CELL_TYPES:单元类型关键字   283:单元数;
17    9  //第 1 个单元的单元类型编号(如平面三角形单元为 5,平面 4 结点单元为 9,四面体单元为 10);
18    9  //该编号系统由 VTK 内部定义,可查看 VTK 的说明文档;
19      …
20      …
```

```
21      //注:以下数据是所要显示的各个变量,用户可根据自己需求添加;
22    POINT_DATA 322   // POINT_DATA:关键字   322:变量数据的行数,一般为结点总数;
23    SCALARS Coor(m)float 3      // SCALARS:标量数据关键字 Coor(m):变量名
                                    float:变量的数据类型   3:每一行数据个数;
24    LOOKUP_TABLE default        // LOOKUP_TABLE:查表格式关键字   default:默认格式;
25    7.65715 13.9318 0           //第1个结点3个坐标值。这里将坐标也作为一种变量供显示;
26    7.65715 17.5476 0
27      …
28      …
29    VECTORS Displace float      // VECTORS:矢量数据关键字   Displace:变量名
                                    float:变量的数据类型;
30    0.437002 -0.421444 0        //第1个结点矢量的各分量值;
31    0.468112 -0.429401 0
32      …
33      …
34    SCALARS Sx float 1          // SCALARS:标量数据关键字   Sx:变量名
                                    float:变量的数据类型   1:每一行数据个数;
35    LOOKUP_TABLE default        // LOOKUP_TABLE:查表格式关键字   default:默认格式;
36    9.89004
37    47.8807
38      …
39      …
40    SCALARS Sy float 1          // SCALARS:标量数据关键字   Sy:变量名
                                    float:变量的数据类型   1:每一行数据个数;
41    LOOKUP_TABLE default        // LOOKUP_TABLE:查表格式关键字   default:默认格式;
42    -407.04
43    -156.012
44      …
45      …
46    SCALARS Txy float 1         // SCALARS:标量数据关键字   Txy:变量名
                                    float:变量的数据类型   1:每一行数据个数;
47    LOOKUP_TABLE default        // LOOKUP_TABLE:查表格式关键字   default:默认格式;
48    62.1462
49    9.61649
50      …
51      …
```

ParaView（http：//www.paraview.org/）是一款对二维和三维数据进行分析和可视化的程序，其输入数据格式可为 VTR 格式。上述计算模型通过有限元程序计算，得到的位移应力结果写成 VTK 格式，使用 ParaView 打开，可得到位移应力的云图，如附图 1-7 和附图 1-8 所示。

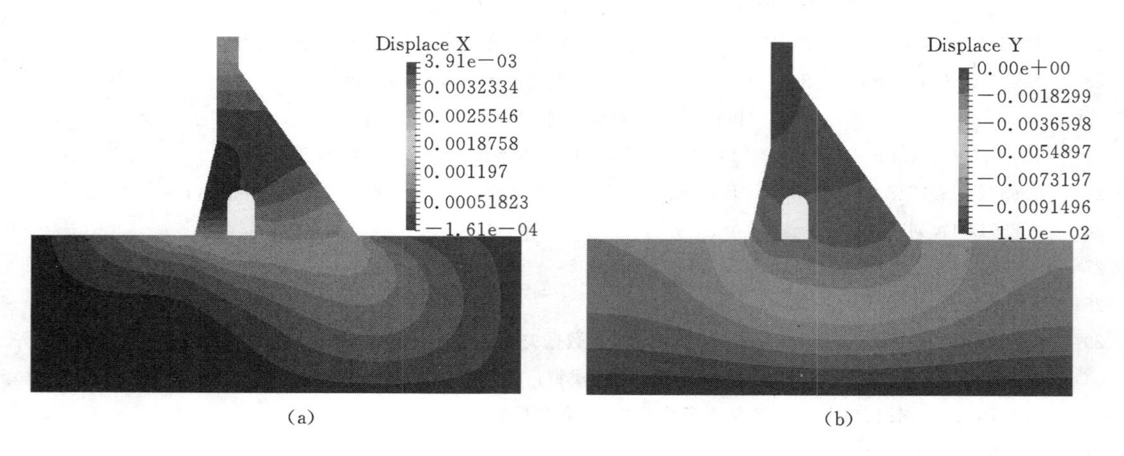

附图1-7　重力坝模型有限元计算位移结果（单位：m）

（a）x方向位移；（b）y方向位移

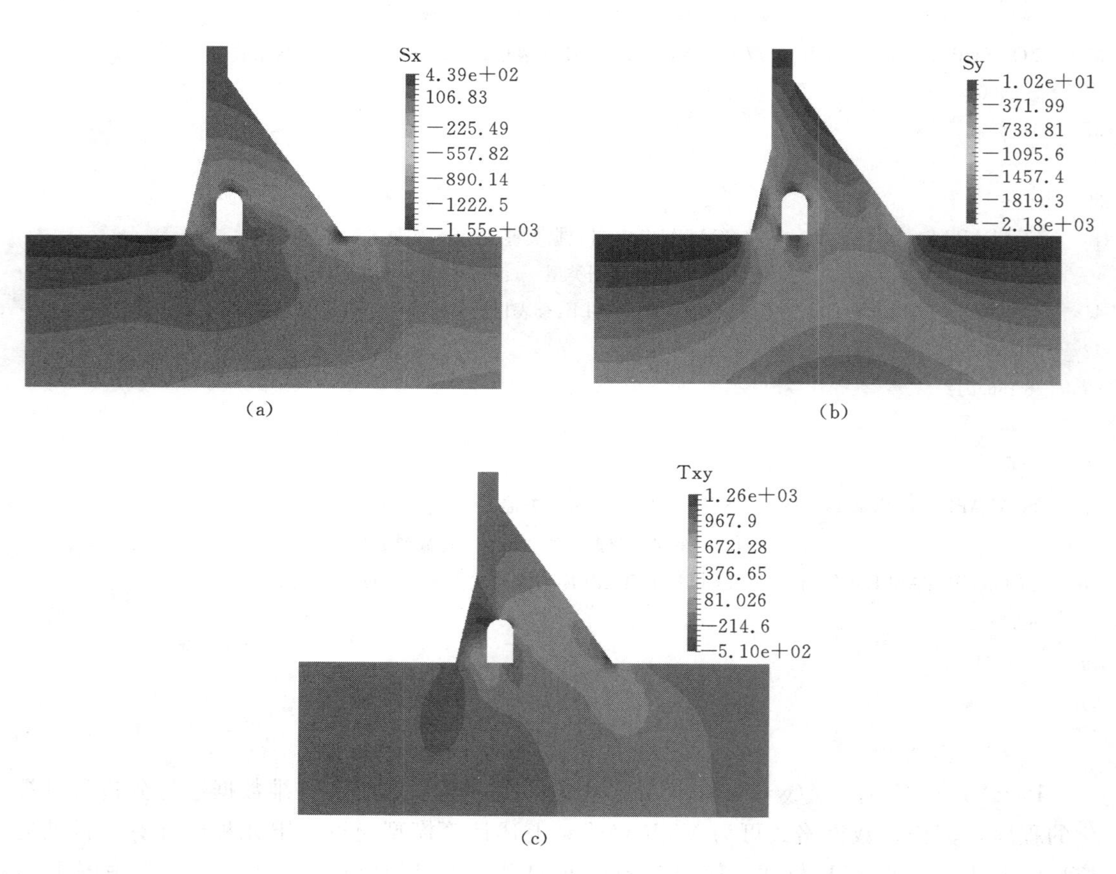

附图1-8　重力坝模型有限元计算应力结果（单位：kPa）

（a）x方向应力；（b）y方向应力；（c）切应力

附　　录　　二

电子文档内的程序目录

1. 平面问题三结点三角形单元直接解程序。

2. 平面问题四结点四边形等参数单元迭代解程序。

3. 空间问题八结点六面体等参数单元直接解程序。

4. 平面动力问题三结点三角形单元 Newmark 法程序。

5. 平面动力问题三结点三角形单元子空间迭代法程序。

6. 面向对象有限元程序（含网格划分工具 FemMasher1.0 程序和 ParaView 后处理软件安装包）。